More Effective C#6.0/7.0

More Effective C# Second Edition: 50 Specific Ways to Improve Your C#

API設計、非同期プログラミング、
動的プログラミング、並列処理をクールに
使い倒す50の方法

●著●
Bill Wagner
●監訳●
吉川邦夫

本書内容に関するお問い合わせについて

このたびは翔泳社の書籍をお買い上げいただき、誠にありがとうございます。弊社では、読者の皆様からのお問い合わせに適切に対応させていただくため、以下のガイドラインへのご協力をお願い致しております。下記項目をお読みいただき、手順に従ってお問い合わせください。

●ご質問される前に

弊社 Web サイトの「正誤表」をご参照ください。これまでに判明した正誤や追加情報を掲載しています。

正誤表　http://www.shoeisha.co.jp/book/errata/

●ご質問方法

弊社 Web サイトの「刊行物 Q & A」をご利用ください。

刊行物 Q & A　http://www.shoeisha.co.jp/book/qa/

インターネットをご利用でない場合は、FAX または郵便にて、下記“翔泳社 愛読者サービスセンター”までお問い合わせください。

電話でのご質問は、お受けしておりません。

●回答について

回答は、ご質問いただいた手段によってご返事申し上げます。ご質問の内容によっては、回答に数日ないしはそれ以上の期間を要する場合があります。

●ご質問に際してのご注意

本書の対象を越えるもの、記述個所を特定されないもの、また読者固有の環境に起因するご質問等にはお答えできませんので、あらかじめご了承ください。

●郵便物送付先および FAX 番号

送付先住所 〒 160-0006 東京都新宿区舟町 5

FAX 番号 03-5362-3818

宛先 （株）翔泳社 愛読者サービスセンター

※本書に記載された URL 等は予告なく変更される場合があります。

※本書の出版にあたっては正確な記述につとめましたが、著者や出版社などのいずれも、本書の内容に対してなんらかの保証をするものではなく、内容やサンプルに基づくいかなる運用結果に関してもいっさいの責任を負いません。

※本書に掲載されているサンプルプログラムやスクリプト、および実行結果を記した画面イメージなどは、特定の設定に基づいた環境にて再現される一例です。

※本書に記載されている会社名、製品名はそれぞれ各社の商標および登録商標です。

※本書では TM、Ⓡ、ⓒは割愛させていただいております。

はじめに

C#の進化と変遷は、いまも続いています。それにつれて、C#のコミュニティも変化しています。いままでよりも多くの開発者が、仕事で最初に使うプログラミング言語としてC#に取り組んでいます。Cをベースとする他の言語で何年もの経験を積んでからC#を使うことになった、古参のメンバーに共通する先入観が、コミュニティの新しいメンバーである彼らには、ありません。何年もC#を使ってきた開発者も、最近とくに頻繁となった変更のおかげで、数多くの新しい実践方法を採用しなければなりません。C#言語の進歩が、これほど加速したのは、コンパイラがオープンソースになってからのことです。C#言語に提案される新機能をレビューするのは、いまでは少数の専門家だけでなく、コミュニティ全体が関わっています。新機能の設計にもコミュニティが参加しているのです。

推奨されるアーキテクチャや配布方法の変化によって、われわれC#開発者が使う言語のイディオムも変わってきています。アプリケーションの構成要素としてマイクロサービスや分散プログラムを使い、アルゴリズムからデータを分離することも、いまではアプリケーション開発の一部になっています。C#は、このような従来とは異なるイディオムを取り入れはじめているのです。

『More Effective C#』第2版の編成で、私は言語の変化とC#コミュニティの変化の両方を考慮に入れました。『More Effective C#』は、この言語が辿った歴史的な変遷を語るのではなく、現在のC#を使う方法についてのアドバイスを提供しています。この版から削除された項目は、現在のC#言語あるいは現在のアプリケーションに、それほど関係のないものです。新しい項目は、この言語とフレームワークの新しい機能や、C#を使って実際に製品を構築することでコミュニティが学んできた手法をカバーしています。

これまでの版を読んでいただいた読者は、従来は『Effective C#』にあった内容の一部が、この版に含まれていること、そして、かなり多くの項目が削除されていることに気付かれるでしょう。現在の版では、両方の本の構成を改めました。これら50の項目は、あなたがプロの開発者として、より効果的にC#を使うのに役立つ推奨事項の集合です。

本書は、読者がC# 7を使っていることを前提としますが、そのバージョンの新機能を完全に網羅するものではありません。日常的に遭遇しそうな問題を解決するために、それらの機能を使う方法について、“Effective Software Development”シリーズのすべての本と同じく、本書も実用的なアドバイスを提供します。とくにC# 7の機能を扱うのは、一般的なイディオムを書くのに、その新機能によって、より良い方法が導入されたケースです。インターネットで検索すると、いまでも何年か前の古いソリューションが出てきますが、本書は、そういう古い推奨事項を指摘し、なぜ言語の補強によってより良い方法が可能になったかを説明します。

本書で推奨する技法の多くは、Roslynをベースとしたアナライザとコードフィックスによって検証できます。それらのリソースは、私が管理するリポジトリ（`https://github.com/BillWagner/MoreEffectiveCSharpAnalyzers`）にあります。このリポジトリに貢献したいアイデアを持っている読者は、ぜひIssuesやPull requestsを使ってください。

想定する読者

この『More Effective C#』は、C#を主なプログラミング言語とするプロフェッショナルな開発者のために書きました。読者がC#の構文や、この言語の機能に親しんでいて、C#一般に熟練していることを想定しています。本書では、この言語の機能についてのチュートリアル的な教材は提供しません。代わりに、C#言語の現在のバージョンが持つ機能を、あなたの日常的な開発に取り入れる方法を説明します。

本書の読者には、C#言語の機能に親しんでいるだけでなく、CLR（Common Language Runtime）とJIT（just-in-time）コンパイラについても、ある程度の知識があることを想定しています。

本書の内容

現代の世界は、あらゆる場所にデータが存在します。オブジェクト指向には、データとコードで型を構成し、責任を分担させるというアプローチがあります。関数型アプローチの1つは、メソッドをデータとして扱います。サービス指向のアプローチでは、データと、それを操作するコードを分離します。C#は、これらのパラダイムに共通する言語イディオムを含むように進化してきました。そのせいで、あなたの設計上の選択が複雑になっていると思います。第1章では、それらの選択肢を論じ、用途に応じてさまざまな言語イディオムを選ぶためのガイドを提供します。

プログラミングの基本はAPI設計です。それは、あなたのコードを使うユーザーに、あなたが期待することを伝えるコミュニケーションです。それと同時に、他の開発者たちのニーズや期待に関する、あなたの理解についても、多くを語ることになります。第2章では、C#の豊富な言語機能を使って、あなたの意図を表現する最良の方法を学べます。遅延評価を活用する方法、複合的なインターフェイスを作る方法、あなたのパブリックインターフェイスでさまざまな言語要素にまつわる混乱を防ぐ方法を学ぶことになるでしょう。

タスクベースの非同期プログラミングは、非同期の構成要素によってアプリケーションを構築する新しいイディオムを提供しています。これらの機能をマスターすれば、どのようにコードが実行されるかを明確に反映する、しかも使いやすい非同期処理のAPIを作成できます。第3章では、この言語が提供するタスクをベースとした非同期処理のサポートを使って、あなたのコードを複数のサービスで、それぞれ異なるリソースを使いながら実行するための方法を学びます。

第4章は、非同期プログラミングの一種であるマルチスレッドによる並列実行に焦点を当てます。ここでは複雑なアルゴリズムを、複数のコア、複数のCPUに分散する仕事が、PLINQによって、どれほど簡単になるかを示します。

第5章では、動的な言語としてC#を使う方法を論じます。C#は強く静的に型付けされる言語ですが、現在は動的な型付けと静的な型付けの両方を含むプログラムの数が増えています。C#は、あなたのプログラム全体で静的な型付けのメリットを失うことなく、動的なプログラミングのイディオムを活用する方法を提供しています。この章では、動的な機能の使い方を学ぶとともに、動的な型付けがプログラム全体に波及するのを防ぐ方法も学びます。

最後の第6章では、グローバルなC#コミュニティに関与する方法について提案します。このコミュニティに参加する方法、あなたが毎日使う言語の将来の姿を決める助けになる方法は、数多く存在するのです。

コーディング規約

書籍でコードを示すには、いまでもスペースと明確さのための妥協が必要です。私はできるだけサンプルを切り詰め、そのサンプルに特有な肝心の部分を示すように心がけました。そのため、クラスまたはメソッドの他の部分を、しばしば省略することになっています。ときにはスペースを節約するため、エラーからの回復処理も省いています。publicメソッドでは、引数その他の入力を検証すべきですが、そのためのコードも紙面の制限で、普通は省略しています。同様に紙幅の関係で、複雑なアルゴリズムでメソッド呼び出しの検証や、try/finally節を略しています（それらは本来、含まれているはずのものですが）。

また、サンプルで一般的な名前空間を使うときも、たいがいの開発者なら適切な名前空間を見つけられると期待しています。どのサンプルも、次のようなusing文を、暗黙のうちにインクルードしていると考えていただいて結構です。

```
using System;
using static System.Console;
using System.Collections.Generic;
using System.Linq;
using System.Text;
```

フィードバック

著者の最善の努力にも、テキストをレビューしてくださった人々の尽力にもかかわらず、テキストまたはサンプルにエラーが入り込んでいるかもしれません。もしエラーを見つけたと確信したら、私、Bill Wagnerに知らせてください（メール：bill@thebillwagner.com、

Twitter：@billwagner）。原著の正誤表は、http://thebillwagner.com/Resources/MoreEffectiveCSにポストされます[†1]。

本書の多くの項目は、他のC#開発者の皆様からの電子メールや、Twitterでの会話に触発されたものです。もし読者に、本書のアドバイスについての質問やコメントがあれば、私に連絡してください。その他の話は、私のブログ（http://thebillwagner.com/Blog）でカバーします。

謝辞

本書に貢献された数多くの人々に感謝しています。長年にわたり素晴らしいC#コミュニティに参加しているのを、名誉なことだと思っています。より良い本ができたのは、C# Insidersメーリングリストの皆様が（Microsoft社の内外を問わず）寄せてくださったアイデアと討論のおかげです。

C#コミュニティのなかでも、とくに直接アイデアを提案してくださった方々の名前をあげなければなりません。この版の新しいアイデアの多くは、もともとJon Skeet、Dustin Campbell、Kevin Pilch、Jared Parsons、Scott Allen、そしてとりわけMads Torgersenとの会話から生まれたものです。

素晴らしいテクニカルレビュアーのチームに恵まれました。この版のテキストとサンプルコードを熟読して、いまあなたが手にしている本の品質を大きく改善したのは、Jason Bock、Mark Michaelis、Eric Lippertです。彼らのレビューは徹底したもので、誰もそれ以上は望めないでしょう。そればかりか、彼らからは多くの話題について、私がもっとうまく説明できるようにと、ヒントをいただきました。

Addison-Wesley社のチームとの仕事は夢のようです。Trina Macdonaldは素晴らしい編集者であり、厳しい監督者であり、やるべき仕事すべての牽引者です。彼女がもっとも頼りにしているはMark RenfrowとOlivia Basegioで、この私もそうです。彼らの貢献によって、本書の表紙から裏表紙まで（もちろん、その間のすべても）高品質な仕上がりになっています。Curt Johnsonは、引き続き技術的内容のマーケティングで途方もない仕事をしています。あなたが手にしてるのが、どのフォーマットでも、必ずCurtが関わっています。

この版もまた、Scott MeyersのEffectiveシリーズの一部となっていることを名誉に思います。Scottは原稿のすべてに目を通し、改善のための提案とコメントをくださいました。彼は驚くほど几帳面な人物ですし、C#ではないにしろソフトウェア全般に経験をお持ちなので、私が十分に説明していなかった項目を見逃さずに指摘してくださいました。この版を準備するうえでも、いつものように彼のフィードバックは貴重なものでした。

---

†1：**[訳注]** 原著第2版のページ(http://www.informit.com/store/more-effective-c-sharp-includes-content-update-program-9780672337388)のUpdatesタグに、正誤情報が反映されるはずです。翔泳社の、この書籍のページ（http://www.shoeisha.co.jp/book/detail/9784798153988）を、ご覧下さい。

そして今回も、私が原稿を仕上げられるように、家族は私と過ごす時間をあきらめてくれました。私が執筆やサンプルの作成に没頭している間、妻のMarleneは辛抱強く待ってくれました。彼女の援助がなければ、この本は（そして他の本も）最後まで書けなかったはずです。これらのプロジェクトを満足して終えることも、できなかったでしょう。

著者について

Bill Wagnerは、もっとも重要なC#開発者の1人であり、ECMA C# Standards Committeeのメンバーである。彼はHumanitarian ToolboxのPresidentであり、Microsoft Regional Directorの役職を持ち、.NET MVPを11年受賞し、最近では.NET Foundation Advisory Councilに任命されている。Billは新事業から大企業まで数多くの会社で働き、ソフトウェア開発のプロセスを改善し、それらのソフトウェア開発チームを成長させてきた。現在はMicrosoftの.NETのCore contentチームに勤め、C#言語と.NET Coreに関心のある開発者のために学習用のマテリアルを作っている。Billはイリノイ大学アーバナ・シャンペーン校でコンピュータサイエンスの学士号を授かっている。

目次

第1章　データ型の扱い

もともとC#は、オブジェクト指向設計のテクニックをサポートするように設計されたが、それはデータと機能を一緒に提供するものだった。その後、言語が成熟するにつれて、一般化してきたプログラミングの技法をサポートする新しいイディオムが加わった。そのなかに、データのストレージに関わる問題を、そのデータを操作するメソッドから切り離そうという動きがある。このトレンドは、分散システムに向かう動向によって駆動されている。つまりアプリケーションを、もっと小さなサービスに分け、関連のある機能の小さな集合を、それぞれのサービスで実装するわけだ。このように関心事を分割する新しい戦略を採用するためには、新しいテクニックが生まれてくるのが当然であり、新しいプログラミング技術が使われれば、言語に新しい機能が生じる。

この章では、データを操作あるいは処理するメソッドから、データを切り離すテクニックを学ぶ。これらのデータはオブジェクトに限らず、ときには関数であったり、データの受動的なコンテナであったりもする。

項目1　アクセス可能なデータメンバーの代わりにプロパティを使おう

プロパティは、初めからC#にある特徴の1つだ。けれどもC#言語の最初のリリース後に導入された拡張機能によって、プロパティの表現力は、ずっと豊かになっている。たとえばゲッターとセッターで、さまざまなアクセス制限を個別に指定できる。プロパティをデータメンバーから手作業で実装する代わりに自動実装（暗黙のプロパティ）を利用すれば、タイピングの量を最小限に減らせる（これにはリードオンリープロパティも含まれる）。本体が式であるメンバーを使えば、さらに簡潔な構文を使って書ける。いまでも自分の型の中でpublicフィールドを使っているのなら、もうそれはやめよう。いまでもgetとsetを手書きで作っているのなら、もうそれはやめよう。プロパティを使えば、データメンバーをpublicインターフェイスの一部として公開でき、オブジェクト指向環境に必要なカプセル化も従来通りに提供できる。プロパティは、データメンバーのようにアクセスされ、メソッドとして実装される、この言語の要素なのだ。

型のメンバーには、本来データとして表すのが最適なものがある。たとえば顧客の名前、点の(x, y)座標、昨年度の収入などがそうだ。プロパティを使えば、データフィールドに直接アクセスでき、しかもメソッドの利点をすべて生かせるようなインターフェイスを作成できる。クライアントのコードは、まるでpublicフィールドをアクセスするようにプロパティをアクセスするが、実装は、あなたがメソッドを使って行うのであり、その中でプロパティアクセサの振る舞いを定義する。

.NET Frameworkでは、データメンバーの公開にプロパティを使うことが想定されている。実際に、.NET Frameworkでデータバインドを行うクラスは、publicデータフィールドではなくプロパティをサポートしている。これは、WPF、Windowsフォーム、Webフォームなど、データをバインドするすべてのライブラリに共通している。データバインドは、オブジェクトのプロパティを、ユーザーインターフェイスのコントロールに結び付けるものだ。データバインドの機構は、リフレクションによって、指定された名前のプロパティを、型の中から見つけ出す。

```
textBoxCity.DataBindings.Add ("Text",
    address, nameof (City)) ;
```

このコードは、textBoxCityコントロールのTextプロパティを、addressオブジェクトのCityプロパティにバインドするものだが、Cityという名前のpublicデータフィールドには使えない。そもそもFramework Class Libraryの設計で、そういう習慣をサポートしなかった。publicデータメンバーを使うのは良くない習慣とみなされたので、そのサポートは、Framework Class Libraryに追加されなかったのだ。このように省かれたことも、オブジェクト指向の適切なテクニックに従うべき理由の1つと考えられる。

たしかにデータバインドが適用されるのは、あなたのUIロジックで表示される要素を含むクラスに限られる。けれども、プロパティをUIロジックだけで使おうというのではない。他のクラスや構造体でも、おおいにプロパティを使うべきだ。プロパティなら、時が経って新しい要件や挙動が生じたときにも、ずっと容易に変更できる。たとえば、顧客（Customer）型で、空白の名前を許さないと決めたとしよう。名前（Name）にpublicプロパティを使っていれば、そういう要件は容易に設定できる。必要な変更は一箇所で済むのだから。

```
public class Customer
{
    private string name;
    public string Name
    {
        get => name;
        set
        {
```

```
            if (string.IsNullOrWhitespace(value))
                throw new ArgumentException(
                "名前を空白にできません",
                nameof(Name));
            name = value;
        }
        // 以下省略
    }
}
```

もしpublicデータメンバーを使っていたら、顧客名を設定しているコードを全部チェックして、それらをもれなく変更する必要が生じるだろう。それには、ずっと長い時間が必要なはずだ。

プロパティはメソッドとして実装するのだから、マルチスレッドのサポートを追加するのも容易になる。getとsetのアクセサの実装を拡張するだけで、データへの同期アクセスを提供できる（詳しくは、項目39を参照）。

```
public class Customer
{
    private object syncHandle = new object();

    private string name;
    public string Name
    {
        get
        {
            lock (syncHandle)
            return name;
        }
        set
        {
            if (string.IsNullOrEmpty(value))
                throw new ArgumentException(
                    "名前を空白にできません",
                    nameof(Name));
            lock (syncHandle)
                name = value;
        }
    }
    // 以下省略
}
```

プロパティにはメソッドと同じ言語機能がある。具体的に言えば、プロパティはvirtual指定できる。

```
public class Customer
{
    public virtual string Name
```

```
    {
        get;
        set;
    }
}
```

これまでのコーディング例では、暗黙的なプロパティの構文を使ってきた。バッキングストアをラップするためにプロパティを作るのは一般的なパターンである。そしてプロパティのゲッターやセッターには、しばしば検証のロジックが不要な場合がある。そこでC#言語は、単純なフィールドをプロパティとして公開するのに決まり切ったコードを書かずに済むよう、単純化された暗黙のプロパティ構文をサポートしている。コンパイラは、（しばしばバッキングフィールドと呼ばれる）privateフィールドを自動的に作成し、getとsetの両方のアクセサに必要なロジックを実装してくれる。

この暗黙的プロパティと同様な構文を使って、プロパティを抽象にまで拡張し、インターフェイス定義の一部としてプロパティを定義することも可能だ。次の例は、ジェネリックなインターフェイスにおけるプロパティ定義を示している。この構文は暗黙のプロパティと似ているが、このインターフェイス定義には実装が含まれない。定義されるのは、このインターフェイスを実装する型が必ず満たさなければならない契約である。

```
public interface INameValuePair<T>
{
    string Name { get; }

    T Value { get; set; }
}
```

プロパティは、内部データをアクセスまたは変更できるようにメソッドを拡張したもので、完全な第一級の言語要素である。メンバー関数でできることは、なんでもプロパティでできる。しかもプロパティなら、フィールドでは避けられない重大なバグの要因を回避できる。つまりプロパティは、キーワードのrefまたはoutを使ってメソッドに参照渡しすることができないのだ。

プロパティのアクセサは、あなたの型にコンパイルされる2つの別々のメソッドである。C#のプロパティでは、getおよびsetのアクセサに、それぞれ別のアクセス修飾子を指定できる。この柔軟性によって、プロパティとして公開するデータ要素の可視性を、自在に制御できる。

```
public class Customer
{
    public virtual string Name
    {
        get;
        protected set;
    }
```

```
    // 以下の実装は省略
}
```

プロパティの構文は、単純なデータフィールドに限定されない。もしあなたの型のインターフェイスの一部に、インデックス参照される要素があるのなら、インデクサを利用できる（これは、いわば「引数付きのプロパティ」だ）。このアプローチは、シーケンスから複数の項目を返すプロパティを作るのに便利だ。

```
public int this[int index]
{
    get => theValues[index];
    set => theValues[index] = value;
}
    private int[] theValues = new int[100];

// インデクサにアクセスする
int val = someObject[i];
```

インデクサに対する言語のサポートも、単一要素のプロパティとまったく同等だ。独自のメソッドと同様に実装されるから、どのような検証や計算も、インデクサのなかで行うことができる。インデクサは、仮想化も抽象化も可能であり、インターフェイスのなかで宣言でき、リードライトにもリードオンリーにも設定できる。数値パラメータを持つ1次元インデクサは、データバインドに参加できる。その他のインデクサは、非整数型の引数を使ってマップを定義できる。

```
public Address this[string name]
{
    get => addressValues[name];
    set => addressValues[name] = value;
}
private Dictionary<string, Address> addressValues;
```

C#の多次元配列と連携して多次元のインデクサを作ることも可能で†1、それぞれの軸に同じ型でも異なる型でも使える。

```
public int this[int x, int y]
    => ComputeValue (x, y) ;

public int this[int x, string name]
    => ComputeValue (x, name) ;
```

†1：［訳注］ただしインデクサに多次元配列を使うと「ライブラリの使い勝手に重大な制限となる」というので、Visual Studioはコードの品質に関する警告を出すだろう。Microsoftのドキュメントで「CA1023」を参照。

すべてのインデクサが、thisキーワードを使って宣言されることに注意しよう。C#ではインデクサに名前を付けられないので、ある型にさまざまなインデクサがあるときは、それぞれに他と異なる引数リストを持たせることによって多義性を回避する。プロパティの機能は、ほとんどすべてインデクサでも利用できる。インデクサは仮想化あるいは抽象化が可能であり、setとgetで別々のアクセス制限をかけられる。ただし自動実装が可能なプロパティと違って、「暗黙的インデクサ」を作ることはできない。

このようにプロパティの機能は、どれも素晴らしく、C#の従来のバージョンと比べて、明らかに改善されている。それでも読者は、まずはデータメンバーを使って最初の実装を行っておき、あとで必要になったときに、プロパティでデータメンバーを置き換えればいいだろう、と考えるかもしれない。それが妥当な戦略だろうと思われるかもしれないが、そうではない。次に示す、クラス定義の断片を見ていただこう。

```
// パブリックメンバーを使うのは、良くない習慣
public class Customer
{
    public string Name;

    // 残りの実装を省略
}
```

このクラス定義は、名前を持つ顧客を記述する。その名前は、おなじみのメンバー記法を使って、次のように取得し、設定できる。

```
string name = customerOne.Name;
customerOne.Name = "This Company, Inc.";
```

単純明快だ。それでは、あとでデータメンバーのNameをプロパティに置き換えても、何も変更せずに、このコードを使えるだろうか。ある意味では、そうだ。プロパティは、データメンバーのようにアクセスできるのだから。ただしそれは、あくまで構文の役割についての話だ。プロパティは**データではない**。プロパティをアクセスすると、データアクセスとは異なるMSIL（Microsoft中間言語）の命令が生成される。

プロパティとデータメンバーには、ソース互換性はあるが、バイナリ互換性はない。当然ながら、もしpublicデータメンバーを、それと等価なpublicプロパティに変更したら、そのpublicデータメンバーを使う全部のコードを再コンパイルする必要が生じる。C#はバイナリアセンブリを「第1級の市民」（扱いに制限のないオブジェクト）として扱う。この言語の目的の1つは、アプリケーション全体を更新することなく、1個のアセンブリを更新してリリースできるようにすることだ。ところが、ただデータメンバーをプロパティに変更するだけで、バイナリ互換性が失われるのだから、すでに配置されている1個のアセンブリを更新するのは、はるかに困難となる。

プロパティのMSIL命令を見ていると、プロパティとデータメンバーでは性能に違いがあるのか、気になるかもしれない。プロパティの性能は、データメンバーをアクセスするより速くはないが、遅くもない。JITコンパイラは、プロパティアクセサを含む一部のメソッドコールをインライン化する。JITがプロパティアクセサをインライン化すれば、データメンバーとプロパティの性能は同じになる。プロパティアクセサがインライン化されない場合も、実際の性能の違いは関数コール1つの差で、気になるようなコストではない。その程度の差を計測できるのは、ごくわずかな状況に限られる。

プロパティは、呼び出し側のコードからはデータのように見えるメソッドなので、当然こうだろうとユーザーから期待される点がいくつかある。プロパティのアクセスは、データのアクセスと同じだと期待される。たしかにそう見えるのだから、あなたのプロパティアクセサは、そういうユーザーの期待に応えなければならない。ゲッターには、目に見えるような副作用があってはいけない。逆にセッターは実際に状態を変更し、その変更をユーザーが見えるようにしなければならない。

プロパティアクセサは、性能に関してもユーザーに期待を持たせる。プロパティのアクセスは、データフィールドをアクセスするように見えるのだから、単純なデータアクセスと比べて性能に大きな違いがあってはいけない。プロパティアクセサは長大な計算を行うべきではないし、（たとえばデータベースクエリのような）アプリケーション間の呼び出しも行うべきでもない。その他、プロパティアクセサに対するユーザーの期待に反する長い処理は行うべきではない。

あなたの型の（`public`または`protected`な）インターフェイスに含まれるデータを公開するときは、いつでもプロパティを使おう。シーケンスやディクショナリには、インデクサを使おう。そして、すべてのデータメンバーは例外なしに`private`にしよう。こうするだけで、データバインドのサポートが得られるし、将来メソッドの実装を変更するのも、ずっと容易になる。変数をプロパティの中にカプセル化するには、ちょっとだけ余計な手間がかかるが、一日に1分か2分の作業だろう。そうしないでいて、「やはり設計を正しく表現するにはプロパティを使う必要がある」と、あとから気がついたら、何時間もの仕事になってしまう。いま、ちょっと時間をさいておけば、あとで大量の時間を節約できる。

項目2　可変データには暗黙のプロパティを使おう

C#にプロパティの構文が追加されて、設計の意図を明確に表現できるようになった。そしてC#の現在の構文は、あなたの設計に対する将来の変更も援助している。最初からプロパティを使っておけば、あとで多くのシナリオを利用できるのだ。

クラスにアクセス可能なデータを加えるときは、プロパティアクセサがデータフィールドを囲む単純なラッパーになることが多い。そういう場合は、暗黙のプロパティ（自動実装プロパティ）を使うとコードが読みやすくなる。

```
public string Name { get; set; }
```

こうすればコンパイラは、名前を自動的に生成して、バッキングフィールド（publicプロパティで公開するデータを格納しておくprivateフィールド）を作ってくれる。バッキングフィールドの値を変更するには、プロパティのセッターを使える。それどころか、バッキングフィールドの名前はコンパイラが生成するのだから、そのクラスの内側からもバッキングフィールドを直接変更することができず、必ずプロパティアクセサを呼び出す必要がある。だが、それは問題にはならない。プロパティアクセサを呼び出しても、同じ処理が行われるのだし、生成されるアクセサは1個の代入文だからインライン化されるだろう。暗黙的なプロパティを使っても、あなたがバッキングフィールドを明示的にアクセスしても、実行時の振る舞いは（性能に関しても）同じなのだ。

暗黙のプロパティは、明示的なプロパティと同様に、プロパティのアクセス修飾子をサポートする。セッターの定義には、必要に応じて、いくらでもアクセス制限を加えられる。

```
public string Name
{
    get;
    protected set;
}

// または
public string Name
{
    get;
    internal set;
}

// または
public string Name
{
    get;
    protected internal set;
}

// または
public string Name
{
    get;
    private set;
}

// また、コンストラクタだけが
// 設定できるようにするには：
public string Name { get; }
```

暗黙のプロパティからは、C#の従来のバージョンで手作業で作っていたのと同じ「バッキングフィールドを持つプロパティ」というパターンが作られる。ただし暗黙のプロパティを使えば、あなたの生産性が高まり、クラスが読みやすくなる。暗黙的プロパティ宣言は、あなたのコードを読む人に、その意図を、はっきりと示す。意味がわかりにくい余分な情報がなくなるので、ファイルがすっきりする。

もちろん、暗黙的なプロパティも明示的なプロパティと同じコードを生成するのだから、仮想プロパティの定義にも、仮想プロパティのオーバーライドにも、インターフェイスで定義されたプロパティの実装にも、暗黙的プロパティを使える。

仮想の暗黙的プロパティを作る場合、コンパイラが生成したバッキングフィールドを派生クラスから直接アクセスすることはできない。けれどもオーバーライドからは、基底プロパティのgetとsetのメソッドを、他の仮想メソッドと同じようにアクセスできる。

```
public class BaseType
{
    public virtual string Name
    {
        get;
        protected set;
    }
}

public class DerivedType : BaseType
{
    public override string Name
    {
        get => base.Name;
        protected set
        {
            if (!string.IsNullOrEmpty(value))
            base.Name = value;
        }
    }
}
```

暗黙のプロパティを使うことには、さらに2つの利点がある。第1に、暗黙のプロパティを（データの検証や、その他のアクションを加えるために）具体的な実装で置き換える必要が生じたとき、あなたのクラスへの変更は、バイナリ互換性を持つことになる。そして第2に、検証を行う場所が、ただ1箇所にまとまる。

C#言語の従来のバージョンでは、ほとんどの開発者が自作のクラスでバッキングフィールドを更新するのに、それらを直接アクセスしていた。その方法では、検証やエラーチェックのコードが、ファイルのあちこちに散らばってしまう。暗黙的プロパティでは、バッキングフィールドに対する変更は、すべて（privateでもよい）プロパティアクセサを呼び出すことになっている。その暗黙的プロパティアクセサを、この場合は明示的なプロパティアクセサに変更する必要がある。そして、すべての検証ロジックを、新しいアクセサの中で書く必要がある。

```
// もとのバージョン
public class Person
{
    public string FirstName { get; set;}
    public string LastName { get; set; }
    public override string ToString() =>
        $"{FirstName} {LastName}";
}

// あとで検証のために更新されたバージョン
public class Person
{
    public Person(string firstName, string lastName)
    {
        // 検証はプロパティのセッターに任せる
        this.FirstName = firstName;
        this.LastName = lastName;
    }
    private string firstName;
    public string FirstName
    {
        get => firstName;
        set
        {
            if (string.IsNullOrEmpty(value))
                throw new ArgumentException(
                "ファーストネームは省略できません");
                firstName = value;
        }
    }

    private string lastName;
    public string LastName
    {
        get => lastName;
        private set
        {
            if (string.IsNullOrEmpty(value))
                throw new ArgumentException(
                    "ラストネームは省略できません");
            lastName = value;
        }
    }
    public override string ToString() =>
        $"{FirstName} {LastName}";
}
```

暗黙的プロパティを使うと、すべての検証が1箇所にまとまる。バッキングフィールドを直接アクセスせずにアクセサを使い続けている限り、すべてのフィールド検証コードは、1箇所にまとまったままになるだろう。

暗黙的プロパティには、1つ重要な制限がある。Serializable属性を持つ型には使えないのだ。ファイルに永続化されるストレージのフォーマットは、バッキングフィールドのためにコンパイラが生成するフィールドの名前に依存する。そのフィールド名は、一定であるという保証がない。つまり、クラスを変更するとき、いつでも変わる可能性がある。

このように制限はあるが、暗黙的プロパティを使えば開発者の時間が節約され、読みやすいコードができ、そのなかでフィールドの更新を検証するコードは、すべて1箇所にまとまる。コードが明快になれば、保守も容易になるはずだ。

項目3　値型は可変より不変が好ましい

不変（イミュータブル）型は理解しやすい。いったん作ってしまえば定数になる。不変型のオブジェクトは、構築に使われる引数を検証しておけば、その後は有効な状態であることに確信を持てる。オブジェクトを無効にしようにも、その内部状態を変更できないのだ。いったん構築されたオブジェクトの状態に対する、あらゆる変更を禁止することで、大量のエラーチェックを節約できる。それに不変型は、本来スレッドセーフだ。それを読むスレッドがいくつあっても、同じ内容をアクセスすることになる。内部状態を変更できないから、どのスレッドから見ても、データのビューは必ず一貫性を保つ。そして不変型は、あなたのオブジェクトから安全に公開できる。呼び出し側は、あなたのオブジェクトの内部状態を変更できないのだから。

不変型はハッシュをベースとするコレクションとの相性が良い。`Object.GetHashCode()`が返す値は、そのインスタンスの不変量でなければならないのだが（項目10）、不変型なら必ずそうなる。

実際には、あらゆる型を不変にするのは困難だから、このアドバイスの適用範囲は、アトミックで不変な値型にしておこう。そうでない型は、自然に1個のエントリをなすような構造に分解するのが良い。たとえば住所を表現する`Address`型が、そういうエントリである。住所は、関連する複数のフィールドで構成されるが、全体で1個のものだ。あるフィールドが変更されれば、その他のフィールドも変更されるだろう。反対に、顧客を表現する`Customer`型は、アトミックな型ではない。顧客の型には、たぶん多くの情報が含まれる。住所、名前、1つ以上の電話番号などだ。それらはどれも独立して変更される可能性がある。顧客は引っ越さずに電話番号だけ変えるかもしれない。顧客は引っ越しても、電話番号は変えずにおくかもしれない。顧客は名前を変えても、引っ越しをせず、電話番号も変えないかもしれない。顧客オブジェクトは、アトミックではない。これは、1個の住所、1個の名前、電話番号のコレクションといったさまざまな不変型で構成される、複合型（コンポジション）にしよう。アトミック型は1個のエンティティである。アトミック型の内容を変更するときは、全体を入れ替える。だが例外的に、構成するフィールドの1つを変更することもあるだろう。

次に示すのは、可変な住所の典型的な実装だ。

```
// 可変な住所の構造体
public struct Address
{
    private string state;
    private int zipCode;

    // デフォルトの、システムが生成する
    // コンストラクタに頼る

    public string Line1 { get; set; }
    public string Line2 { get; set; }
    public string City { get; set; }
    public string State
    {
        get => state;
        set
        {
            ValidateState(value);
            state = value;
        }
    }

    public int ZipCode
    {
        get => zipCode;
        set
        {
            ValidateZip(value);
            zipCode = value;
        }
    }
    // その他の詳細は省略
}

// 使用の例：
Address a1 = new Address();
a1.Line1 = "111 S. Main";
a1.City = "Anytown";
a1.State = "IL";
a1.ZipCode = 61111;
// 変更の例：
a1.City = "Ann Arbor"; // 市を変更すれば郵便番号と州が無効になる
a1.ZipCode = 48103;    // 郵便番号を変えても、まだ州は無効
a1.State = "MI";       // 州を変えて、ようやく整合する
```

内部の状態を変更すると、少なくとも一時的に、オブジェクトの不変条件を破る可能性がある。市のフィールドを置換すると、a1オブジェクトは無効な状態になる。変更された市は、もう郵便番号フィールドとマッチしていないのだ。このコードは、たいして危険には見えないが、この断片がマルチスレッドプログラムの一部なら、どうだろうか。市を変更してから州を変更するまでの間に、もしコンテクスト切り替えが生じて、他のスレッドから見ることになれば、

整合性のないデータビューとなるだろう。

たとえマルチスレッドプログラムを書かないとしても、やはり内部状態の変化によって、トラブルが生じる。たとえば郵便番号が無効で、setが例外を送出するとしたら、どうだろうか。まだ意図した変更の一部しか行っていないのに、システムを無効な状態にしてしまう。この問題を修正するには、Adrress構造体に、かなりの量の内部検証コードを追加する必要がありそうだ。その検証コードのおかげで、コード全体のサイズと複雑さが増えてしまうだろう。このような例外を安全かつ完全に実装するには、複数のフィールドを変更するコードブロックの、どれについても防御的なコピーを作る必要が生じるだろう。スレッドセーフにするには、かなり多くのスレッド同期用のチェックを、それぞれのプロパティアクセサに（setとgetの両方に）追加する必要が生じるだろう。結局、ずいぶん大量の仕事をしなければならない。そして、将来新しい機能を追加するたびに、それらも拡張する必要が生じるだろう。

もしAddressオブジェクトをstructにしておく必要があるのなら、不変な構造体にするのが、より良いアプローチだ。まずは、すべてのインスタンスフィールドを、外部からはリードオンリーに変更する。

```
public struct Address
{
    public string Line1 { get; }
    public string Line2 { get; }
    public string City { get; }
    public string State { get; }
    public int ZipCode { get; }

    // 残りの詳細を省略
}
```

これで、publicインターフェイスに基づく不変型ができた。実際に使えるようにするには、Address構造体を完全に初期化するのに必要な、すべてのコンストラクタを追加する必要がある。けれども、このAddress構造体に追加する必要があるコンストラクタは、ただ1つ、個々のフィールドを指定するものだけだ。代入演算子で十分だから、コピーコンストラクタは必要ない。そして（コンパイラが生成する）デフォルトコンストラクタは、いまでもアクセス可能である。すべての文字列がnullで、郵便番号が0になるようなデフォルトの住所が存在するのだ。

```
public Address(string line1,
    string line2,
    string city,
    string state,
    int zipCode) :
    this()
{
    Line1 = line1;
```

```
    Line2 = line2;
    City = city;
    ValidateState(state);
    State = state;
    ValidateZip(zipCode);
    ZipCode = zipCode;
}
```

この不変型の状態を変えるには、コーリングシーケンスに手直しが必要となる。つまり、既存のインスタンスを書き換えるのではなく、代わりに新しいオブジェクトを作成するのだ。

```
// 住所の作成
Address a2 = new Address("111 S. Main",
    "", "Anytown", "IL", 61111);

// 住所の変更は、再初期化する
a2 = new Address(a1.Line1,
    a1.Line2, "Ann Arbor", "MI", 48103);
```

a1の値は、もとのAnytownの住所か、更新されたAnn Arborの住所か、2つの状態のどちらか1つである。前の例のように既存の住所を書き換えないから、一時的に無効な状態を作ることはない。そういう過渡的な状態が存在するのは、Addressコンストラクタの実行時だけで、それはコンストラクタの外からは見えない。いったん新しいAddressオブジェクトが構築されたら、その値は常に固定される。また、このコードは例外に対しても安全である。a1は、もとの値か新しい値かの、どちらかだ。もし新しいAddressオブジェクトの構築時に例外が送出されても、a1のもとの値は変更されていない。

不変型を作るのならば、内部状態をクライアントが変更できるような抜け穴を、決してコードに作らないよう注意する必要がある。値型では派生クラスがサポートされないので、派生クラスによってフィールドを書き換えられる恐れはない。逆に言えば、あなたの不変型に可変な参照型フィールドがないか、注意しなければいけない。そのような型のコンストラクタを実装するときは、その可変型に防御的なコピーを作る必要がある。以下にあげる例では、電話番号を表現するPhoneが、どれも不変な値型であることを前提としている。いまは値型の不変性だけに注目しているからだ。

```
// ほとんど不変だが状態を変更するような抜け穴がある
public struct PhoneList
{
    private readonly Phone[] phones;

    public PhoneList(Phone[] ph)
    {
        phones = ph;
    }
```

```
    public IEnumerable<Phone> Phones
    {
        get { return phones; }
    }
}

Phone[] phones = new Phone[10];
// 電話番号リストphonesの初期化
PhoneList pl = new PhoneList(phones);

// 電話番号リストを変更すると、
//（不変であるはずの）オブジェクト内部状態が変更されてしまう
phones[5] = Phone.GeneratePhoneNumber();
```

配列クラスは参照型なので、PhoneList構造体の内部から参照している配列は、このオブジェクトの外で割り当てたphonesと同じ配列ストレージである。このままでは他の開発者が、あなたの不変構造体を、「同じストレージを参照する他の変数」を介して変更することが可能だ。この可能性を排除するためには、配列の防御的なコピーを作る必要がある。Arrayは可変型なので、代案としてSystem.Collections.Immutable名前空間にあるImmutableArrayクラスを使うという選択肢もある。先ほどの例では、可変コレクションの落とし穴を示した。もしPhone型が可変な参照型ならば、問題が生じる可能性は、さらに大きくなる。それならクライアントは、たとえコレクションが変更から保護されていても、コレクション内の値を変更できるだろう。この問題は、コレクション型のImmutableListを使えば簡単に解決できる。

```
public struct PhoneList
{
    private readonly ImmutableList<Phone> phones;

    public PhoneList(Phone[] ph)
    {
        phones = ph.ToImmutableList();
    }

    public IEnumerable<Phone> Phones => phones;
}
```

不変型を初期化する方法は、その型の複雑さに応じて、次の3つの方法から選ぶべきだ。まず最初に、クライアントがオブジェクトを初期化できるように、コンストラクタを1つ定義する方法がある。Address構造体でコンストラクタを定義したとき、クライアントに住所の初期化を許したのと同じ方法だ。コンストラクタの集合を十分に定義しておくのが、しばしばもっとも単純なアプローチとなる。

第2に、構造体を初期化するファクトリメソッドを作ることもできる。ファクトリを使うと、一般的な値の集合を提供するのが、より簡単になる。.NET FrameworkのColor型は、この方法でシステムカラーを初期化する。その静的メソッドであるColor.FromKnownColor()とColor.FromName()は、所与のシステムカラーについて、その現在の値を表現する色データのコピーを返す。

第3に、不変型のインスタンスを完全に構築するまでに多段階の処理が必要な場合は、可変の補助クラスを作る。.NETの文字列クラスとSystem.Text.StringBuilderとの関係が、まさにこの方法である。複数の処理で文字列を作るのに、StringBuilderクラスを使うのだ。文字列を構築するのに必要な処理をすべて実行した後で、StringBuilderから不変の文字列を受け取ることになる。

不変型を使えば、しばしばコーディングがシンプルになり、保守も容易になる。あなたの型で、どのプロパティにも、やみくもにgetとsetのアクセサを作るのは避けるべきだ。その代わりに、もし型がデータを保存するのなら、それらを不変でアトミックな値型として実装しよう。それらの型を組み合わせて、より複雑な構造体を作ることも、簡単にできるだろう。

項目4　値型と参照型の違いを正しく理解しよう

値型か、それとも参照型か。構造体か、それともクラスか。どんなときに、どちらを選べば良いのだろう。C#はC++ではない。C++ならば、すべての型を値型として定義し、それへの参照を作ることができるのだが。そしてC#はJavaでもない。Javaなら、あらゆるものが参照型だ（あなたが言語設計に携わっている場合を除けば!）。C#で型を作るときは、そのすべてのインスタンスがどう振る舞うかを、あなたが決めなければいけない。うまくいくように最初に決めるのだから、重要な判断だ。あとになって変更を加えたら、相当な量のコードが微妙に動かなくなってしまうことがあるから、その決断がもたらす結果には覚悟が必要だ。型を作るときに、キーワードのstructとclassの、どちらを選ぶかは単純な仕事だが、もしそれを後で変更するとしたら、あなたの型を使っているクライアントを全部更新するという大仕事になってしまう。

どれが最良の選択かは、そのアプローチが好きだ、というような簡単な話ではない。新しい型が、どう使われるかという予想に基づいて選択すべきだ。値型は多相性を持たないので、アプリケーションが操作するデータを保存する場所として使うのが適切だ。参照型には多相性を持たせられるから、アプリケーションの振る舞いを定義するのに使うべきだ。あなたの新しい型に期待される用途を考え、その用途に応じて作成する型を決めよう。データを保存するのは構造体、振る舞いを定義するのはクラスだ。

値型と参照型の区別が、.NETとC#に入ったのは、C++とJavaで一般に発生する問題のせいである。C++では、すべての引数と戻り値が、値渡しされる。値で渡すのは非常に効率が良いのだが、1つ問題がある。それは部分コピーという（オブジェクトのスライシングとも呼ばれる）問題だ。基底オブジェクトを渡すべき場所に派生オブジェクトを使うと、そのオブジェクトの基底部分だけがコピーされる。つまり、派生オブジェクトに固有の情報が、すべて失われてしまうのだ。それればかりか、仮想関数を呼び出す場合も、基底クラスのバージョンが呼び出される。

Java言語は、この問題に対処するため、ほとんどの値型を言語から追放した。ユーザーが定義する型は、すべて参照型になる。Javaでは、すべての引数と戻り値が、参照渡しされる。この方式には一貫性という利点があるが、性能が犠牲になる。現実を直視しよう。ある種の型は多相ではない。そのように意図されることは決してない。Javaのプログラマは、あらゆるオブジェクトのインスタンスについて、ヒープの割り当てと、いつかは行わなければならないガベージコレクションのコストを背負う。そして、オブジェクトのメンバーをアクセスするたび、あらゆるthisのデリファレンスに必要となる時間的コストも払わなければならない。すべての変数が参照型だからだ。

C#では新しい型を宣言するときに、値型にするか参照型にするかを、キーワードのstructまたはclassを使って決める。値型は、小さな軽量級の型にすべきだ。参照型は、クラスの階層構造を形成する。この項では、値型と参照型の違いをすべて理解できるように、型のさまざまな用途を見ていこう。

最初に、次の型を見ていただきたい。メソッドからの戻り値に使っている型だ。

```
private MyData myData;
public MyData Foo() => myData;

// 呼び出すとき:
MyData v = Foo();
TotalSum += v.Value;
```

もしMyDataが値型なら、戻り値の内容を保存するために、そのコピーがvに代入される。けれども、もしMyDataが参照型ならば、内部変数への参照を公開したことになるから、カプセル化の原則に反する。それでは呼び出し側が、あなたのAPIを介さずにオブジェクトを変更できてしまうのだ（項目17）。

そこで、次のようなバリエーションを考えてみる。

```
public MyData Foo2() => myData.CreateCopy();

// 呼び出すとき:
MyData v = Foo();
TotalSum += v.Value;
```

この例で、vはもとのmyDataのコピーである。そのMyDataは参照型なので、ヒープに2つのオブジェクトが作られる。これなら内部データの公開という問題はないが、ヒープに余分なオブジェクトを作ることになる。そして全体的に、このコードは効率が良くない。

publicなメソッドやプロパティを通じてデータを公開するために作る型は、値型にすべきだ。ただし「publicメンバーから返す型は、すべて値型にせよ」と言うのではない。前にあげたコード断片では、MyDataには値を入れるという前提があったのだし、この型の役割は、実際そういう値を格納することにある。

けれども、次のように書いたらどうなるだろうか。

```
private MyType myType;
public IMyInterface Foo3()
    => myType as IMyInterface;

// 呼び出すとき:
IMyInterface iMe = Foo3();
iMe.DoWork();
```

この書き方でも、myType変数がFoo3メソッドから返される。ただし今度は、戻り値の中にあるデータをアクセスするのではなく、定義されたインターフェイスを通じてメソッドを呼び出すために、オブジェクトをアクセスしている。

この単純なコード断片は、重要な区別を示している。値型は値を格納し、参照型は振る舞いを定義するのだ。クラスの中で定義される参照型には、複雑な振る舞いを定義するための豊富な機能がある。まず継承が可能だ。可変性の管理も、参照型のほうが容易である。そしてインターフェイスの実装に、ボックス化やボックス化解除の処理が要らない。値型の機能は、それよりずっと単純である。不変条件を強制するpublic APIを作ることは可能だが、複雑な振る舞いをモデリングすることは、もっと難しい。もし複雑な振る舞いをモデリングしたければ、参照型を作ることだ。

では、もう少し実装に立ち入って、これらの型がメモリにどのような形で格納されるのか、ストレージモデルに関して性能面で何を考慮すべきかを調べよう。次のクラスを例とする。

```
public class C
{
    private MyType a = new MyType();
    private MyType b = new MyType();

    // 残りの実装は省略
}

C cThing = new C();
```

オブジェクトは、いくつ作られるだろうか。それらは、どのくらい大きいのだろうか。答えは型に依存する。もしMyTypeが値型なら、メモリ割り当ては1回だけで、そのサイズはMyTypeのサイズの2倍である。ところが、もしMyTypeが参照型なら、割り当てを3回行っている。1回はCオブジェクトの割り当てで、そのサイズは（ポインタが32ビットなら）8バイトだ。さらに、Cオブジェクトに含まれる2つのMyTypeオブジェクトのために、2回の割り当てが行われる。このように違いが発生するのは、値型がオブジェクトのなかにインラインで格納されるのに対して、参照型の変数には参照が格納され、参照先のストレージに別個の割り当てが必要になるからである。

その違いを明らかにするため、次の割り当てについて考えよう。

```
MyType[] arrayOfTypes = new MyType[100];
```

もしMyTypeが値型なら、MyTypeオブジェクトの100倍のサイズの割り当てが発生している。もしMyTypeが参照型なら、まずは1回の割り当てが発生しただけだ。配列の要素が、すべてnullだからである。ところが、もし配列内の要素を、それぞれ初期化するとしたら、101回の割り当てが行われるはずだ。もちろん101回の割り当ては、1回の割り当てよりも時間がかかる。参照型を数多く割り当てると、ヒープが断片化して性能が落ちる。もしあなたが、データの値を格納するための型を作るのなら、値型を選ぶべきだ。参照型と値型の、どちらを選ぶかという判断のプロセスでは、これが最後のポイントで、もっとも重要性の低いポイントでもある。前に述べた「型の持つ意味」（セマンティクス）を考慮することのほうが、ずっと重要だ。

値型を実装するか、それとも参照型にするかという決断は重い。あとになって値型を参照型に変えるには、大量の変更が必要になる。次の型について考えよう。

```
public struct Employee
{
    // 一部のプロパティを省略して
    public string Position { get; set; }

    public decimal CurrentPayAmount { get; set; }

    public void Pay(BankAccount b)
        => b.Balance += CurrentPayAmount;
}
```

この単純な型には、あなたが従業員（employee）への支払いに使う1個のメソッド（Pay）が含まれている。しばらくの間、このシステムは順調に動いていた。けれども会社が大きくなって、従業員にクラス分けが必要になった。販売員（salespeople）にはコミッションを、管理職（manager）にはボーナスを、それぞれ支払わなければならない。そこであなたは、Employee型を、次のクラスに変更することに決める。

```
public class Employee
{
    // 一部のプロパティを省略して
    public string Position { get; set; }
```

```
    public decimal CurrentPayAmount { get; set; }

    public virtual void Pay(BankAccount b) =>
        b.Balance += CurrentPayAmount;
}
```

この変更により、あなたの構造体を使っていた既存のコードの、かなりの部分が動かなくなるだろう。値を返していたのが、参照返しに変わった。値で渡していた引数を、参照で渡すことになった。次に示す断片の振る舞いは、大きく変わってしまった。

```
Employee e1 = Employees.Find(e => e.Position == "CEO");
BankAccount CEOBankAccount = new BankAccount();
decimal Bonus = 10000;
e1.CurrentPayAmount += Bonus; // 1回限りのボーナスを追加
e1.Pay(CEOBankAccount);
```

ボーナスの追加は1回限りの支給増だったのに、永続的な増給になっている。値のコピーであったものが、いまでは参照に変わったからだ。コンパイラは喜んで変更を受け入れる。たぶんCEO（最高経営責任者）も喜ぶだろう。けれどもCFO（最高財務責任者）は、喜ぶどころか断固としてバグを報告するだろう。この例が示しているように、値型と参照型についての決心は、あとから単純に覆すことができない。型の変更は、振る舞いの変更になる。

上記の例で、この問題が発生したのは、Employee型が、もはや値型のガイドラインに従っていないからである。従業員を定義するデータ要素を格納するだけでなく、役割（この場合は従業員への支払い）までも、この型に追加してしまった。役割は、クラス型の領域である。クラスなら、一般的な役割の多相的な実装を、容易に定義できる。構造体は、それができないのだから、値の格納に留めるべきだ。

.NETのドキュメントには、値型と参照型の、どちらを選ぶかの判断で、型の**サイズ**を考慮することが推奨されている。けれども実際には、型の**用途**で判断するほうが、はるかに適切なのだ。もし型が、単純な構造体やデータの記憶媒体であれば、値型の候補として最適である。念のため書き添えれば、メモリ管理についても値型のほうが効率的だ。ヒープを断片化することが少なく、ガベージも少なく、間接参照も少ない。だが、もっと重要なことに、値型はメソッドやプロパティから返されたとき、コピーされる。だから可変な内部構造への参照を公開して状態が予想外に変化する機会を作ってしまうことがない。一方、値型は機能面で劣る。一般的なオブジェクト指向のテクニックに対するサポートは、値型では非常に限定される。値型はオブジェクトの階層を作れない。すべての値型は自動的に封印される（オーバーライドできない）。インターフェイスを実装する値型を作ることは可能だが、それにはボックス化が必要であり、『Effective C# 6.0/7.0』の項目9で示すように、それによって性能が低下する。値型は、オブジェクト指向的な意味でのオブジェクトというより、ストレージのコンテナだと考えるほうが妥当だ。

あなたが書くプログラムでは、間違いなく値型よりも多くの参照型を作ることになるだろう。次にあげる6つの質問すべてにYesと答えることができれば、値型を作るべきだ。質問の意味は、前にあげたEmployeeの文脈で考えれば明らかになるだろう。

1. この型の主な役割は、データの保存か？
2. この型は不変にできるか？
3. この型は小さくすべきか？
4. publicインターフェイスを、データメンバーをアクセスするプロパティだけで定義できるか？
5. この型は、将来も決してサブクラスを持たないと確信できるか？
6. この型は、将来も決して多相的に扱われないと確信できるか？

低いレベルのデータストレージ型は、値型として作ろう。あなたのアプリケーションの振る舞いは、参照型を使って構築しよう。このアプローチに従えば、あなたのクラスオブジェクトが公開するデータは、安全にコピーされる。スタックをベースとして、インラインで値を格納することによるメモリの節約を実現でき、アプリケーションのロジックを作るための標準的なオブジェクト指向テクニックを利用できる。用途の予想に確信を持てないときは、参照型を使おう。

項目5　値型では0も有効な状態にしよう

.NETシステムによるデフォルトの初期化は、すべてのオブジェクトを「オール0」に設定する。すべてが0に初期化された値型のインスタンスを他のプログラマが作ることを阻止する手段はない。あなたの型でも、それをデフォルトの値にすべきだ。

特別なケースとして、enumがある。0を有効な選択肢として含まないenumは、決して作らないようにしよう。すべてのenumは、System.ValueTypeから派生する。列挙の値は0から始まるが、その挙動は変更が可能だ。

```
public enum Planet // 太陽の惑星
{
    // 明示的に値を割り当てる場合
    // さもなければデフォルトは0から始まる
    Mercury = 1,
    Venus = 2,
    Earth = 3,
    Mars = 4,
    Jupiter = 5,
    Saturn = 6,
    Uranus = 7,
    Neptune = 8
```

```
    // 初版はPluto(冥王星)を含んでいた
}

Planet sphere = new Planet();
var anotherSphere = default(Planet);
```

sphereとanotherSphereは、どちらも0になるが、これは有効な列挙値ではない。したがって、「enumの値は定義された列挙値の集合に制限される」という（普通の）事実に依存するコードは、正常に動作しない。あなたがenumの値を独自に作るときは、必ず0が含まれるようにしよう。また、enumでビットパターンを使うのなら、他のすべてのプロパティを持たない値として0を定義しよう。

現在の状態では、すべてのユーザーに値の明示的な初期化を強いることになる。

```
Planet sphere2 = Planet.Mars;
```

これでは、この型を含む他の値型の構築が困難になる。

```
public struct ObservationData     // 天体観測データ
{
    private Planet whichPlanet; // どの惑星を見ているのか
    private double magnitude;   // 見かけの明るさ（等級）
}
```

このObservationDataオブジェクトを新規に作成するユーザーは、無効なPlanetフィールドを作ることになる。

```
ObservationData d = new ObservationData();
```

新規に作られたObservationDataは、（天体の等級を表す）magnitudeが0だが、それは理にかなっている。ところが惑星が無効だ。0を有効な状態にしなければいけない。もし可能なら、0の値にもっとも適切なデフォルトを選ぼう。といっても、Planetは惑星の列挙だから、明らかなデフォルト値が存在しない。ユーザーが惑星を選択しないときに、いつも適当な惑星を選ぶというのは意味のないことだ。このような状況では、0というケースを「あとで更新可能だが、まだ初期化されていない」値として使おう。

```
public enum Planet
{
    None = 0,
    Mercury = 1,
    Venus = 2,
    Earth = 3,
    Mars = 4,
```

```
    Jupiter = 5,
    Saturn = 6,
    Neptune = 7,
    Uranus = 8
}
Planet sphere = new Planet();
```

これでsphere（天体）には、どれでもないという意味のNoneの値が含まれる。この「未初期化のデフォルト」をPlanetの列挙値に加えた効果が、上位のObservationDataオブジェクトに波及して、新たに作成されるObservationDataオブジェクトは、等級が0で、ターゲットがNoneとなる。あなたの型のユーザーが、すべてのフィールドを明示的に初期化できるように、明示的なコンストラクタを追加しよう。

```
public struct ObservationData    // 天体観測データ
{
    Planet whichPlanet; // どの惑星を見ているのか
    double magnitude;   // 見かけの明るさ（等級）

    ObservationData(Planet target, double mag)
    {
        whichPlanet = target;
        magnitude = mag;
    }
}
```

ただしデフォルトのコンストラクタは、まだ利用でき、それも構造体の一部である。だからユーザーは、システムが初期化するバージョンを作ることができるので、それを阻止する手立てはない。

上記のコードは、なんだか欠陥があるように思える。どの惑星も観測しないのでは意味がないだろう。この特定のケースでは、ObservationDataをクラスに変えれば、その問題を解決できる。引数のないコンストラクタを必ずアクセス可能にする必要がなくなるのだ。とはいえ、enumを作るときは、そういうルールを他の開発者に強制することができない。enumは、一群の整数値を包む薄いラッパーにすぎない。もし一群の整数型定数では、あなたが必要とする抽象を提供できないのであれば、その代わりに、この言語の他の機能を使うことを考慮しよう。

他の値型へと話を進める前に、enumをフラグとして使うときに適用される特別なルールを、理解しておく必要がある。Flags属性を使うenumでは、（どれでもない）Noneの値を、必ず0に設定すべきなのだ。

```
[Flags]
public enum Styles
{
    None = 0,
    Flat = 1,
```

```
    Sunken = 2,
    Raised = 4,
}
```

多くの開発者が、フラグの列挙値をビット単位のAND演算子とともに使用している。ところが残念ながら、0という値はビットフラグで重大な問題を起こす。たとえば次のテストは、もしFlatの値が0だったら、決して正しく動作しない。

```
Styles flag = Styles.Sunken;
if ((flag & Styles.Flat) != 0) // Flat == 0なら、決して真にならない!
    DoFlatThings();
```

もしFlagsを使うのなら、必ず0を有効にして、それを「どのフラグも立っていない」という意味にしなければいけない。

もう1つ、初期化で一般的に問題になるのは、値型に参照が含まれる場合だ。よくある例がstringである。

```
public struct LogMessage
{
    private int ErrLevel;
    private string msg;
}

LogMessage MyMessage = new LogMessage();
```

MyMessageのmsgフィールドには、null参照が含まれてしまう。別の方法による初期化を強制する手段はないが、プロパティを使って問題を1箇所で解決することは可能だ。たとえばmsgの値を全部のクライアントに公開するためのプロパティがあるとしたら、そのプロパティに、nullではなく空の文字列を返すロジックを追加すればよい。

```
public struct LogMessage
{
    private int ErrLevel;
    private string msg;
    public string Message
    {
        get => msg ?? string.Empty;
        set => msg = value;
    }
}
```

そして、あなたの型の内部でも、このプロパティを使うのだ。そうすれば、null参照のチェックを1箇所にまとめることができる。そのMessageアクセサの呼び出しは、あなたのアセンブリから行う限り、ほぼ確実にインライン化されるだろう。この方法を使えば、効率の良いコードというメリットを失うことなく、エラーのリスクを最小化することができる。

システムは、値のすべてのインスタンスを0に初期化する。すべてが0の値型インスタンスをユーザーが作るのを阻止する手段はない。だから、可能ならば全部が0のケースを自然なデフォルトにしよう。特殊なケースとして、フラグとして使われる`enum`の0は、どのフラグも設定されてない状態を必ず表現するようにしよう。

項目6　プロパティはデータらしく実装しよう

プロパティには二面性がある。外からは受け身のデータ要素に見えるが、内部を見るとメソッドとして実装されている。こういう二面性があるので、あなたのユーザーの期待に反するような挙動を持つプロパティでも、作ることが可能になっている。あなたの型を使う開発者たちは、プロパティのアクセスが、データメンバーのアクセスと同じように働くだろうと想定する。もしあなたが、そのような想定に反するプロパティを作ったら、ユーザーは、あなたの型の使い方を間違えてしまうだろう。プロパティのアクセスはメソッドを呼び出すにもかかわらず、データメンバーを直接アクセスするのと同じ振る舞いが期待される。

プロパティがデータメンバーを正しくモデリングしていれば、クライアントとなる開発者たちの期待に反することはない。第1に、クライアントの開発者は、ゲッターに対する2回の呼び出しの間に、他の文がはさまっていなければ、どちらも同じ結果が得られると信じて疑わないだろう。

```
int someValue = someObject.ImportantProperty;
Debug.Assert(someValue == someObject.ImportantProperty);
```

もちろん、マルチスレッド環境ならば、使うのがプロパティだろうとフィールドだろうと、そういう想定は覆されるかもしれない。しかし、そうでなければ、同じプロパティに対して繰り返される呼び出しは、同じ値を返すべきである。

第2に、あなたの型を使う開発者たちは、プロパティアクセサが大量の仕事をするとは想定していない。ゲッターをコストの高い処理にしてはいけない。同様にセッターも（おそらく検証の処理を含むだろうが）呼び出しのコストを高くしてはいけない。

開発者たちは、どうしてあなたの型に、このような想定をするのだろうか。なぜなら彼らにとってプロパティはデータのように見えるからだ。彼らはタイトなループの中でもプロパティをアクセスする。あなたも同じことを、.NETコレクションクラスで行っている。あなたが配列を`for`ループで反復処理するとき、その配列の`Length`プロパティの値を、繰り返し取り出すことになる。

```
for (int index = 0; index < myArray.Length; index++)
```

配列が長ければ長いほど、Lengthプロパティをアクセスする回数が増える。もし配列のLengthプロパティがアクセスされるたびに、要素がいくつあるのか数えなければいけないとしたら、あらゆるループは要素数の二乗に比例して遅くなり、誰もループを使わなくなってしまうだろう。

あなたのクライアントである開発者たちの期待に添うのは、べつに難しいことではない。まず、暗黙のプロパティを使うことだ。（自動実装プロパティとも呼ばれる）**暗黙のプロパティ**は、コンパイラが生成するバッキングストアを包む薄いラッパーだ。その性質は、データアクセスに酷似している。実際、プロパティアクセサの実装は単純なので、しばしばインライン化される。あなたの設計を、暗黙のプロパティを使って実装できるのならば、クライアントの期待に背くことはない。

とはいえ、あなたのプロパティに、暗黙のプロパティでは実装できない振る舞いが含まれるとしても、必ずそれが問題になるとは限らない。たぶんプロパティのセッターには検証を追加することが多いだろうが、それはユーザーの期待に即した振る舞いだ。LastNameのプロパティで、setを次のように実装したのを思い出そう（項目2）。

```
public string LastName
{
    // getは省略
    set
    {
        if (string.IsNullOrEmpty(value))
            throw new ArgumentException("ラストネームは省略できません");
        lastName = value;
    }
}
```

この検証コードは、プロパティに対する基本的な想定を、どれも破ってはいない。これは素早く実行され、オブジェクトの有効性を守るのだ。

プロパティのゲッターは、値を返す前に、いくらかの計算を実行することが多い。たとえば、あなたのPointクラスに、原点からの距離を表現するプロパティがあるとしよう。

```
public class Point
{
    public int X { get; set; }
    public int Y { get; set; }
    public double Distance => Math.Sqrt(X * X + Y * Y);
}
```

距離の計算は、すぐに終わる処理だから、このようにDistanceを実装してもユーザーが性能の問題に直面することはないだろう。けれど、もしDistanceが本当にボトルネックになるとしたら、最初に計算した距離の値をキャッシュすべきかもしれない。もちろん、そうするのならキャッシュした値は成分の1つが変わるたびに無効化する必要があるだろう（あるいは、Pointを不変型にするのでも良い）。

```
public class Point
{
    private int xValue;
    public int X
    {
        get => xValue;
        set
        {
            xValue = value;
            distance = default(double?);
        }
    }
    private int yValue;
    public int Y
    {
        get => yValue;
        set
        {
            yValue = value;
            distance = default(double?);
        }
    }
    private double? distance;
    public double Distance
    {
        get
        {
            if (!distance.HasValue)
                distance = Math.Sqrt(X * X + Y * Y);
            return distance.Value;
        }
    }
}
```

プロパティのゲッターが返す値の計算が、もっと高価になるとしたら、あなたのpublicインターフェイスを考え直すべきだ。

```
// 良くないプロパティ設計：getに長い演算が必要
public class MyType
{
    // かなり省略
    public string ObjectName =>
        RetrieveNameFromRemoteDatabase();
}
```

ユーザーは、プロパティをアクセスするのに、リモートストレージへの往復が必要になるとは思っていないのでないだろうか。それどころか、例外が送出されるかもしれない。ユーザーの期待を満たすには、このpublic APIを変更する必要がある。型は、それぞれ異なるから、具体的にどう実装するかは、その型の利用パターンによって違うだろう。値をキャッシュするのが正解かもしれない。

```
// 1つの方法：一度評価し、結果をキャッシュする
public class MyType
{
    // かなり省略
    private string objectName;
    public string ObjectName =>
        (objectName != null) ?
        objectName : RetrieveNameFromRemoteDatabase();
}
```

このテクニックは、.NET FrameworkのLazy<T>クラスで実装されているから、上記のコードは、次のように書き換えることができる。

```
private Lazy<string> lazyObjectName;
public MyType()
{
    lazyObjectName = new Lazy<string>
        (() => RetrieveNameFromRemoteDatabase());
}
public string ObjectName => lazyObjectName.Value;
```

ObjectNameプロパティが、ときおり必要になる程度であれば、この方法で問題ないだろう。このコードならば値が必要でないときに取り出す作業を省ける。ただし最初にプロパティを要求する呼び出しには余分のペナルティがかかる。もしこの型が、ほとんど常にObjectNameプロパティを使うとしたら（そして名前のキャッシュが有効ならば）その値をコンストラクタでロードして、それをキャッシュした値をプロパティの戻り値として使うのでも良いだろう。上記のコードはObjectNameを安全にキャッシュできることが前提となっている。もし、このプログラムの他の部分や、システムの他のプロセスが、オブジェクト名のリモートストレージを変更するのなら、この設計は使えない。

リモートデータベースからデータを取り出し、変更したらリモートデータベースに書き戻すという処理は、ごく一般的で、間違いなく有効なものだ。そういう処理をメソッドで行い、そのメソッドに処理の内容とマッチした名前を付けるのなら、ユーザーの期待に背くことはない。そのように書き換えたMyTypeの別バージョンを、次に示す。

```
//より良いソリューション: キャッシュされた値の管理にメソッドを使う
public class MyType
{
```

```
    public void LoadFromDatabase()
    {
        ObjectName = RetrieveNameFromRemoteDatabase();
        // 他のフィールドは省略
    }

    public void SaveToDatabase()
    {
        SaveNameToRemoteDatabase(ObjectName);
        // 他のフィールドは省略
    }

    // 大幅に省略

    public string ObjectName { get; set; }
}
```

クライアントの想定を破ることがあるのは、getアクセサに限らない。プロパティのセッターでも、ユーザーの期待に反するコードを書くことは可能だ。たとえば、ObjectNameがリードライトのプロパティだとしよう。もしセッターが、その値をリモートデータベースに書くとしたら、ユーザーにとって想定外のことだろう。

```
public class MyType
{
    // かなり省略
    private string objectName;
    public string ObjectName
    {
        get
        {
            if (objectName == null)
                objectName = RetrieveNameFromRemoteDatabase();
            return objectName;
        }
        set
        {
            objectName = value;
            SaveNameToRemoteDatabase(objectName);
        }
    }
}
```

セッターに余分な仕事があるのは、ユーザーの複数の想定に反する。クライアントコードの開発者は、セッターがデータベースへのリモート呼び出しを行うとは予想しないだろうから、このコードは予想よりも時間がかかる。しかも、彼らが予想しない数多くの方法で、失敗する機会がある。

それだけでなく、デバッガがプロパティの値を表示しようとして、あなたのプロパティゲッターを自動的に呼び出すかもしれない。もしゲッターが例外を送出するか、長い時間がかかったせいで内部状態が変更されたら、そういうアクションのおかげでデバッグセッションが複雑になってしまうだろう。

プロパティはメソッドよりも、クライアント開発者にさまざまな期待を持たせやすい。クライアント開発者は、プロパティが素早く実行されること、オブジェクトの状態を見せるビューを提供することを期待する。彼らは、振る舞いも性能もデータフィールドのようなプロパティを期待する。これらの想定を破るようなプロパティを作るときは、publicインターフェイスを変更して、ユーザーがプロパティに期待するのと一致しない処理は、そのためのメソッドで行うようにすべきだ。そうしておけばプロパティは、オブジェクトの状態を見せる窓を提供するという、本来の目的に即したものになる。

項目7　匿名型やタプルは型のスコープを限定するのに使える

C#のプログラムでオブジェクトやデータ構造を表現するユーザー定義型を作る方法は、さらに選択肢が広くなっている。クラスでも、構造体でも、タプル型でも、匿名型でも、あなたの目的に最適なものを選べる。クラスと構造体は、あなたの設計を表現するボキャブラリを豊富に提供してくれる。残念ながら、多くの開発者は他のオプションについて検討せず、考えなしにこれらを選ぶ傾向がある。もったいない話だ。クラスと構造体は、たしかに強力な構成要素だが、単純な型の設計には形式的すぎる。それよりシンプルな構成要素である匿名型やタプルを使いこなせば、もっと読みやすいコードを書けるのだ。これらの型で、いったいどういう構成がサポートされるのか、両者の相違と、クラスや構造体との違いについて、もっと学ぶのは有益なことだ。

匿名型（anonymous type）は、コンパイラが生成する不変な参照型だ。その仕組みを理解するために、この定義を少しずつ検討していこう。匿名型を作るとき、あなたは新しい変数を宣言し、そのフィールドを波カッコの中で定義する。

```
var aPoint = new { X = 5, Y = 67 };
```

これだけで、あなたはコンパイラに次のことを知らせている。新しい内部的なシールドクラスが必要なこと。その新しいクラスが不変型であり、publicでリードオンリーなプロパティを2つ持ち、それらが2つのバッキングフィールド(X,Y)を包むこと。

それどころか、あなたはコンパイラに「だいたいこんなコードを書いてね」と伝えているのだ（MumbleMumbleは「なんたらかんたら」というような意味）。

```
internal sealed class AnonymousMumbleMumble
{
    private readonly int x;
```

```
    public int X
    {
        get => x;
    }

    private readonly int y;

    public int Y
    {
        get => y;
    }

    public AnonymousMumbleMumble(int xParm, int yParm)
    {
        x = xParm;
        y = yParm;
    }
    // ==とGetHashCode()の実装もタダでついてくるが省略
}
```

こういうコードは、あなたが手書きする代わりに、コンパイラに書いてもらおう。このアプローチには、数多くの利点がある。第1に、もっとも基礎的なレベルの話として、コンパイラのほうが仕事が速い。多くの人々は、完全なクラス定義を、新しい式を書くほど高速にはタイプできない。第2にコンパイラは、何度も繰り返される仕事について、必ず同じ定義を生成してくれる。われわれ開発者は、ときどき何かを書き忘れる。これは本当に単純なコードなので、間違う機会は多くないだろうが、ゼロではない。コンパイラは、そういう「人間らしすぎる」間違いを犯さない。第3に、コンパイラにコードの生成を任せれば、保守しなければならないコードの量が最小限になる。他の開発者は、そういうコードを読む必要がなく、なぜこれを書いたのか、いったい何をするものか、どこで使えばいいのか、などと推理する必要もない。コードをコンパイラに生成させれば、謎を解く手間も、読むのに必要な時間も、少なくなる。

匿名クラスを使うことの明らかな短所は、型の名前がわからないことだ。型に名前を付けないのだから、匿名型は、メソッドへの引数や戻り値には使えない。とはいえ、匿名型のオブジェクト（1個またはシーケンス）を扱う方法が、いくつもある。メソッドのなかに、匿名型を扱うメソッドや式を書くことができる。そういう場合は、ラムダ式か匿名デリゲートを指定する必要がある。それは、匿名型を作成したメソッド本体の内側で、それらを定義できるようにするためだ。関数パラメータを持つジェネリックメソッドをミックスインすれば、匿名メソッドを扱うメソッドを作ることもできる。たとえばaPointのXとYの両方の値を2倍にするには、まず変換メソッドをジェネリックに作成しておく。

```
static T Transform<T>(T element, Func<T, T> transformFunc)
{
    return transformFunc(element);
```

```
}
```

このTransformメソッドには、匿名型を渡すことができる。

```
var aPoint = new { X = 5, Y = 67 };
var anotherPoint = Transform(aPoint, (p) =>
    new { X = p.X * 2, Y = p.Y * 2 });
```

もちろん、複雑なアルゴリズムには複雑なラムダ式が必要になり、おそらくさまざまなジェネリックメソッドを何度も呼び出す必要があるだろう。とはいえ、そういうアルゴリズムを作成するには、いま示した単純な例を拡張するだけでよく、別の設計が必要になるわけではない。こういう拡張性を持つ匿名型は、中間結果を格納するのにも適している。匿名型のスコープは、それを定義したメソッドに限定されるのだ。たとえばアルゴリズムの第1段階からの結果を匿名型に格納しておき、その中間結果を第2段階に渡すことができる。ジェネリックメソッドとラムダ式を使うということは、これらの匿名型に必要な変換を、その匿名型を定義したメソッドのスコープ内で定義できる、ということでもある。

さらに、中間結果を匿名型に保存すれば、それらの型がアプリケーションの名前空間を汚染することもない。そういう単純な型をコンパイラに作らせることで、他の開発者たちが、そのアプリケーションを理解するのに、そこで使われている型まで理解する必要がなくなる。匿名型のスコープは、それを宣言したメソッドの内部に限定される。だから、それを使うことで、あなたは他の開発者たちに「この型のスコープは、このメソッドの内側に限定されますよ」というメッセージを送っているのだ。

ところで、コンパイラが匿名型をどのように定義するかの記述で、読者は「なんだかあいまいだな」と思ったかもしれない。匿名型が必要なとき、コンパイラは「だいたいこんなコード」を生成するというのだから。だいたい、というのを具体的に言うと、コンパイラは、あなたが自分で書くことのできない機能を、いくつか追加してくれる。匿名型は、オブジェクト初期化の構文をサポートする不変型なのだ。もしあなたが自分で不変型を書くとしたら、クライアントのコードが、その型の全部のフィールドやプロパティを初期化できるように、コンストラクタを手書きする必要がある。ただし手書きの不変型は、アクセス可能なプロパティセッターを持たないから、オブジェクト初期化の構文をサポートしない。ところが、匿名型のインスタンスを構築するときには、オブジェクト初期化の構文を使うことができ、それを使う必要がある。だからコンパイラは、それぞれのプロパティを設定するpublicコンストラクタを作り、呼び出し側では個々のプロパティのセッターを呼び出す代わりに、そのコンストラクタを呼び出すのである。

たとえば、次のような呼び出しがあるとしよう。

```
var aPoint = new { X = 5, Y = 67 };
```

これはコンパイラによって、だいたい次のように変換される。

```
AnonymousMumbleMumble aPoint =
    new AnonymousMumbleMumble(5, 67);
```

オブジェクト初期化の構文をサポートする不変型を作る唯一の方法は、匿名型を使うことだ。手書きの型では、こういうコンパイラの魔法と同じ効果は得られない。

最後に、匿名型のランタイムコストは、たぶんあなたが想像するほど重くはない。単純に考えると、どんな匿名型を作るにせよ、コンパイラは、そのたびに新しい匿名型を機械的に定義するのではないかと思われる。けれどもコンパイラは、実際には、もう少し賢いのだ。あなたが同じ匿名型を作るとき、コンパイラは、それまでに作った同じ匿名型を再利用する。

ただし、同じ匿名型が別の場所で使われているとき、それをコンパイラが「同じ匿名型」と認識するかどうかについては、もう少し厳密に述べる必要がある。第1に、そのような認識が生じるのは、その匿名型の複数のコピーが同じアセンブリの中で宣言されているときに限られる。

第2に、2つの匿名型が同じだと認識されるためには、プロパティの名前と型が一致していて、しかもプロパティが同じ順で並んでいる必要がある。たとえば次に示す2つの宣言は、2つの別々な匿名型を作る。

```
var aPoint = new { X = 5, Y = 67 };
var anotherPoint = new { Y = 12, X = 16 };
```

プロパティを別の順序に並べると、2種類の匿名型が作られるのだ。同じ概念を表現するつもりでオブジェクトを宣言しても、コンパイラが複数の匿名型を等価とみなすのは、すべてのプロパティが同じ順序で宣言されているときに限られる。

匿名型の話を終わりにする前に、ある特殊なケースを紹介する価値がある。匿名型は値が同じなら等価とみなされるので、複合キーとして使うことができる。たとえば顧客リストを、担当販売員と郵便番号によってグループ化する必要が生じたとしよう。それには、次のようなクエリを使える。

```
var query = from c in customers
            group c by new { c.SalesRep, c.ZipCode };
```

このクエリが作るディクショナリでは、SalesRepとZipCodeのペアがキーになり、顧客リストが値になるわけだ。

タプルも、インスタンスを作ることで定義できる軽量級の型という点では似ている。ただし匿名型と違って、タプルはpublicフィールドを持つ可変の値型である。実際の型は、コンパイラがジェネリックなTuple型から派生して定義する。プロパティには、あなたが指定した名前が付けられる。

それに、タプルを実体化しても、新しい匿名型の実体化と同じように新しい型が作られるわけではない。タプルの実体化では、いくつもあるジェネリックなValueTupleクラスの1つから、クローズされたジェネリック型が新規に作られる（ジェネリックなValueTuple型が複数あるのは、タプルのフィールド数が複数あるからだ）。

タプルを実体化するには、次のような構文を使う。

```
var aPoint = (X: 5, Y: 67);
```

このコードは「2つの整数型フィールドを含むタプルを作れ」という意味だ。さらにC#コンパイラは、あなたがフィールド名として選んだ、意味のある名前（XとY）を追跡管理する。つまり、このように意味のある名前でフィールドをアクセスすることが可能なのだ。

```
Console.WriteLine(aPoint.X);
```

ジェネリックなSystem.ValueTuple構造体には、同一性判定のためのEquals()メソッド、比較のためのCompareTo()メソッド、タプルの各フィールド値をプリントするToString()メソッドも含まれている。実体化されたValueTupleには、使われるフィールドの数だけ、Item1、Item2といったフィールド名が含まれるが、コンパイラだけでなく多くの開発ツールが、タプルの定義で意味のあるフィールド名の利用をサポートしている。

C#の型互換性は、一般に型の名前をベースとして判定される。これは「指名的型付け」（nominative typing）と呼ばれるものだ。ところがタプルの場合は、別のオブジェクトが同じ型かを判定するのに、指名的型付けではなく「構造的型付け」（structural typing）が使われる。つまり、タプルの型を決めるのは、その名前ではなく（コンパイラが生成する名前でもなく）、その構造（シグネチャ）なのだ。2つの整数だけを含むタプルは、この例で使っている「点のタプル」（aPoint）と同じ型であり、どちらもSystem.ValueTuple<int, int>のインスタンスであるはずだ。

フィールドの「意味を示す名前」（semantic name）は、そのタプルが初期化されるときに設定される。名前は、変数を宣言するとき明示的に設定するか、実体化で右辺の名前を暗黙のうちに使うかの、どちらかである。もしフィールド名が左辺と右辺の両方で指定されたら、左辺の名前が取られる。

```
var aPoint = (X: 5, Y: 67);
// anotherPointのフィールドも、'X'と'Y'になる
var anotherPoint = aPoint;

// pointThreeのフィールドは、'Rise'と'Run'になる
(int Rise, int Run) pointThree = aPoint;
```

タプルと匿名型は、それらを実体化する文で定義される軽量な型だ。データを格納するが、振る舞いは定義しないという、単純なストレージ型を定義したいときには、どちらも使いやすい型である。

匿名型とタプルの、どちらを使うかは、この2つの違いを考えて決めなければいけない。タプルは構造的な型付けに従うので、メソッドの戻り値や引数に適している。匿名型は不変なので、コレクションの複合キーに適している。タプルには、値型で得られる利点のすべてがある。匿名型には、参照型で得られる利点のすべてがある。あなたの目的に最適なのは、どちらだろうか。迷ったら実験してみるのも良い。`aPoint`を初期化する例は、匿名型とタプルの両方で最初に示した。実体化の構文は、どちらも似たようなものだ。

匿名型とタプルは、それほど風変わりなものではないし、正しく使えば読みやすさを損ねることもない。中間結果を追跡する必要があって、しかも、その結果が不変型のモデルに適合するのなら、匿名型を使おう。中間結果が複数の可変値というモデルに適しているのなら、タプルを使おう。

項目8　匿名型にローカル関数を定義する

項目7で述べたように、タプルでは「指名的型付け」が使われず、匿名型は名前で参照できない。そういうわけで、これらの軽量級の型を、メソッドの引数や戻り値やプロパティとして使うには、いくつか特別なテクニックを学ぶ必要がある。また、これらの型をそういう用途で使うときの制限事項も理解しておく必要がある。

まずタプルから始めよう。次の例はタプルの姿を、戻り値の型として定義している。

```
static (T sought, int index) FindFirstOccurrence<T>(
    IEnumerable<T> enumerable, T value)
{
    int index = 0;
    foreach (T element in enumerable)
    {
        if (element.Equals(value))
        {
            return (value, index);
        }
        index++;
    }
    return (default(T), -1);
}
```

メソッドが返すタプルのフィールドに、必ずしも名前を付ける必要はないが、フィールドの意味を呼び出し側に伝えるためには名前を付けるべきだ。戻り値は、1個のタプルに代入することもできるし、デコンストラクションで分解した値を、複数の変数に代入することもできる。

```
// 結果をタプル変数に代入
var result = FindFirstOccurrence(list, 42);
Console.WriteLine(
    $"最初の {result.sought} は、{result.index} の位置にあります");

// 結果を別々の変数に代入
(int number, int index) = FindFirstOccurrence(list, 42);
Console.WriteLine($"最初の {number} は、{index} の位置にあります");
```

タプルをメソッドの戻り値に使うのは簡単だ。匿名型は、名前があってもソースコードの中にタイプできないから、そのせいで少し難しい。けれども、ジェネリックメソッドを作り、その型パラメータに匿名型を指定することはできる。

簡単な例として、次のメソッドはコレクションのなかで指定された値とマッチするオブジェクトを、すべて列挙したシーケンスを返す。

```
static IEnumerable<T> FindValue<T>(IEnumerable<T> enumerable,
    T value)
{
    foreach (T element in enumerable)
    {
        if (element.Equals(value))
        {
            yield return element;
        }
    }
}
```

次のように書けば、このメソッドを匿名型に使うことができる。

```
IDictionary<int, string> numberDescriptionDictionary =
    new Dictionary<int, string>()
{
    {1,"one"},
    {2, "two"},
    {3, "three"},
    {4, "four"},
    {5, "five"},
    {6, "six"},
    {7, "seven"},
    {8, "eight"},
    {9, "nine"},
    {10, "ten"},
};
List<int> numbers = new List<int>()
    { 1, 2, 3, 4, 5, 6, 7, 8, 9, 10 };
var r = from n in numbers
        where n % 2 == 0
        select new
        {
```

```
            Number = n,
            Description = numberDescriptionDictionary[n]
        };
r = from n in FindValue(r,
    new { Number = 2, Description = "two" })
    select n;
```

このFindValue()メソッドは、型については何も関知しない。それは単なるジェネリック型なのだ。

もちろん、こんな単純な関数では、できることも限られる。あなたの匿名型の特定のプロパティを使うメソッドを書きたいときは、高階関数を作成して使う必要がある。**高階関数**は、関数をパラメータとして受け取るか、関数を返すものだ。パラメータとして関数を受け取る高階関数は、匿名型を扱うときに便利である。そして高階関数とジェネリックの両方を使えば、複数のメソッドにわたって匿名型を扱うことができる。その例として、次のクエリを見よう。

```
Random randomNumbers = new Random();
var sequence = (from x in Utilities.Generator(100,
                    () => randomNumbers.NextDouble() * 100)
                let y = randomNumbers.NextDouble() * 100
                select new { x, y }).TakeWhile(
                point => point.x < 75);
```

このクエリの最後にあるTakeWhile()メソッドは、次のシグネチャを持つ。

```
public static IEnumerable<TSource> TakeWhile<TSource>
    (this IEnumerable<TSource> source,
    Func<TSource, bool> predicate);
```

TakeWhileのシグネチャを見ると、戻り値がIEnumerable<TSource>で、パラメータにもIEnumerable<TSource>がある。この単純な例で、TSourceが表現するのは、XとYのペアを表す匿名型だ。そしてFunc<TSource, bool>は、パラメータとしてTSourceを受け取る関数である。

このテクニックは、匿名型を扱う大規模なライブラリとコードの作成にも応用できる。このクエリ式は、匿名型を扱えるジェネリックメソッドに依存している。匿名型と同じスコープの中で宣言されているから、ラムダ式は、その匿名型について、すべてを知っている。匿名型のインスタンスを他のメソッドに渡すための、ネストしたprivateクラスを、コンパイラが作成してくれる。

次に示すコードは、匿名型を作ってから、その型を複数のジェネリックメソッドで処理する。

```
var sequence = (from x in Funcs.Generator(100,
                    () => randomNumbers.NextDouble() * 100)
                let y = randomNumbers.NextDouble() * 100
```

```
                select new { x, y }).TakeWhile(
                point => point.x < 75);

var scaled = from p in sequence
                select new {x = p.x * 5, y = p.y * 5};

var translated = from p in scaled
                select new { x = p.x - 20, y = p.y - 20};

var distances = from p in translated
                let distance = Math.Sqrt(p.x * p.x + p.y * p.y)
                where distance < 500.0
                select new { p.x, p.y, distance };
```

とくに驚くべきことが行われるわけではない。コンパイラは単純にデリゲートを生成して、それを呼び出すだけなのだ。個々のクエリ式からコンパイラが生成するクエリメソッドは、引数として匿名型を受け取る。コンパイラはデリゲートを作って、それぞれのメソッドにバインドし、そのデリゲートをクエリメソッドへの引数として使う。

時が経つに連れてプログラムは成長を続ける。手に負えなくなったアルゴリズムには複数のコピーが発生し、そうして繰り返されたコードに多大な労力を投入することにもなりかねない。そう考えると、もっと多くの機能が必要となっても単純で拡張可能なモジュール化されたコードにしておけるように、いまからサンプルのコードに手を加えておきたい。

1つのアプローチは、一部のコードは別の場所に移動して、もっと単純なメソッドを作り、再利用可能なブロックは、そのまま残すというものだ。それにはアルゴリズムの一部をリファクタリングして、ラムダ式を受け取るジェネリックメソッドにする。そのラムダ式で、アルゴリズムに必要な特定の仕事を行うのだ。

次に示す例で、ほとんど全部のメソッドが実行するのは、ある型から別の型への単純なマッピングだ。一部はもっと単純な、同じ型の別のオブジェクトへのマッピングを行う。

```
public static IEnumerable<TResult> Map<TSource, TResult>
    (this IEnumerable<TSource> source, Func<TSource, TResult> mapFunc)
{
    foreach (TSource s in source)
        yield return mapFunc(s);
}

// 使い方:
var sequence = (from x in Utilities.Generator(100,
                    () => randomNumbers.NextDouble() * 100)
                let y = randomNumbers.NextDouble() * 100
                select new { x, y }).TakeWhile(
                point => point.x < 75);

var scaled = sequence.Map(p =>
new {
```

```
    x = p.x * 5,
    y = p.y * 5 }
);

var translated = scaled.Map(p =>
new {
    x = p.x - 20,
    y = p.y - 20
});

var distances = translated.Map(p => new
{
    p.x,
    p.y,
    distance = Math.Sqrt(p.x * p.x + p.y * p.y)
});

var filtered = from location in distances
                where location.distance < 500.0
                select location;
```

ここで重要なテクニックは、匿名型に関する最小限の知識だけで実行可能なアルゴリズムを抽出することだ。すべての匿名型はEquals()をオーバーライドすることによって値のセマンティクスを提供するのだから、System.Objectのpublicメンバーが存在することだけを前提にして良い。この書き方でも何も変わっていないが、匿名型をメソッドに譲渡できるのは、そのメソッドも譲渡するときに限られるということは理解しておこう。

同じように、もとのメソッドの一部が、他の場所でも利用されることに気がつくかもしれない。そういう場合は、再利用可能なコードの塊を切り出して、両方の場所から呼び出せるジェネリックメソッドを作るべきだ。

だが、このような可能性には注意が必要だ。そういうテクニックを、むやみに使いすぎてはいけない。あなたのアルゴリズムの大半に欠かせない型にまで匿名型を使うべきではない。「また同じ型を使っているな」と頻繁に自覚するようになり、その型の処理も多くなったら、たぶんその匿名型は具象型に変えるべきだろう。厳密な忠告はできないが、次のガイドラインは妥当なものだ。もし同じ匿名型を、3つ以上の主なアルゴリズムで使っていたら、具象型に変えるべきだ。そして自作のラムダ式が、ただ匿名型を使い続けるために、どんどん長く複雑になっていくようなら、やはり具象型を作ったほうが良いと悟るべきだ。

匿名型は、普通は単純な値を格納するための、リードライトのプロパティを持つ軽量な型である。あなたが構築するアルゴリズムには、そういう単純な型を扱うものが多いだろう。匿名型の操作は、ラムダ式とジェネリックメソッドを使って行うことができる。型のスコープを制限する目的で、ネストしたprivateクラスを作るのと同じように、匿名型のスコープがメソッド内に制限されるという事実も活用できる。ジェネリックと高階関数を活用すれば、匿名型を使ってモジュール化されたコードを書くことができる。

項目9　さまざまな同一性が、どういう関係にあるかを把握しよう

あなたが型を（クラスでも構造体でも）作るときは、その型において「同一」が何を意味するかも定義することになる。C#では、2つの別々のオブジェクトが等しいかどうかを判定するために、4種類の関数が提供されている。

```
public static bool ReferenceEquals
    (object left, object right);
public static bool Equals
    (object left, object right);
public virtual bool Equals(object right);
public static bool operator ==(MyClass left, MyClass right);
```

C#では、これら4種類のメソッドのどれにも、独自のバージョンを作ることができる。もちろん、できるからといって、そうすべきだと言うのではない。最初の2つのstatic関数は、**決して**再定義してはいけない。インスタンスメソッドのEquals()は、あなたの型での意味を定義するために、しばしば自作することになるだろう。そしてoperator==()も、値型で性能を改善するために、ときにオーバーライドすることがあるだろう。しかも、これら4つの関数には相互関係があるから、1つを変更したら、他の関数の振る舞いに影響を与えかねない。同一性を判定するために4つの関数が必要だとしたら複雑な話だが、心配することはない。そのプロセスは単純化できる。

もちろん、同一性の判定に使えるのは、これら4つのメソッドに限らない。Equals()をオーバーライドする型は、ジェネリックなIEquatable<T>も実装すべきだ。「値による同一性」を独自に実装する型は、IStructuralEquatableインターフェイスを実装すべきだ。したがって同一性を表現する方法は6つある、ということになる。

C#には、ずいぶん多くの複雑な要素がある。同一性を判定する手段が数多く存在するのも、もとはといえば、C#では値型と参照型の両方を作成できるという事実が原因だ。参照型の2つの値が等しいとみなされるのは、その2つが同じオブジェクトを参照しているときであり、これは「オブジェクトの同一性」と呼ばれる。値型の2つの参照が等しいとみなされるのは、それらが同じ型で、しかも同じ内容であるときだ。そういうわけで、同一性テストのために、これほど多様なメソッドが必要なのである。

これらのテストの働きを理解するために、まずはオーバーライドできない2つのstatic関数から見ていこう。Object.ReferenceEquals()は、もし2つのリファレンスが同じオブジェクトを参照していたら（つまり2つの参照にオブジェクトの同一性があれば）、trueを返す。比較の対象が参照型でも、値型でも、このメソッドは常に、オブジェクトの内容ではなくオブジェクトのアイデンティティをテストする。当然ながら、もし値型の同一性テストに使ったら、このReferenceEquals()は常にfalseを返す。たとえ値型を、それ自身と比較して

も、ReferenceEquals()はfalseを返すのだ。これは『Effective C# 6.0/7.0』の項目9で説明する「ボックス化」の影響によるものだ。

```
int i = 5;
int j = 5;
if (Object.ReferenceEquals(i, j))
    WriteLine("決して実行されない");
else
    WriteLine("必ず実行される");

if (Object.ReferenceEquals(i, i))
    WriteLine("決して実行されない");
else
    WriteLine("必ず実行される");
```

Object.ReferenceEquals()を再定義することは決してない。これは、必ず行うべき仕事を忠実に行うものだからだ。その仕事とは、2つの異なる参照について、オブジェクトの同一性をテストすることだ。

決して再定義することのない2番目の関数は、static Object.Equals()である。このメソッドは、実行時の型が不明な2つの引数について、その2つの参照が等しいかどうかをテストする。C#のすべてのものは、System.Objectが究極の基底クラスであることを思い出そう。2つの変数を比較するとき、それらは必ずSystem.Objectのインスタンスである。値型のインスタンスも、参照型のインスタンスも、System.Objectのインスタンスだ。このメソッドは、型もわからずに2つの参照の同一性をテストするのだが、型によって同一性の意味が変わるのに、なぜそれが可能なのだろうか。答えは単純で、System.Objectは、それを判定する役割を、判定すべき型の1つに委譲するからだ。static Object.Equals()メソッドは、およそ次のように実装される。

```
public static bool Equals(object left, object right)
{
    // オブジェクトの同一性をチェック
    if (Object.ReferenceEquals(left, right) )
        return true;
    // 両方がnull参照のケースは上の行で処理される
    if (Object.ReferenceEquals(left, null) ||
        Object.ReferenceEquals(right, null))
        return false;
    return left.Equals(right);
}
```

このサンプルコードには新しいメソッドが登場している。つまり、インスタンスのEquals()メソッドだが、これは後で詳しく見ることにしよう。static Equals()の話が、まだ終わっていない。いまは、static Equals()が、left引数のインスタンスEquals()メソッドを使って、2つのオブジェクトが等しいかどうかを判定する、ということだけを認識していただきたい。

ReferenceEquals()と同様に、static Object.Equals()も、多重定義したり再定義して独自のバージョンを作ることが決してないメソッドだ。必要な仕事は、これが忠実に行ってくれる。それは、2つのオブジェクトについて、実行時の型が不明なときに、等しいかどうかを判定する仕事だ。このstatic Equals()メソッドは、left引数のインスタンスEquals()に委譲するので、その型に対するルールが適用される。

static ReferenceEquals()とstatic Equals()は、決して再定義する必要のないメソッドであることが、これではっきりした。次は、あなたがオーバーライドすることになるメソッドについて説明しよう。だが、その前に少しだけ、「同値関係」の数学的属性について考察しておこう。あなたの定義と実装は、他のプログラマの予想と必ず一致させることが必要だ。Equals()をオーバーライドする型の単体テストでは、あなたの実装が、それらの属性に従うことを確認する。つまり「同値」の数学的属性を守る必要があるわけだ。同値関係は、反射と対称と推移の関係を持つ。反射律は、どのオブジェクトも自分と等しいことを意味する。aが何型であっても、a == aは常に真だ。対称律は、順序に関係がないということだ。もしa == bが真ならば、b == aも真である。もしa == bが偽なら、b == aもまた偽である。最後に推移律は、もしa == bとb == cのどちらも真なら、a == cも真でなければならないという意味である。

では、インスタンスのObject.Equals()関数を説明し、いつ、どのようにオーバーライドするかを述べよう。あなたがEquals()の独自なインスタンスバージョンを作るのは、そのデフォルトの振る舞いが、あなたの型に適切ではないときだ。このObject.Equals()メソッドは、オブジェクトの同一性を使って、2つの参照が等しいかどうかを判定する。デフォルトのObject.Equals()関数は、Object.ReferenceEquals()と、まったく同様に振る舞う。

ただし、値型は違う。System.ValueTypeは、Object.Equals()をオーバーライドする。ValueTypeは、あなたがstructキーワードを使って作る、すべての値型の基底クラスだ。ある値型の2つの参照は、もし2つが同じ型で、内容も同じならば等しい。ValueType.Equals()が、その振る舞いを実装する。ところが残念なことに、ValueType.Equals()の実装は効率が良くない。これは全部の値型の基底クラスだ。正しい振る舞いを提供するためには、どの派生型でも、オブジェクトの実行時の型を知ることなく、すべてのメンバーフィールドを比較しなければならない。それには、C#ではリフレクションを使うことになる。リフレクションには数々の短所があるが、とくに性能の追求が必要なときは深刻だ。同一性テストはプログラムで頻繁に現れる基本的な構成要素だから、同一性を判定するときの性能は追求すべき目標になる。ほとんどあらゆる状況において、どの値型についても、Equals()よりずっと高速なオーバーライドを書くことができる。値型についての推奨事項はシンプルだ。いつでも値型を作るときは、必ずValueType.Equals()のオーバーライドを作ろう。

さて、インスタンスのEquals()関数は、参照型の意味あいで定義されている動作を変更したいときにだけオーバーライドすべきである。.NET Frameworkのクラスライブラリにある多くのクラスが、同一性の定義に参照のセマンティクスではなく値のセマンティクスを使っている。2つの文字列オブジェクトが等しいのは、その2つが同じ内容を含むときだ。2つのDataRowViewオブジェクトが等しいのは、その2つが同じDataRowを参照しているときだ。要するに、もしあなたの型が、参照のセマンティクス（オブジェクトのアイデンティティの比較）ではなく、値のセマンティクス（内容の比較）に従うのであれば、あなたはインスタンスのObject.Equals()をオーバーライドする独自バージョンを書くべきだ。

これで、Object.Equals()を、いつオーバーライドすればよいかがわかった。次は、どのように実装するかを理解しよう。値型の同一関係はボックス化と密接な関連があり、それについては『Effective C# 6.0/7.0』の項目9に説明がある。参照型について言えば、あなたのインスタンスメソッドは、あなたのクラスのユーザーを驚かさないように、定義済みの振る舞いと一致させる必要がある。いつでもEquals()をオーバーライドするときは、その型のIEquatable<T>を実装したいはずだ（その理由は、この項で後ほど調べよう）。

次に示すのは、System.Object.Equalsをオーバーライドする標準的なパターンで、IEquatable<T>を実装するための変更を示している。

```
public class Foo : IEquatable<Foo>
{
    public override bool Equals(object right)
    {
        // nullのチェック:
        // this参照がC#のメソッドでnullになることはない
        if (object.ReferenceEquals(right, null))
            return false;

        if (object.ReferenceEquals(this, right))
            return true;

        // 後で説明する
        if (this.GetType() != right.GetType())
            return false;

        // 型の内容を、ここで比較する
        return this.Equals(right as Foo);
    }

    // IEquatable<Foo>のメンバ
    public bool Equals(Foo other)
    {
        // 省略
        return true;
    }
}
```

Equals()は、決して例外を送出すべきではない。その振る舞いは、あまり意味がない。2つの参照は、等しいか等しくないかのどちらかで、その他の失敗を入れる余地は、ほとんどない。null参照や、間違った引数型など、すべての失敗には、ただfalseを返すだけにしよう。

では、なぜそういうチェックをするのか、なぜ一部のチェックを省略できるのか、このメソッドを見ながら詳しく調べていこう。最初のチェックは、右辺オブジェクトがnullかどうかを判定する。this参照について同じチェックをしないのは、C#では、それがnullになることがないからだ。CLRは、どのインスタンスメソッドでも、null参照を通じて呼び出そうとしたら例外を送出する。したがって、その場合はチェックの対称性が満たされない。a.Equals(b)は、もしaがnull以外のものでbがnullならfalseを返すが、b.Equals(a)では、同じ値の組み合わせにNullReferenceExceptionが送出される。

次のチェックは、2つのオブジェクト参照が同じかどうかを、オブジェクトの同一性をテストして判定するものだ。これは非常に効率の良いテストであり、オブジェクトのアイデンティティが等しければ、内容が等しいことが保証される。このテストの形式を忠実に守ることが重要だ。まず最初に、このテストはthisがFoo型であることを前提としないことに注意しよう。これは、this.GetType()を呼び出している。実際の型は、Fooの派生クラスかもしれないからだ。第2に、このコードは比較する2つのオブジェクトについて、正確な型をチェックする。右辺の引数を現在の型に変換できることをチェックするだけでは不十分だ。そういうテストが引き起こしかねない微妙なバグが2つある。継承の小さな階層構造に関する次の例について考えてみよう。

```
public class B : IEquatable<B>
{
    public override bool Equals(object right)
    {
        // nullのチェック:
        if (object.ReferenceEquals(right, null))
            return false;

        // 参照同一性のチェック
        if (object.ReferenceEquals(this, right))
            return true;

        // ここに問題あり。本文で説明する
        B rightAsB = right as B;
        if (rightAsB == null)
            return false;

        return this.Equals(rightAsB);
    }

    // IEquatable<B>のメンバ
    public bool Equals(B other)
    {
        // 省略
        return true; // または false（テストの結果による）
```

```
    }
}

public class D : B, IEquatable<D>
{
    // 省略
    public override bool Equals(object right)
    {
        // nullのチェック
        if (object.ReferenceEquals(right, null))
            return false;

        if (object.ReferenceEquals(this, right))
            return true;

        // ここに問題がある
        D rightAsD = right as D;
        if (rightAsD == null)
            return false;

        if (base.Equals(rightAsD) == false)
            return false;
        return this.Equals(rightAsD);
    }

    // IEquatable<D>のメンバ
    public bool Equals(D other)
    {
        // 省略
        return true; // または false（テストの結果による）
    }
}

// テスト:
B baseObject = new B();
D derivedObject = new D();

// 比較 1:
if (baseObject.Equals(derivedObject))
    WriteLine("等しい");
else
    WriteLine("等しくない");

// 比較 2:
if (derivedObject.Equals(baseObject))
    WriteLine("等しい");
else
    WriteLine("等しくない");
```

どのような状況でも、「等しい」か「等しくない」の、どちらかが2回プリントされるはずだろう。ところが上記のコードには間違いがあって、そうならない。第2の比較は決してtrueを返さないのだ。基底オブジェクト、すなわちB型のオブジェクトは、決してD型に変換できない。けれども最初の比較はtrueと評価されるかもしれない。派生オブジェクト、すなわちD型のオブジェクトは、B型へと暗黙的に変換できる。もし右辺の引数であるB型メンバーが、左辺の引数であるB型メンバーと一致したら、B.Equals()は、その2つのオブジェクトが等しいものとみなす。だから、2つのオブジェクトの型が違っているのに、このメソッドは、それらが等しいとみなすのだ。つまりEqualsの対称性を破ってしまったのだが、それは継承の階層構造を上下するとき行われる自動的な型変換のせいである。

次の式を書けば、D型のオブジェクトはB型へと明示的に変換される。

```
baseObject.Equals(derivedObject)
```

もしbaseObject.Equals()が、その型で定義されているフィールドが一致すると判定したら、この2つのオブジェクトは等しいとみなされる。逆に、次の式を書いても、B型のオブジェクトがD型のオブジェクトに変換されることはない。

```
derivedObject.Equals(baseObject)
```

このderivedObject.Equals()メソッドは、常にfalseを返すのだ。もしオブジェクトの型を厳密にチェックしなければ、比較の順序に影響される状況に、たやすく陥ってしまう。

これまでに示した例は、どれもEquals()をオーバーライドするときの、もう1つの重要な問題を示している。Equals()をオーバーライドするのなら、あなたの型はIEquatable<T>を実装しなければならない。IEquatable<T>には1個のメソッド、Equals(T other)が含まれる。IEquatable<T>を実装するというのは、あなたの型が型安全な同一性比較をサポートするという意味だ。もしあなたが、等式の右辺が左辺と同じ型のときに限ってEquals()はtrueを返すべきだと思うのなら、IEquatable<T>で2つのオブジェクトが等しくならない数多くのケースを、コンパイラにキャッチさせることになる。

Equals()をオーバーライドするときは、もう1つ従うべきルールがある。基底クラスを呼び出すのは、基底バージョンがSystem.ObjectまたはSystem.ValueTypeによって提供されるのではない場合に限るのだ。さきほどのコードに、その例があった。クラスDは、その基底クラスであるBで定義されているEquals()メソッドを呼び出す。けれども、クラスBはbaseObject.Equals()を呼び出さない。代わりに呼び出すとしたら、System.Objectが定義するバージョンだが、これは2つの引数が同じオブジェクトを参照するときに限ってtrueを返す。それは、あなたが欲しい結果ではない。もしそうなら、そもそも独自のメソッドなど書かないはずなのだ。

最良の方針をまとめよう。値型を作るときは、Equals()をオーバーライドしよう。そして参照型を作るときは、その型がSystem.Objectによって定義されている参照のセマンティクスに従わないと思うときに限り、Equals()をオーバーライドすべきである。あなたが独自のEquals()判定を書くときは、さきほど概略を述べた実装手順に従うこと。ただしEquals()をオーバーライドするときは、GetHashCode()のオーバーライドも書かなければならない(詳しくは次の項目10を参照)。

この項も、あと少しで終わりだ。operator==()という式は理解しやすい。値型を作るときは、たぶんoperator==()を再定義すべきだろう。その理由は、インスタンスのEquals()関数を書き直す理由と、まったく同じだ。デフォルトのバージョンは、2つの値型の内容を比較するのにリフレクションを使う。これは、あなたが書くのがどういう実装でも、それより遥かに効率が悪い。値型を比較するときは、『Effective C# 6.0/7.0』の項目9で推奨する方法で、ボックス化を回避しよう。

このアドバイスは「インスタンスのEquals()をオーバーライドするときは必ずoperator==()を再定義しましょう」というのでは**ない**。値型を作るときは、operator==()を再定義すべきだ。けれども、参照型を作るときにoperator==()をオーバーライドすべきケースは、非常に少ない。.NET Frameworkのクラスは、すべての参照型について、operator==()が参照のセマンティクスに従うことを期待している。

さて、ようやく最後のIStructuralEquatableに到達した。このインターフェイスは、System.ArrayとジェネリックなTuple<>クラスが実装している。これによって、値による同一性チェックを実装しながら、あらゆる比較に値のセマンティクスが強制されるのを避けているのだ。ただしIStructuralEquatableを実装する型を作る機会が本当にあるかどうかは疑問だ。これが必要になるのは本当に軽量級の型だけなのだから。IStructuralEquatableを実装するのは、「この型は、値による同一性を実装する大きなオブジェクトの中に組み込むことができますよ」という宣言である。

C#は同一性の判定に数多くの方法を提供しているが、あなたが独自の定義で提供を考慮すべきものは、そのうち2つと、それらと同等なインターフェイスのサポートだけだ。static Object.ReferenceEquals()メソッドと、static Object.Equals()メソッドは、決してオーバーライドしない。これらは実行時の型が何でも正しいテストを提供してくれる。値型のインスタンスEquals()とoperator==()は、性能を向上させるために必ずオーバーライドする。参照型のインスタンスEquals()は、もし「オブジェクトの同一性」以外の意味を持たせたいのなら、オーバーライドして良い。そして、Equals()をオーバーライドするときは、必ずIEquatable<T>を実装する。単純な話ではないだろうか。

項目10　GetHashCode()の罠に注意

この項は本書で唯一、あなたが書くのを避けるべき関数についてだけ述べる。GetHashCode()は、ハッシュをベースとするコレクション（典型的にはHashSet<T>やDictionary<K,V>のコンテナ）で使うキーのハッシュ値を定義するために使うもので、他に用途はない。

それは結構なことで、基底クラスによるGetHashCode()の実装には、数多くの問題がある。参照型では、使えるが効率が悪い。値型でも基底クラスのバージョンは、使うのが不適切なことが多い。もっと悪いことに、効率が良く適切なGetHashCode()を書こうとしても、それができない可能性が十分にある。GetHashCode()ほど、多くの議論と混乱を生み出した関数は、他にない。それらの混乱を解消するために、ぜひ読み続けていただきたい。

もしあなたが定義する型が、今後もコンテナのキーとして使われることがないのなら、この問題について心配することはない。ウィンドウのコントロール、Webページのコントロール、データベース接続などを表現する型なら、コレクションのキーとして使われることは、まずないだろう。そういう場合は、何もしなくてよい。すべての参照型は、たとえ効率が極度に悪くても、正しいハッシュコードを持つことになる。値型は不変にすべきだ（項目3）。その場合、やはり効率は悪いがデフォルトの実装が常に使える。あなたが作るほとんどの型で最善の方針は、GetHashCode()を使うことを完全に回避することだ。

とはいえ、いつかあなたにもハッシュキーとして使う型を作る日が来るだろう。そうなったらGetHashCode()の実装を自分で書く必要がある。だから読み続けていただきたい。どのオブジェクトにも、ハッシュコードと呼ばれる整数値が生成される。ハッシュをベースとするコンテナは、サーチを最適化するために、これらの値を内部的に利用する。ハッシュベースのコンテナは、オブジェクトを「バケット」に分けて格納する。個々のバケットには、あるハッシュ値集合にマッチするオブジェクトが入る。オブジェクトがハッシュコンテナに格納されるときに、そのハッシュコードが計算されて、そのオブジェクトに対応する正しいバケットが決定される。オブジェクトを取り出す要求では、キーの指定により、そのバケットだけをサーチする。ハッシュの本質は、サーチの性能を向上させることにある。それぞれのバケットに、できるだけ少ない数のオブジェクトが入っているのが理想的だ。

.NETでは、どのオブジェクトにもハッシュコードがある。その値を決めるのは、System.Object.GetHashCode()だ。GetHashCode()を多重定義するなら、必ず次の3つのルールに従わなければならない。

1. もし2つのオブジェクトが（インスタンスEquals()メソッドによる定義で）等しければ、同じハッシュ値を生成しなければならない。そうでなければ、コンテナからオブジェクトを探すのにハッシュコードを使うことは不可能だ。
2. どのオブジェクトAについても、A.GetHashCode()はインスタンスの不変量でなければならない。Aに対して、どのメソッドが呼び出されても、A.GetHashCode()は、常に同じ値を返さなければならない。これによって、バケットに置かれたオブジェクトが、いつも正しいバケットに入っていることが確実となる。
3. ハッシュ関数は、典型的な入力値の集合に対応する整数値のすべてが、一様に分散されるような生成を行うべきである。理想的には、値の集合に大小の差が出ないようにすべきであり、ハッシュベースのコンテナは、そうすることで効率を高める。要するに、ごく少数のオブジェクトが入るようなバケットを作りたい。

正しく、しかも効率の良いハッシュ関数を書くには、第3のルールを守るために型に関する広範な知識が必要となる。System.ObjectとSystem.ValueTypeで定義されているバージョンは、その知識を持たない。これらのバージョンは、あなたの特定の型について、ほとんど何も知らないが、それでもデフォルトして最良の振る舞いを提供しなければならない。Object.GetHashCode()は、System.Objectクラスの内部フィールドを使ってハッシュ値を生成する。

では、上記のルールについてObject.GetHashCode()を調べてみよう。もし2つのオブジェクトが等しければ、Object.GetHashCode()は同じハッシュ値を返す。operator==()のSystem.Objectバージョンは、オブジェクトの同一性をテストする。そしてGetHashCode()は、オブジェクトの識別子を表す内部フィールドを返す。これは正しく動作するが、もしあなたがEquals()の独自バージョンを提供するのなら、第1のルールを守るために、GetHashCode()の独自バージョンも提供する必要がある（同一性についての詳細は、項目9を参照）。

第2のルールは守られている。生成された後でオブジェクトのハッシュコードが変わることはない。

第3のルールは、すべての入力に対する整数値の一様な分散を求めるものだが、System.Objectの実装は、納得のいくものである。つまり派生型について個別の知識を持たないなかで、ベストを尽くしている。

GetHashCodeを独自にオーバーライドする方法を述べる前に、上記の3つのルールについて、ValueType.GetHashCode()も見ておこう。System.ValueTypeは、GetHashCode()をオーバーライドして、そのデフォルトの振る舞いを、すべての値型に提供する。これは、型で定義されている最初のフィールドからハッシュコードを返すものだ。次の例を見ていただきたい。

```
public struct MyStruct
{
    private string msg;
    private int id;
    private DateTime epoch;
}
```

MyStructのオブジェクトから返されるハッシュコードは、そのmsgフィールドから生成されたハッシュコードである。次のコード断片は、（msgがnullでなければ）常にtrueを返す。

```
MyStruct s = new MyStruct();
s.SetMessage("Hello");
return s.GetHashCode() == s.GetMessage().GetHashCode();
```

第1のルールによれば、(Equals()の定義によって) 等しい2つのオブジェクトは、同じハッシュコードを持たなければならない。このルールは値型において、ほとんどの条件で守られているが、破ることは可能だ (その点では参照型も同じである)。Equals()は構造体の最初のフィールドだけでなく、他のフィールドもすべて比較する。これは第1のルールに従っている。operator==の多重定義が、どれも最初のフィールドを使うのなら、それで問題はない。最初のフィールドが型の同一性に関与しない構造体があれば、このルールが破られ、GetHashCode()は破綻するだろう。

第2のルールによれば、ハッシュコードはインスタンスの不変量でなければならない。このルールが守られるのは、構造体の最初のフィールドが不変フィールドである場合に限られる。もし最初のフィールドの値が可変であれば、ハッシュコードも可変になって、第2のルールを破ることになる。これは本当で、あなたが作る構造体オブジェクトの存続期間に、最初のフィールドが変更される可能性があれば、GetHashCode()は破綻する。値型は不変にしておくのがベストだと言うのは、こんな理由もあるのだ (項目3)。

第3のルールは、最初のフィールドの型と、その使い方に依存する。もし最初のフィールドから、範囲のすべてにわたって一様に分散する整数値が生成され、しかも最初のフィールドが、その構造体が持つ値のすべてに分散されれば、その構造体からも、やはり一様に分散された値が生成される。けれど、もし最初のフィールドが、しばしば同じ値を持つようなら、このルールは守られない。さきほどの構造体に、ちょっとした変更を加えたらどうなるだろうか。

```
public struct MyStruct
{
    private DateTime epoch;
    private string msg;
    private int id;
}
```

もしepochフィールドに、(時刻を含まない) 現在の日付が設定されるとしたら、同じ日に作成されたMyStructオブジェクトは、どれも同じハッシュコードを持つようになってしまう。それではハッシュコードのすべての値が一様に分散されることにならない。

デフォルトの振る舞いを要約すると、Object.GetHashCode()は参照型について正しく動作するが、それによって必ずしも効率の良い分散が実現されるとは限らない。また、もしObject.operator==()をオーバーライドしたら、GetHashCode()を破綻させることも可能だ。そしてValueType.GetHashCode()は、あなたの構造体の最初のフィールドがリードオンリーであるときに限って、正確に動作する。ValueType.GetHashCode()が効率の良いハッシュコードを生成するのは、あなたの構造体の最初のフィールドが、その入力の有意な部分集合に対応して分散した値を含むときに限られる。

より良いハッシュコードを構築することが目的ならば、あなたの型に、いくつかの制約を設ける必要がある。理想的には、不変の値型を作ることだ。不変な値型で使えるGetHashCode()

のルールは、型に制約のない場合よりも単純になる。3つのルールを、今度はGetHashCode()の「使える実装」を構築するという立場で、もう一度見ていこう。

第1に、もし2つのオブジェクトが（Equals()の定義で）等しければ、どちらも同じハッシュ値を返さなければならない。ハッシュコードの生成に使われるプロパティやデータの値は、どれも、その型の同一性判定にも関与しなければならない。それなら当然、同一性のテストに使うのと同じプロパティが、ハッシュコードの生成にも使われるべきだ。プロパティを同一性のテストで使いながら、ハッシュコードの生成では使わないというのは不可能なことではなく、System.ValueTypeのデフォルトの振る舞いでは、実際にそうなる。けれども、このアプローチでは第3のルールが、しばしば破られる結果となる。どちらの計算にも同じデータ集合を使うべきだ。

第2のルールによれば、GetHashCode()の戻り値はインスタンスの不変量でなければならない。たとえば参照型のCustomerを、このように定義したとしよう。

```
public class Customer
{
    private decimal revenue;

    public Customer (string name) => this.Name = name;

    public string Name { get; set; }

    public override int GetHashCode() => Name.GetHashCode();
}
```

そして、次のコード断片が実行したと仮定しよう。

```
Customer c1 = new Customer("Acme Products");
myHashMap.Add(c1, orders);
// おっと、社名を間違えた！
c1.Name = "Acme Software";
```

c1は、ハッシュマップのどこかに隠れて行方不明となってしまう。c1をマップに置いたとき、そのハッシュコードは「Acme Products」という文字列から生成された。その後、顧客の名前を「Acme Software」に変更すると、その後のハッシュコード値は変化する。新しい「Acme Software」という名前から生成された値になるのだ。c1は、「Acme Products」という値をベースとするバケットに格納されているが、それは「Acme Software」をベースとするバケットに入っているべきものだ。ハッシュコードがオブジェクトの不変量ではないせいで、その顧客は、あなたのコレクションから失われてしまった。オブジェクトをバケットに格納した後で、バケットとの対応を変えてしまったからだ。このオブジェクトは、いまでもコンテナに入っているが、それをコードが探そうとする場所が違っている。

この問題が発生するのは、Customerが参照型であるときに限られる。値型の場合は、振る舞いが異なるが、それによって別の問題が発生する。もしCustomerが値型ならば、c1のコピーがハッシュマップに格納される。最後の行によってNameの値が変わっても、ハッシュマップに格納されたコピーには何の影響も与えない。ボックス化とボックス化解除もコピーを作るから、値型のオブジェクトをコレクションに加えた後で、そのメンバーを変更することは、たぶん不可能になるだろう。

第2のルールを守る唯一の方法は、オブジェクトの不変なプロパティ（1個でも複数でも）をベースとする値を返すハッシュコード関数を定義することだ。System.Objectは、変化することのない「オブジェクトID」を使うことで、このルールを守っている。System.ValueTypeは、あなたの型の最初のフィールドが変化しないことを願っているだけだが、その事態を改善するには、あなたの型を不変にするしかない。もしあなたが定義する型が、ハッシュコンテナのキーとして使う型であれば、それは不変型でなければいけない。そうでなければ、あなたの型のユーザーは、その型をキーとして使うハッシュテーブルを壊す手段を持つことになる。

先ほどのCustomerクラスは、顧客名が不変になるように書き換えることができる。

```
public class Customer
{
    private decimal revenue;

    public Customer(string name) => this.Name = name;

    public string Name { get; }

    public decimal Revenue { get; set; }

    public override int GetHashCode() => Name.GetHashCode();

    public Customer ChangeName(string newName) =>
        new Customer(newName) { Revenue = revenue };
}
```

ChangeName()は、新しいCustomerオブジェクトを作り、コンストラクタとオブジェクト初期化の構文を使って、現在の収入（revenue）を設定する。名前を不変にすることで、顧客オブジェクトの名前を変更する処理は、次のように変わる。

```
Customer c1 = new Customer("Acme Products");
myDictionary.Add(c1, orders);
// おっと、社名が違うぞ！
Customer c2 = c1.ChangeName("Acme Software");
Order o = myDictionary[c1];
myDictionary.Remove(c1);
myDictionary.Add(c2, o);
```

この方法では、もとの顧客を削除し、名前を変更した新しいCustomerオブジェクトをディクショナリに追加する必要がある。その結果、最初のバージョンよりも面倒なコードに見えるが、これなら正しく動作する。前のバージョンでは、プログラマが間違ったコードを書けるようになっていたが、ハッシュコードの計算に使うプロパティに不変性を強制したおかげで、正しい振る舞いが強制される。こうしておけば、あなたの型のユーザーは、間違いようがない。たしかに、このバージョンは仕事を増やしている。開発者に、より多くのコードを書くように強制している。けれども、それが正しいコードを書く唯一の方法なのだから、必要なことだ。ハッシュ値の計算に使われるデータメンバーが、どれも不変であることを確認しよう。

第3のルールは、GetHashCode()が、すべての入力が全部の整数値へと、偏りなくランダムに配分されることを求めている。この要求を、どれほど満たせるかは、あなたが作る型の特性に依存する。もし「魔法の公式」が存在するのなら、System.Objectに実装されて、本書の項目10は存在しなかっただろう。一般的なアルゴリズムの1つは、すべてのフィールドについてGetHashCode()が返す値を、ビットごとにXOR演算することだ。ただし、あなたの型に可変なフィールドがあれば、それらは計算から除外しなければいけない。このアルゴリズムは、あなたの型にある複数のフィールドに、相互の関連性が皆無であるときに限り成功する。そうでなければ、このアルゴリズムはハッシュコードの偏りを生み、あなたのコンテナでは、わずかな数のバケットに多くの項目が含まれる結果になるだろう。

このルールの重要性を示すサンプルが2つ、.NET Frameworkにある。intのためのGetHashCode()の実装は、そのintを返す。その結果ハッシュコードは、まったくランダムではなくなり、必然的に偏りが生じる。DateTimeのための実装は、64ビットの内部ticksフィールドの上位と下位の32ビットをXOR演算するので、ハッシュコードの偏りは少なくなる。これらの事実をふまえて、たとえば生徒を表すstudentクラスの構築を考えてみよう。そのクラスは名前と誕生日をフィールドとする。そういう場合、年と月と日の3つのフィールドからハッシュコードを計算するより、むしろDateTime用のGetHashCode()の実装を使った方が、ずっと良い結果が得られる。生徒の場合、誕生の年は一般的な年齢に集中して偏りやすいからだ。あなたのデータ集合についての知識は、適切なGetHashCode()メソッドの構築に欠かせない。

GetHashCode()には、まったく特殊な要件がある。等しいオブジェクトは等しいハッシュコードを生成すること。ハッシュコードはオブジェクト不変量であること。そして効率を良くするためコードが均等に分散されること。この3つのルールを、すべて満たせるのは不変型に限られる。他の型についてはデフォルトの振る舞いに頼るべきだが、その落とし穴を理解しなければいけない。

第2章　API設計

自作の型のために作るAPIの設計は、ユーザーとのコミュニケーションだ。あなたのコンストラクタ、プロパティ、公開メソッドは、その型を使おうとする開発者たちにとって、簡単に正しく使えるものでなければいけない。堅牢なAPIを設計するには、型が持つ数多くの側面を考慮すべきだ。それには開発者が型のインスタンスを作る方法が含まれる。メソッドとプロパティで、型が持つ能力のどれを公開するかの選択も含まれる。オブジェクトが、イベントまたは渡されたメソッドの呼び出しを通じて、状態の変化を報告する方法が含まれる。そして、さまざまな型に共通する性質を表現する方法も含まれる。

項目11　独自のAPIでは変換演算子を定義しない

変換演算子は複数のクラスに代替の関係を作る。つまり、あるクラスを他のクラスの代わりに使えるようにするのだ。このような柔軟性には、たしかに利点がある。派生クラスのオブジェクトは、その基底クラスのオブジェクトの代わりになる。その古典的な例は、形状(Shape)の階層構造だ。あなたが作ったShape基底クラスをカスタマイズして、Rectangle、Ellipse、Circleなどの具体的な形状クラスを派生したとしよう。Shapeが期待される場所ならどこでも、代わりにCircleを使うことができる。これは多相性を代替性として使うのだが、その代替が正しく働くのは、Circle型がShape型を特化させたスペシャルバージョンだからだ。

クラスを作ると、ある種の変換が自動的に有効になる。どのオブジェクトでも、.NETクラス階層構造のルートであるSystem.Objectインスタンスの代わりに使える。同様に、あなたが作るクラスのオブジェクトはどれも、それが実装するインターフェイスか、その親インターフェイスか、その基底クラスの代わりになる（暗黙的に代替される)。そのほかC#は、さまざまな数値変換をサポートする。

あなたの型に変換演算子を定義するのは、コンパイラに対して「この型をターゲットの代わりに使っても構わない」と伝えることだ。このような代替は、しばしば微妙なエラーの原因になる。たぶんそれは、あなたの型がターゲット型の完璧な代替品ではないからだ。ターゲット型の状態を変化させる副作用が、あなたの型に同じ影響を与えないかもしれない。もっと悪いことに、あなたの変換演算子が一時的なオブジェクトを返すのなら、その副作用は一時的なオブジェクトを変化させるだけで、結局はガベージコレクタによって永遠に失われるかもしれない。そして最後に、変換演算子の呼び出し規則は、オブジェクトの実行時の型ではなくコンパイル時の型に依存する。その結果、あなたの型のユーザーは、その変換演算子を呼び出すために、何度もキャストを実行する必要が生じるかもしれない。それでは保守が困難なコードになってしまう。

他の型をあなたの型に変換したい場合は、コンストラクタを使おう。この方法なら、新しいオブジェクトを作る処理であることが明白になる。変換演算子は、突き止めにくい問題を、それを使うコードにもたらすことがある。たとえば図2-1に示すライブラリのコードを受け継ぐことになったと仮定しよう。`Circle`クラスと`Ellipse`クラスは、どちらも`Shape`クラスから派生している。あなたは、この階層構造を、そのまま残すことに決めた。たしかに`Circle`と`Ellipse`には関係があるが、あなたの階層構造には抽象ではない末端クラスを入れたくないからだ。それに、`Circle`クラスを`Ellipse`クラスから派生しようとしたら、いくつか実装上の問題が発生するだろう。

けれども幾何学の世界では円形は楕円形の一種だし、ある種の楕円形は円形の代わりになる。それに気がついたあなたは、2つの変換演算子を追加する。どの円形も楕円形の一種だから、あなたは新しい`Ellipse`オブジェクトを`Circle`から作る暗黙の変換を追加する。ある型を別の型に変換する必要があるときは、いつも暗黙の変換演算子が呼び出される。それとは対照的に、明示的な変換が呼び出されるのは、プログラマがソースコードにキャスト演算子を入れるときに限られる。

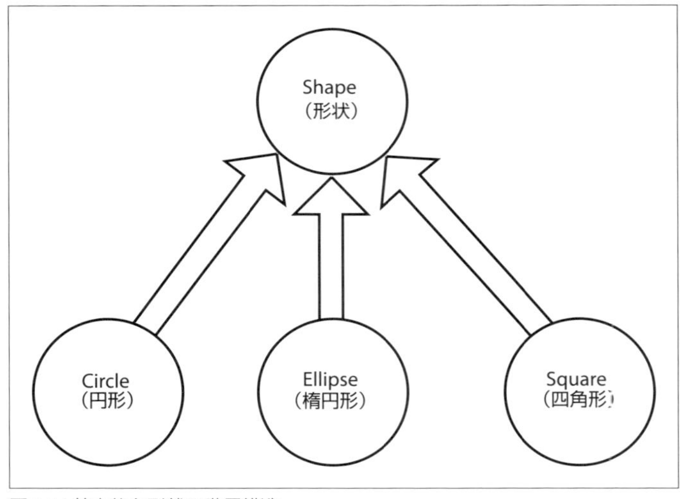

図2-1：基本的な形状の階層構造

```
public class Circle : Shape
{
    private Point center;
    private double radius;

    public Circle() :
        this(new Point(), 0)
    {
    }

    public Circle(Point c, double r)
    {
        center = c;
        radius = r;
    }

    public override void Draw()
    {
        //...
    }

    static public implicit operator Ellipse(Circle c)
    {
        return new Ellipse(c.center, c.center,
            c.radius, c.radius);
    }
}
```

これで暗黙の変換演算子ができた。Ellipseが期待される場所なら、どこでもCircleを使える。しかも、その変換は自動的に発生する。

```
public static double ComputeArea(Ellipse e) =>
    e.R1 * e.R2 * Math.PI;

// 呼び出すとき:
Circle c1 = new Circle(new Point(3.0, 0), 5.0f);
ComputeArea(c1);
```

この例は、代替性が何を意味するかを示すものだ。楕円形は円形で代替される。ComputeArea関数は、たとえ代替品でも正しく動作する。しかし、それは単なる幸運だ。次の関数を見よう。

```
public static void Flatten(Ellipse e)    // 楕円形を押しつぶす
{
    e.R1 /= 2;
    e.R2 *= 2;
}

// 円形を使って呼び出す:
```

```
Circle c = new Circle(new Point(3.0, 0), 5.0);
Flatten(c);
```

これは、うまくいかない。楕円を押しつぶすFlatten()メソッドは、Ellipseを引数として受け取る。だからコンパイラは、なんとかして円形を楕円形に変換しなければならない。まさにそれを行う暗黙の変換を、あなたは作成した。だから、その変換が呼び出され、Flatten()関数は、変換されたものを引数として受け取る。それは、あなたの暗黙的変換が作った楕円形である。その一時的オブジェクトがFlatten()関数によって変更されるが、すぐにガベージとなる。Flatten()関数の副作用は、たしかに発生するが、それは一時的なオブジェクトに対してのことだ。円形であるcに対しては何も起こらない。

暗黙的な変換から明示的な変換に変えても、ただユーザーに、呼び出しのためのキャストを強制するだけだ。

```
Circle c = new Circle(new Point(3.0, 0), 5.0);
Flatten((Ellipse)c);
```

もとの問題は残ったままで、その問題を起こすのにキャストの追加を強制しただけだ。一時的オブジェクトが作られ、そのオブジェクトが押しつぶされて捨てられることに変わりはない。Circle cは、まったく変更されない。それより、CircleをEllipseに変換するコンストラクタを作ろう。それなら動作が、もっと明らかになる。

```
Circle c = new Circle(new Point(3.0, 0), 5.0);
Flatten(new Ellipse(c));
```

ほとんどのプログラマは、上記の2行を見たらすぐに、Flatten()に渡される楕円に対する変更が、このままでは消えてしまうことに気がつき、新しいオブジェクトへの参照を残すことで問題を解決するだろう。

```
Circle c = new Circle(new Point(3.0, 0), 5.0);
Flatten(c);

// 円を使う処理
// ...

// 楕円に変換する
Ellipse e = new Ellipse(c);
Flatten(e);
```

押しつぶされた楕円形が、Eclipse eに入る。変換演算子をコンストラクタで置き換えたことで、どの機能も失われていない。新しいオブジェクトが作られることが明確になっただけである（C++に慣れているプログラマは、C#が暗黙的あるいは明示的な変換のためにコンストラクタを呼び出さないことに注意すべきだろう。新しいオブジェクトが作られるのは、明示的にnew演算子を使うときだけだ。C#ではコンストラクタに対してexplicitキーワードを使う必要もない)。

オブジェクトの内部フィールドを返す変換演算子には、このような挙動こそないが、他に深刻な問題がある。そのアプローチは、クラスのカプセル化に穴をあけてしまうのだ。あなたの型を他のオブジェクトにキャストすることで、あなたのクラスのクライアントは、内部変数をアクセスできるようになる。そのような可能性は、項目17で詳しく述べるように、避けなければいけない。

変換演算子は、ある種の代替性を導入するが、それによって、あなたのコードは問題を起こすことになる。変換演算子を使えるとしたら、ユーザーは当然、どんなときでも、あなたが作ったクラスの代わりに他のクラスを使えるはずだと考えるだろう。そうして作られた代替オブジェクトをクライアントがアクセスするとき、その対象は一時的なオブジェクトにすぎない。クライアントが一時的なオブジェクトを変更し、その結果が失われてしまうことによる微妙なバグは、突き止めるのが難しい。オブジェクトを変換するコードはコンパイラによって生成されるからだ。あなたのAPIで変換演算子を作るのは避けよう。

項目12　省略可能なパラメータを使って
メソッドの多重定義を減らそう

C#ではメソッドに渡す引数を、その位置または名前によって特定できる。逆に言えば、あなたが作る型のpublicインターフェイスはパラメータ名を含む。公開するパラメータ名を変更したら、それを使う呼び出し側のコードが無効になる。この問題のために、多くの状況で名前付き引数の使用を控える必要が生じる。そしてpublicまたはprotectedなメソッドでパラメータ名を変更するのは避けるべきことだ。

もちろん言語の設計者が問題を起こすために機能を追加するはずはない。引数を名前で指定する機能が追加されたのには正当な理由があり、有効な用途があるからだ。名前付き引数と、省略可能なパラメータを組み合わせると、多くのAPI（とくにMicrosoft OfficeのCOM API）から「ノイズ」を減らすことが可能になる。次に示すコード断片は、古典的なCOMメソッドを使って、Wordドキュメントを作り少量のテキストを挿入する。

```
var wasted = Type.Missing;
var wordApp = new Microsoft.Office.Interop.Word.Application();
wordApp.Visible = true;
Documents docs = wordApp.Documents;

Document doc = docs.Add(ref wasted,
    ref wasted, ref wasted, ref wasted;

Range range = doc.Range(0, 0);
```

```
range.InsertAfter("Testing, testing, testing...");
```

これほど小さな（たぶん使い物にならない）断片で、Type.Missingオブジェクトを4回も使っている。この手のOffice Interopアプリケーションでは、ずっと多くのType.Missingオブジェクトを使うことになるだろう。これらのインスタンスは、あなたのアプリケーションを無用なノイズで覆い、あなたが構築するソフトウェアの実際のロジックを隠してしまう。

C#言語に名前付きで省略可能なパラメータ機構が追加されたのは、そういう余計なノイズを減らすことが主な動機だった。省略可能なパラメータを使うOffice APIは、Type.Missingが使われるすべての場所で、規定値を作ることができる。これによって、先ほどの小さな断片さえ単純化され、ずっと読みやすくなる。

```
var wordApp = new Microsoft.Office.Interop.Word.Application();
wordApp.Visible = true;
Documents docs = wordApp.Documents;

Document doc = docs.Add();

Range range = doc.Range(0, 0);

range.InsertAfter("Testing, testing, testing...");
```

もちろん、いつでも全部の規定値を使いたいとは限らないが、引数と引数の間に、いくつもType.Missingを書きたいとも思わないだろう。新しいWordドキュメントではなく新しいWebページを作りたいときは、どうだろうか。その選択は、Add()メソッドへの4つの引数のうち、最後の引数で行うことになっている。名前付き引数を使うAPIでは、最後の引数だけを指定できる。

```
var wordApp = new Microsoft.Office.Interop.Word.Application();
wordApp.Visible = true;
Documents docs = wordApp.Documents;

object docType = WdNewDocumentType.wdNewWebPage;
Document doc = docs.Add(DocumentType: ref docType);

Range range = doc.Range(0, 0);

range.InsertAfter("Testing, testing, testing...");
```

このようにデフォルトのパラメータ値を持つAPIで、名前を使って引数を指定する必要があるのは、あなたが使いたいパラメータだけだ。このアプローチは、複数の多重定義を使うより、ずっとシンプルである。実際Add()メソッドには4つのパラメータがある。名前付きで省略可能なパラメータが提供するのと同レベルの柔軟性を得ようとしたら、合計16通りの多重定義を作ることになる。Office APIには、16個のパラメータを持つものさえあるから、名前付きで省略可能なパラメータは、使い方を単純化するうえで、おおいに有用なのだ。

上にあげたサンプルではパラメータリストにref修飾子が含まれているが、COM連携のシナリオに関しては、C# 4.0で行われた変更によって、それも省略可能になった。実際、Range()の呼び出しでは、(0, 0)の値が（COMの他の引数と同様に）参照渡しされる。そのref修飾子をサンプルで省略したのは、わざわざ書いたら誤解を招くことが明らかだからだ。事実、ほとんどの製品コードでは、Add()の呼び出しにref修飾子を入れるべきではない（このサンプルに入れたのは、APIのシグネチャが実際にどうなっているかを示すためだ）。

名前付きで省略可能なパラメータを使う理由は、上記のサンプルではCOMとOffice APIだったけれど、なにもOffice Interopアプリケーションに限って使えというわけではなく、実際そんな制限はできない。あなたのAPIを呼び出す開発者は、あなたの意向とは関係なく、使いたいパラメータを名前で指定できる。

たとえば次のメソッドを例としよう。

```
private void SetName(string lastName, string firstName)
{
    // 省略
}
```

これの呼び出しで、次のようにパラメータ名を使えば、姓名の順序に関する間違いを防ぐことができる。

```
SetName(lastName: "Wagner", firstName: "Bill");
```

パラメータの名を書くようにすれば、こういうコードを後から読む人が「この2つの引数は本当に正しい順序で並んでいるのか」と疑うことがなくなる。開発者は「名前を追加すれば誰かが読むときにコードの意味がはっきりするだろう」と思うときに、名前付きパラメータを使うことが多い。同じ型の複数のパラメータを含むメソッドを使うとき、必ず呼び出し側でパラメータ名を使うようにすれば、あなたのコードは、さらに読みやすくなる。

パラメータ名を変えるのは破壊的な変更である。ただしパラメータ名が中間言語のMSILに入るのはメソッド定義だけで、メソッドの呼び出しでは格納されない。このため、パラメータ名だけを変更したコンポーネントをリリースしても、それ以前のコンポーネントの使用に支障をきたすことはない。あなたのコンポーネントを使うユーザーが、自分のアセンブリを新しいバージョンに対してコンパイルしたときに、その破壊的な変更に気がつくわけだが、それまでにコンパイルされたクライアントは正しく動作し続ける。だから、少なくとも既存のアプリケーションを壊すことはない。あなたの作品を使う開発者は、それでも怒るだろうが、それ以前に配布した製品の問題に関して、あなたを非難することはないだろう。たとえばSetName()のパラメータ名を、次のように変更したとしよう。

```
public void SetName(string last, string first)
```

これをコンパイルしたアセンブリを、更新パッチとしてリリースすることは可能だ。このメソッドを呼び出すアセンブリは、パラメータを名前で指定するSetName()の呼び出しを含んでいても、そのままこれを実行できる。けれどもクライアントの開発者が、彼らのアセンブリの更新版をビルドするとき、次のようなコードはコンパイルを通らなくなる。

```
SetName(lastName: "Wagner", firstName: "Bill");
// パラメータ名が違っている
```

規定値を変更する場合も、その変更を反映させるために、やはり呼び出し側でコードを再コンパイルする必要が生じる。規定値を変更したアセンブリをコンパイルし、パッチとしてリリースするとき、既存の呼び出し側では、それまでと同じデフォルト値が使われているからだ。

もちろん、あなたのコンポーネントを使ってくれている開発者たちを怒らせたくはないはずだ。あなたのコンポーネントで使っているパラメータ名がpublicインターフェイスの一部であることを、よく考えなければいけない。パラメータ名を変更すると、クライアント側のコードはコンパイル時に破綻する。

さらに、パラメータの追加も（たとえ規定値があっても）コードが実行時に破綻する原因となる。省略可能なパラメータの実装は、名前付き引数の実装と似た手法によって行われる。呼び出し側には、規定値の存在と、その値が何であるかが反映されたMSILのアノテーションが含まれる。省略可能なパラメータの値を呼び出し側が明示的に指定しないと、代わりに、その規定値が使われる。

したがって、パラメータの追加は、たとえ省略可能なパラメータでも、実行時に破綻する変更となる（追加したパラメータに規定値があれば、コンパイル時の破綻はない）。

これらの説明を読むことで、この項のタイトルが意味するアドバイスは明らかになったはずだ。初期リリースでは、あなたのユーザーが使いたくなりそうな多重定義の組み合わせを、名前付きで省略可能なパラメータを使って実装しておこう。だが、いったん将来のリリースに向けて開発を始めたら、パラメータの追加は多重定義を使って実装しよう。そうすれば、既存のクライアントアプリケーションは、そのまま機能する。さらに、将来のリリースでは、パラメータ名の変更を避けよう。それらはもう、あなたのpublicインターフェイスの一部なのだから。

項目13　独自の型は可視性を制限しよう

誰にも、いつでも、なんでも見せる必要があるわけではない。あなたが作る型を、すべてpublicにする必要はない。それぞれの型に、役割を果たすのに必要な最小限の可視性を与えるべきだ。可視性は、案外小さく制限できることが多い。internalやprotectedのクラスでも、publicインターフェイスを実装できる。private宣言した型の機能も、publicなインターフェイス定義があれば、すべてのクラスからアクセスできる。

publicな型を作るのは、あまりも簡単なので、そればかりに頼ってしまいがちだ。あなたが作るスタンドアローン型クラスの大部分は、internalにすべきものだろう。さらに可視性を制限するには、もとの自作クラスの中にネストした形で、protectedまたはprivateなクラスを作ろう。クラスの可視性を小さくしておけば、あとで更新するときに、システム全体の変更が少なくなる。コードをアクセスする場所が少なければ、そのコードを更新するとき変更しなければならない場所が少なくなるからだ。

公開する必要のあるものだけを公開しよう。publicインターフェイスは、できるだけ可視性の少ないクラスで実装するように努力しよう。Enumeratorパターンの用例は、.Net Frameworkライブラリのあちこちにある。System.Collections.Generic.List<T>には、privateクラスのEnumerator<T>があり、これがIEnumerator<T>インターフェイスを実装している。

```
// 説明用： 完全なソースではない
public class List<T> : IEnumerable<T>
{
    public struct Enumerator : IEnumerator<T>
    {
        // MoveNext(), Reset(), Currentの
        // 特化した実装を含む

        public Enumerator(List<T> storage)
        {
            // 省略
        }
    }

    public Enumerator GetEnumerator()
    {
        return new Enumerator(this);
    }

    // Listの他のメンバーを省略
}
```

クライアント側のコードに、struct Enumerator<T>についての知識は不要だ。List<T>オブジェクトのGetEnumerator関数を呼び出すときは、IEnumerator<T>インターフェイスを実装するオブジェクトが返されることだけ知っていればよい。それが具体的にどういう型かは、実装の詳細にすぎない。.NET Frameworkの設計は、これと同じパターンを他のコレクションクラスでも使っている。たとえばDictionary<T>にはDictionaryEnumeratorが含まれ、Queue<T>にはQueueEnumeratorが含まれている。

IEnumerator<T>を実装する列挙クラスをprivateにしておくことには、数多くの利点がある。第1に、List<T>クラスは、IEnumerator<T>を実装する型を完全に置き換えることが

でき、それで何も破綻しないのだから、これほどスマートな手法もないだろう。列挙子は、従うべき契約を知っていれば使うことができる。それを実装する型についての詳細な知識は不要だ。これらのインターフェイスをフレームワークで実装している型は、性能上の理由でpublic構造体になっている（その型を直接扱う必要があるからではない）。

型のスコープを制限するには、内部クラスを作るという方法もあるが、これは見落とされがちだ。ほとんどのプログラマは他の手法をまったく考慮せずに、デフォルトでpublicクラスを作ってしまうらしい。あなたは何も考えず慣例に従うのではなく、自分が作る新しい型がどこで使われるか、すべてのクライアントに有益か、それとも、このアセンブリだけで内部的に使うのが主な用途か、慎重に考えるべきである。

インターフェイスを使って機能を公開するのなら、内部クラスを、アセンブリの外での利用を制限することなく、より簡単に作ることができる（項目17）。その型はpublicにする必要があるだろうか。それとも、複数のインターフェイスを集成するアグリゲーションのほうが、機能をうまく表現できるだろうか。内部クラスなら、同じインターフェイスを実装している別バージョンのクラスで置き換えることができる。一例として、電話番号を検証するクラスを考えてみよう。

```
public class PhoneValidator
{
    public bool ValidateNumber(PhoneNumber ph)
    {
        // 検証を行う
        // エリアコードとエクスチェンジの有効性をチェック
        return true;
    }
}
```

このクラスは十分に機能していたが、あるとき国際電話番号を扱いたいとの要望が届いた。米国内の電話番号を専門に扱うようにコーディングされていたので、PhoneValidatorでは、その要望に応えることができない。国内用の電話番号検証に、まだ必要なのだが、国際バージョンと一緒に、インストールをまとめる必要がある。それには、追加機能をこのクラスに加えるよりも、項目の結合を弱めたほうが良さそうだ。そこであなたは、どのような電話番号でも検証できるインターフェイスを作る。

```
public interface IPhoneValidator
{
    bool ValidateNumber(PhoneNumber ph);
}
```

次に、既存のPhoneValidatorを、このインターフェイスを実装する形に書き換えて、それを内部クラスとする。

```
internal class USPhoneValidator : IPhoneValidator
{
    public bool ValidateNumber(PhoneNumber ph)
    {
        // 検証を行う
        // エリアコードとエクスチェンジの有効性をチェック
        return true;
    }
}
```

そして最後に、国際電話番号を検証するクラスを作る。

```
internal class InternationalPhoneValidator : IPhoneValidator
{
    public bool ValidateNumber(PhoneNumber ph)
    {
        // 検証を行う
        // 国番号をチェック
        // 国家・地域別の番号ルールをチェック
        return true;
    }
}
```

この実装を完成させるには、番号のさまざまな形式に基づいたクラスを作る必要があるが、それにはファクトリーパターンを使える。このアセンブリの外から見えるのはインターフェイスだけだ。世界のさまざまな地域のために特化したクラスは、アセンブリの中でしか見えない。だから、システムの他のアセンブリに影響を与えることなく、さまざまな地域のための多様なバリエーションを追加できる。それぞれのクラスのスコープを制限することによって、システム全体を更新し拡張するために変更が必要となるコードを制限することができた。

```
public static IPhoneValidator CreateValidator(PhoneTypes type)
{
    switch (type)
    {
        case PhoneTypes.UnitedStates:
            return new USPhoneValidator();
        case PhoneTypes.UnitedKingdom:
            return new UKPhoneValidator();
        case PhoneTypes.Unknown:
        default:
            return new InternationalPhoneValidator();
    }
}
```

あるいは、PhoneValidatorのためのpublic基底クラスを作り、それに一般的な実装のアルゴリズムを入れても良さそうだ。そうすれば消費側は、公開の基底クラスを通じて、その機能をアクセスできる。この例のように、実装にpublicインターフェイスを使うのが優れた選択肢となるのは、共有される機能が（たとえあっても）少ない場合である。他の使い方では、`public`な抽象基底クラスが適しているかもしれない。どちらを選ぶにしても、公開されるクラスは少なくなる。

`public`な型が少なければ、あなたがテストを作る必要のある公開メソッドの数も少なくなる。また、Public APIの大部分をインターフェイス経由で公開すれば、型をモックアップやスタブで置換できる単体テストに便利なシステムが、自動的に作成されることになる。

外の世界に向けて公開するクラスやインターフェイスは、今後あなたが守っていく契約（contract）だ。公開された契約が山のようにあれば、未来への進路は強く制約される。公開する型の数が少なければ、将来の実装で拡張や変更が必要な選択肢の数が少なくなる。

項目14　継承するよりインターフェイスを定義して実装しよう

抽象基底クラスは、クラスの階層構造に共通の先祖を提供する。そしてインターフェイスは、ある型が実装できる機能を網羅した「関連性を持つメソッド群」の記述である。この2つは、それぞれ独自の、しかも別々の適所を持つ戦略だ。「インターフェイスを実装する型は、期待されるメソッドの実装を供給しなければならない」という設計上の契約にサインするのが、インターフェイスの使い方である。そして抽象基底クラスは、「一群の関連する型」のために共通の抽象を提供する。継承は「AはBの一種である」という意味であり、インターフェイスは「AはBのように振る舞う」という意味だ。これは常套句だが、いまでも有効だ。この決まり文句が、これほど長生きしたのは、2つの構造の違いを記述する手段として優れていたからだ。基底クラスは、オブジェクトが何であるかを記述する。インターフェイスは、オブジェクトの振る舞い（どのように使えるか）を記述する。

インターフェイスが記述する機能の集合は、1つの契約である。1個のインターフェイスで、あらゆるものの置き場所を指定できる。メソッドも、プロパティも、インデクサも、イベントも、インターフェイスの要素になる。インターフェイスを実装する非抽象型は、どれも、そのインターフェイスで定義されている全部の要素に具体的な実装を提供しなければならない。契約したら、インターフェイスで定義されている全部のメソッドを実装し、プロパティのアクセサとインデクサを（もしあれば全部）供給し、全部のイベントを定義する必要がある。

再利用可能な振る舞いを識別して、それらをインターフェイスとしてまとめる形式のファクタリングも可能である。また、インターフェイスをパラメータと戻り値の集合として使うこともできる。さらにインターフェイスは、コードの再利用に継承よりも多くの機会を提供する。無関係な型でもインターフェイスを実装できるからだ。そればかりか、ほかの開発者にとってインターフェイスを実装する仕事は、あなたが作った基底クラスから型を派生する仕事よりも簡単になる。

インターフェイスのメンバーのどれかに実装を提供することは、そのインターフェイスの中では**できない**。インターフェイスは、どのような実装も含むことができず、具体的なデータメンバーを含むこともできない。あなたがインターフェイスで宣言するのは、そのインターフェイスを実装するすべての型がサポートすべきことの契約だ。ただし、もしそうしたければインターフェイスに拡張メソッドを作って、そのインターフェイスの実装であるかのように見せることも可能だ。たとえばSystem.Linq.Enumerableクラスには、IEnumerable<T>に対する30個以上の拡張メソッドが含まれている。これらは拡張メソッドなので、IEnumerable<T>を実装するあらゆる型の一部であるかのように見える（『Effective C# 6.0/7.0』の項目27を参照）。

```
public static class Extensions
{
    public static void ForAll<T>(
        this IEnumerable<T> sequence,
        Action<T> action)
    {
        foreach (T item in sequence)
            action(item);
    }
}

// 使い方：
foo.ForAll((n) => Console.WriteLine(n.ToString()));
```

抽象基底クラスでは、派生クラスに共通する振る舞いを記述するだけでなく、派生クラスから利用できるように、その一部を実装することができる（定義できるのはデータメンバー、具象メソッド、仮想メソッドの実装、プロパティ、イベント、インデクサだ）。基底クラスで一部のメソッドに実装を提供することによって、一般的な実装の再利用が可能になるのだ。抽象クラスのメンバーは、仮想にも抽象にもできるし、仮想化せずに実装を提供することもできる。抽象基底クラスは、具体的な振る舞いの実装を提供できるが、インターフェイスは、それができない。

この「実装の再利用」には、もう1つの利点がある。あるメソッドを基底クラスに追加すると、すべての派生クラスが自動的暗黙的に補強される。その意味で基底クラスは、いくつもの型の振る舞いを、後から拡張する手段を提供するのだ。基底クラスの中で機能を追加して実装すると、その振る舞いは、すべての派生クラスに即座に組み込まれる。ところがインターフェイスにメンバーを追加したら、そのインターフェイスを実装している全部のクラスが破綻する。それらは新しいメソッドを含んでいないので、コンパイルを通らなくなるのだ。クラスを実装している人たちすべてが、新しいメンバーを含むように自分のクラスを更新しなければならない。既存のコードを破綻させずに、インターフェイスに機能を追加する必要があるときは、新しいインターフェイスを作って、それに既存のインターフェイスを継承させよう。

抽象基底クラスとインターフェイスの、どちらを選ぶかは「あなたの抽象を、どのようにサポートしていけばいいのか」という問題だ。インターフェイスは「固定された機能の集合を実装する」という契約だが、どんな型でも、その契約を結べる。それとは対照的に、基底クラスは後から拡張することが可能であり、それらの拡張は、どの派生クラスにも組み込まれて、その一部になる。

この2つのモデルを混在させることによって、実装コードを再利用しながら、複数のインターフェイスをサポートすることが可能になる。その明らかな例が、.NET Frameworkの`IEnumerable<T>`インターフェイスと`System.Linq.Enumerable`クラスだ。`System.Linq.Enumerable`クラスには、`System.Collections.Generic.IEnumerable<T>`インターフェイスに対して定義された数多くの拡張メソッドが含まれている。このように分けることで、非常に重要なメリットが得られる。`IEnumerable<T>`を実装するクラスは、どれも、それらの拡張メソッドを含むように見えるが、それらの拡張メソッドは、もともと`IEnumerable<T>`インターフェイスが定義したものではない。その結果、クラスの開発者は、それらのメソッドのすべてについて、独自の実装を作る必要がなくなっている。

たとえば、気象観測用の`IEnumerable<T>`を実装するクラスについて考えてみよう。

```
public enum Direction    // 方向
{
    North,
    NorthEast,
    East,
    SouthEast,
    South,
    SouthWest,
    West,
    NorthWest
}

public class WeatherData    // 気象データ
{
    public WeatherData(double temp, int speed,
        Direction direction)
    {
        Temperature = temp;
        WindSpeed = speed;
        WindDirection = direction;
    }
    public double Temperature { get; }
    public int WindSpeed { get; }
    public Direction WindDirection { get; }
    public override string ToString() =>
        @$"気温 = {Temperature}, 風は毎時 {WindSpeed} マイル
            で {WindDirection} から";
}

public class WeatherDataStream : IEnumerable<WeatherData>
{
    private Random generator = new Random();
```

```
    public WeatherDataStream(string location)
    {
        // 省略
    }

    private IEnumerator<WeatherData> getElements()
    {
        // 現実の実装では、気象台からのデータを読むことになる
        for (int i = 0; i < 100; i++)
        yield return new WeatherData(
            temp: generator.NextDouble() * 90,
            speed: generator.Next(70),
            direction: (Direction)generator.Next(7)
        );
    }

    public IEnumerator<WeatherData> GetEnumerator() => getElements();
    System.Collections.IEnumerator
    System.Collections.IEnumerable.GetEnumerator() => getElements();
}
```

WeatherStreamクラスは気象観測のシーケンスをモデリングするためにIEnumerable<WeatherData>を実装するが、それには2つのメソッドを作る必要がある。つまりGetEnumerator<T>メソッドと、古典的なGetEnumeratorメソッドである。後者は、このインターフェイスを明示的に実装しているので、クライアント側のコードは、System.Objectのバージョンではなく、このジェネリックインターフェイスの実装へと自然に導かれる。

WeatherStreamクラスは、これら2つのメソッドを実装するので、System.Linq.Enumerableで定義されたすべての拡張メソッドをサポートする。だからWeatherStreamは、LINQクエリのソースにすることができる。

```
var warmDays = from item in new WeatherDataStream("Ann Arbor")
               where item.Temperature > 80
               select item;
```

LINQクエリの構文は、コンパイルされるとメソッド呼び出しになる。たとえば上記のクエリは、下記の呼び出しに変換される。

```
var warmDays2 = new WeatherDataStream("Ann Arbor").
    Where(item => item.Temperature > 80);
```

このコードでは、WhereとSelectの呼び出しがIEnumerable<WeatherData>に属しているように見えるが、そうではない。これらのメソッドは拡張メソッドだから、実際にはSystem.Linq.Enumerableのstaticメソッドなのだ。コンパイラは、これらの呼び出しを、次のようなstatic呼び出しに変換する。

```
// これは説明が目的で、実際のコードではない
var warmDays3 = Enumerable.Select(
                Enumerable.Where(
                new WeatherDataStream("Ann Arbor"),
                item => item.Temperature > 80),
                item => item);
```

上記のコードは、インターフェイス自身は実装を持てないことを示している。けれども、拡張メソッドを使えば、そのように見せかけることが可能だ。LINQは、System.Linq.Enumerableクラスで、IEnumerable<T>に対する拡張メソッドをいくつか作っておくことで、それを行っている。

次の話題は、インターフェイスをパラメータや戻り値として使うことだ。インターフェイスは、互いに無関係な任意の数の型で実装できる。他の開発者にとって、インターフェイスに合わせるコーディングのほうが、基底クラスの型に合わせるコーディングよりも敷居が低い。.NETの型システムでは、1個の継承階層構造が強制されるので、その点が重要だ。

次にあげる3つのメソッドは、どれも同じ仕事を行う。

```
public static void PrintCollection<T>(
    IEnumerable<T> collection)
{
    foreach (T o in collection)
        Console.WriteLine($"コレクションの要素は {o}");
}

public static void PrintCollection(
    System.Collections.IEnumerable collection)
{
    foreach (object o in collection)
        Console.WriteLine($"コレクションの要素は {o}");
}

public static void PrintCollection(
    WeatherDataStream collection)
{
    foreach (object o in collection)
        Console.WriteLine($"コレクションの要素は {o}");
}
```

最初のメソッドは、もっとも再利用性が高い。IEnumerable<T>をサポートする型ならどれでも、このメソッドを利用できる。WeatherDataStreamだけでなく、List<T>も、SortedList<T>も、あらゆる配列も、どのようなLINQクエリの結果も、引数として使えるのだ。第2のメソッドも多くの型に使えるが、ジェネリックではないIEnumerableを使っているので再利用性は限られる。そして第3のメソッドは、さらに再利用性が乏しい。これはArraysにも、ArrayListsにも、DataTablesにも、Hashtablesにも、ImageListsにも、その他の

数多いコレクションクラスにも、使うことができない。メソッドを書くとき、パラメータの型をインターフェイスにすれば、はるかに大きな総称性を得て、再利用がずっと容易になる。

クラスのAPI定義をインターフェイスで行うことによって、大きな柔軟性が得られる。先ほどのWeatherDataStreamクラスなら、WeatherDataオブジェクトのコレクションを返すメソッドを実装することができる。それは、次のようなものになる。

```
public List<WeatherData> DataSequence => sequence;
private List<WeatherData> sequence = new List<WeatherData>();
```

けれども残念ながら、このコードでは将来の問題に対処するのが難しい。いつかあなたは、List<WeatherData>ではなく、代わりに配列を、あるいはSortedList<T>を返すように、変更したくなるかもしれない。そのような変更は、どれも既存のコードを破綻させる。たしかにパラメータの型を変更することは可能だが、それでは、あなたのクラスのpublicインターフェイスを変更することになる。クラスのpublicインターフェイスを変えたら、大きなシステムでは大量の変更が必要になる。そのpublicプロパティをアクセスしている全部の場所で変更の必要が生じるのだ。

このコードの、もう1つの問題点は、より直接的でやっかいなものだ。List<T>クラスは、それに含まれるデータを変更するメソッドを数多く提供する。このクラスのユーザーは、シーケンスに含まれるどのオブジェクトでも、削除したり変更したりできるし、全部を置き換えることさえ可能だが、それは、まず確実に、あなたの意図に反することだろう。幸いなことに、あなたのクラスのユーザーができることに制限をかけることは可能だ。内部オブジェクトへの参照を返す代わりに、クライアントに使ってもらいたいインターフェイスを返せばよい。この場合、そのインターフェイスがIEnumerable<WeatherData>なのだ。

あなたの型が公開するプロパティが、もしクラスであれば、そのクラスに対するインターフェイス全体を公開することになる。代わりにインターフェイスを使えば、クライアントに使ってもらいたいメソッドやプロパティだけを選んで公開することができる。そのインターフェイスの実装に使うクラスは、あとで変更が可能な「実装の詳細」となる（項目17）。

しかも、関係のない複数のクラスが同じインターフェイスを実装できる。あなたが構築しているアプリケーションが、従業員（Employee）と顧客（Customer）と販売者（Vendor）を管理すると仮定しよう。これら3つの実体は、少なくともクラスの階層構造については何の関係もないのだが、それでも機能的に共通するものがある。どれにも名前があり、それらの名前はアプリケーションのコントロールで表示することがあるだろう。

```
public class Employee
{
    public string FirstName { get; set; }
    public string LastName { get; set; }
```

```
    public string Name => $"{LastName}, {FirstName}";
    // その他の詳細は省略
}

public class Customer
{
    public string Name => customerName;

    // その他の詳細は省略
    private string customerName;
}

public class Vendor
{
    public string Name => vendorName;

    // その他の詳細は省略
    private string vendorName;
}
```

Employee、Customer、Vendorの3つのクラスは、共通基底クラスを持たないが、いくつかのプロパティを共有する。それらは（上に示した）名前や、住所や、連絡用の電話番号などだ。これらのプロパティを切り出すリファクタリングを行って、1つのインターフェイスにまとめることができる。

```
public interface IContactInfo
{
    string Name { get; }
    PhoneNumber PrimaryContact { get; }
    PhoneNumber Fax { get; }
    Address PrimaryAddress { get; }
}

public class Employee : IContactInfo
{
    // 実装は省略
}
```

この新しいインターフェイスを導入すれば、プログラミングの仕事は単純化される。無関係な型に共通する次のようなルーチンを構築できるのだ。

```
public void PrintMailingLabel(IContactInfo ic)
{
    // 実装は省略
}
```

この1個のルーチンを、IContactInfoインターフェイスを実装する全部のオブジェクトが利用できる。これで、Customerも、Employeeも、Vendorも、同じルーチンを使うことになる。それは、プロパティを共通のインターフェイスにまとめるリファクタリングによって可能になったことだ。

インターフェイスを使うと、構造体のボックス化解除にかかるペナルティを避けられるというメリットもある。構造体を箱に入れるボックス化が行われると、その構造体がサポートする全部のインターフェイスを、その箱がサポートすることになる。そうしたインターフェイスの参照を通じて、その構造体をアクセスするときは、オブジェクトをアクセスするために構造体をボックス化解除する必要がない。それを示す例として、URLのリンクと記述を定義する次のような構造体があると考えてみよう。

```
public struct URLInfo : IComparable<URLInfo>, IComparable
{
    private Uri URL;
    private string description;

    // URLの文字列表現を比較する:
    public int CompareTo(URLInfo other) =>
        URL.ToString().CompareTo(other.URL.ToString());

    int IComparable.CompareTo(object obj) =>
        (obj is URLInfo other) ?
            CompareTo(other) :
            throw new ArgumentException(
                message: "比較対象がURLInfoではありません",
                paramName: nameof(obj));
}
```

この例は、C# 7の新機能を2つ使っている。まず、初期条件の判定を、`is`を使うパターンマッチングで行っている。これは`obj`が`URLInfo`であることをチェックし、もしそうなら、`obj`を`other`変数に代入する式だ。もう1つの新機能は`throw`の式で、`obj`が`URLInfo`ではないときに例外を送出する。いまでは`throw`を式として使えるので、個別の文にする必要がなくなった。

`URLInfo`が`IComparable<T>`と`IComparable`を実装しているので、`URLInfo`オブジェクトをソートしたリストを簡単に作ることができる。呼び出し側のコードが古典的な`IComparable`に依存していても、ボックス化とボックス化解除が行われる頻度が少なくなる。そのクライアントは、オブジェクトのボックス化を解除することなく`IComparable.CompareTo()`を呼び出すことができるからだ。

基底クラスは、派生の関係を持つ複数の具象型に共通する振る舞いを記述し、それらを実装することもできる。インターフェイスは、1つにまとまった機能を記述して、無関係な型でも実装できるようにする。どちらにも適所がある。クラスは、あなたが作る型の定義である。インターフェイスは、あなたが作る型の振る舞いを、それぞれの型が持つべき機能として記述する。この違いを理解すれば、変化に対して柔軟に対処できる表現力豊かな設計が可能になる。

クラスの階層構造は、関連のある型の定義に使おう。複数の型が共通の機能を公開するなら、それらにインターフェイスを実装させよう。

項目15　インターフェイスメソッドと仮想メソッドの違い

インターフェイスを実装するのは、仮想メソッドをオーバーライドするのと、どう違うのだろうか。最初の印象では同じように思える。どちらも他の型で宣言されたメンバーに対して、その定義を提供するものだ。けれど、第一印象は当てにならない。インターフェイスを実装するのと、仮想メソッドをオーバーライドするのとでは、ずいぶん違うのだ。そもそも抽象（あるいは仮想）基底クラスのメンバーは仮想でなければならない。インターフェイスのメンバーは、仮想にできる（そうすることが多い）。インターフェイスではメンバーを明示的に実装することが可能であり、それらのメンバーはクラスのpublicインターフェイスから隠される。とにかく、インターフェイスを実装するのと、仮想メソッドをオーバーライドするのは、別の概念であり、それぞれ別の用途がある。

ただしインターフェイスでも、派生クラスだけが実装を変更できるようにすることは可能だ（派生クラス用のフックを作ればよい）。

両者の違いを示す例として、単純なインターフェイスと、それを1個のクラスで実装する例を見よう。

```
interface IMessage
{
    void Message();
}

public class MyClass : IMessage
{
    public void Message() =>
        WriteLine(nameof(MyClass));
}
```

Message()メソッドは、MyClassのpublicインターフェイスだ。そのMessageは、MyClass型が実装しているIMessageインターフェイスを通じてアクセスすることもできる。この状況に派生クラスを1つ加えて、少し複雑にしよう。

```
public class MyDerivedClass : MyClass
{
    public new void Message() => WriteLine(nameof(MyDerivedClass));
}
```

先ほど見たMessageメソッドの定義と比べて、newキーワードが加わっていることに注意しよう（『Effective C# 6.0/7.0』の項目10を参照）。MyClass.Message()は仮想メソッドではないので、派生クラスはMessageをオーバーライドしたバージョンを提供できない。MyDerivedクラスは、新しいMessageメソッドを作っているが、そのメソッドはMyClass.Messageをオーバーライドするのではなく、隠すだけだ。といってもMyClass.Messageは、IMessageの参照を通じて、まだ利用できる。


```
MyDerivedClass d = new MyDerivedClass();
d.Message(); // "MyDerivedClass"とプリントする
IMessage m = d as IMessage;
m.Message(); // "MyClass"とプリントする
```

インターフェイスを実装するときは、型について定義されている契約にしたがって、具体的な実装を提供する。メソッドを仮想にするかどうかは、クラスの作者が決めることである。

インターフェイスを実装するためのC#言語のルールを復習しておこう。クラス宣言に、その基底クラスにあるインターフェイスが含まれているとき、インターフェイスの個々のメンバーに、クラスのどのメンバーが対応するかは、コンパイラが判定する。暗黙的な実装よりもインターフェイスを明示的に実装するほうが良好なマッチが得られるだろう。もしインターフェイスのメンバーが、そのクラス定義で見つからなければ、基底クラスのアクセス可能なメンバーが候補として検討される。仮想あるいは抽象のメンバーは、それらをオーバーライドする型ではなく、それらを宣言する型のメンバーとみなされることを思い出そう。

インターフェイスを自作するときは、それを基底クラスで実装しておき、その振る舞いを派生クラスでカスタマイズしたい場合も多いだろう。それは可能で、行うには2種類の方法がある。もし基底クラスをアクセスする方法がなければ、そのインターフェイスは派生クラスで再実装できる。

```
public class MyDerivedClass : MyClass, IMessage
{
    public new void Message() => WriteLine("MyDerivedClass");
}
```

IMessageインターフェイスを追加したことで、派生クラスの振る舞いが変わり、IMessage.Message()は派生クラスによる実装を使う。

```
MyDerivedClass d = new MyDerivedClass();
d.Message(); // "MyDerivedClass"とプリントする
IMessagem = d as IMessage;
m.Message(); // " MyDerivedClass "とプリントする
```

この場合も、やはりMyDerivedClass.Message()メソッドの定義にはnewキーワードが必要である。まだ問題が残っているのだ（『Effective C# 6.0/7.0』の項目10を参照）。基底クラスによる実装は、その基底クラスへの参照を通じて、いまでもアクセス可能である。

```
MyDerivedClass d = new MyDerivedClass();
d.Message(); // "MyDerivedClass"とプリントする
IMessage m = d as IMessage;
m.Message(); // "MyDerivedClass"とプリントする
MyClass b = d;
b.Message(); // "MyClass"とプリントする
```

この問題を解決するためには、やはり基底クラスを変更するしかない。インターフェイスメソッドをvirtual宣言し、それをオーバーライドするのだ。

```
public class MyClass : IMessage
{
    public virtual void Message() => WriteLine(nameof(MyClass));
}

public class MyDerivedClass : MyClass
{
    public override void Message() => WriteLine(nameof(MyDerivedClass));
}
```

ようやくMyDerivedClassは（そしてMyClassのすべての派生クラスも）Message()の独自メソッドを宣言できるようになった。Message()メソッドの呼び出しに、MyDerivedClassの参照、IMessageインターフェイス、MyClassの参照の、どれを使っても、必ずオーバーライドしたバージョンが呼び出される。

「やはり抽象仮想関数でなければ」というこだわりのある人は、MyClassの定義をちょっと変えるだけで気が済むだろう。

```
public abstract class MyClass : IMessage
{
    public abstract void Message();
}
```

このように、インターフェイスに定義のあるメソッドは、そのインターフェイスに実装が含まれていない場合も、実装できる。インターフェイスのメソッドを、このように抽象クラスのなかでメンバーを抽象として宣言するのは「その型から派生する全部の具象型が、それらのインターフェイスメンバーをオーバーライドして、独自の実装を定義しなければならない」という意味である。IMessageインターフェイスは、MyClass宣言の一部だが、そのメソッドを実装する仕事は、個々の具象派生クラスに委ねられる。

もう1つの（部分的な）解決策は、インターフェイスを実装し、そのなかに仮想メソッドの呼び出しを入れておくことで、派生クラスがインターフェイスの契約に参加できるようにするという方法だ。それをMyClassで行うと、次のようになる。

```
public class MyClass : IMessage
{
    protected virtual void OnMessage()
    {
    }

    public void Message()
    {
        OnMessage();
        WriteLine(nameof(MyClass));
    }
}
```

どの派生クラスもOnMessage()をオーバーライドすることで、MyClassで宣言されているMessage()メソッドに独自の実装を追加できる。これは、IDisposableを実装するクラスにも出てくるパターンだ（項目17）。

インターフェイスを明示的に実装すると、そのメンバーを型のpublicインターフェイスから隠すことになる（インターフェイスの実装と仮想関数のオーバーライドとの関係は、これによって、さらに複雑になる）。インターフェイスを明示的に実装することによって、あなたはクライアントのコードが、より適切なバージョンを使えるのにインターフェイスメソッドを使うのを、防ぐことができる。その振る舞いは、『Effective C# 6.0/7.0』の項目20にあるIComparableで詳細に見ることができる。

最後に、あと1つ、インターフェイスと基底クラスを扱う上手な工夫がある。基底クラスは、インターフェイスメソッドにデフォルトの実装を提供する。そして派生クラスは、そのインターフェイスを実装すると宣言し、実装は基底クラスから継承する。その例を次に示す。

```
public class DefaultMessageGenerator
{
    public void Message() => WriteLine("これはデフォルトのメッセージ");
}

public class AnotherMessageGenerator :
    DefaultMessageGenerator, IMessage
{
    // 明示的なMessage()メソッドは不要
}
```

この派生クラスがインターフェイス契約を宣言できるのは、基底クラスが実装を提供しているからだ。正しいシグネチャを持ち、publicにアクセスできるメソッドさえあれば、インターフェイスの契約は満たされる。

単純に仮想メソッドを作ってオーバーライドするより、インターフェイスを実装するほうが、より多くの選択肢が得られる。インターフェイスのメンバーは、継承を封じるシールドメソッドとしても仮想メソッドとしても実装できるし、クラス階層構造のための抽象にしておくこともできる。インターフェイスを実装するメソッドのなかに、仮想メソッドの呼び出しを入れておくこともできる。あなたのクラスでインターフェイスのメンバーを実装すれば、そのデフォルトの振る舞いを派生クラスが、いつどの程度まで変更できるかを、細かく制御できる。インターフェイスメソッドは仮想メソッドではなく、型に関する契約である。

項目16　通知のイベントパターンを実装しよう

.NETのイベントパターンは、「オブザーバーパターン」[†1]を使う構文上の取り決めに他ならない。イベントは、あなたの型のための通知をデリゲートによって定義する。このため、イベントハンドラには型安全な関数シグネチャが提供される。実際デリゲートを使う例を見ると、そのほとんどがイベントなので、イベントとデリゲートは同じものだと考える開発者が出てきても、おかしくない（どんなときならイベントを定義せずにデリゲートを使えるかは、『Effective C# 6.0/7.0』の項目7で紹介している）。システム内でアクションが発生したことを、あなたの型から複数のクライアントに知らせる必要があるときは、イベントを使うべきだ。オブジェクトからオブザーバに通知を送る手段がイベントである。

単純な例として、あなたのアプリケーションで発生するメッセージをログに出力する機構を作っていると考えよう。そのアプリケーションをソースとする全部のメッセージを受け取る`Logger`クラスが、ログを使いたいリスナに向けて、それらのメッセージをディスパッチする。登録したリスナは、たとえばコンソール、データベース、システムログなどの機構にメッセージを出力できる。メッセージが届くたびに1個のログイベントを発行する`Logger`クラスは、次のように定義できる。

```
public class Logger
{
    static Logger()
    {
        Singleton = new Logger();
    }

    private Logger()
    {
    }

    public static Logger Singleton { get; }

    // イベントを定義する:
    public event EventHandler<LoggerEventArgs> Log;
```

†1：Gamma、Helm、Johnson、Vlissidesによる『Design Patterns』の、「Observer」（pp.293-303）を参照。**[訳注]**『オブジェクト指向における再利用のためのデザインパターン 改訂版』（ソフトバンククリエイティブ、1999年）の313-324ページ。通知を受け取りたいオブザーバー（リスナ）が、あらかじめハンドラを登録する。「発行と登録」（publish and subscribe）のパターンとも呼ばれる。

```
    // メッセージを追加して、ログイベントを発行
    public void AddMsg(int priority, string msg) =>
        Log?.Invoke(this, new LoggerEventArgs(priority, msg));
}
```

この例のAddMsgメソッドは、イベントを発行する正しい方法を示している。?.演算子を使って、このイベントにリスナが登録されているときに限りイベントを発行するようにしているのだ。LoggerEventArgsにはイベントの優先順位とメッセージを入れる。このデリゲートがイベントハンドラ用のシグネチャを定義している。イベントハンドラは、Loggerクラスのeventフィールドで定義されている。コンパイラはpublic eventフィールドの定義を見て、イベントの追加と削除を行うaddとremoveを自動的に作ってくれる。生成されるコードは、次のようなものだ。

```
public class Logger
{
    private EventHandler<LoggerEventArgs> log;

    public event EventHandler<LoggerEventArgs> Log
    {
        add { log = log + value; }
        remove { log = log - value; }
    }

    public void AddMsg(int priority, string msg) =>
        log?.Invoke(this, new LoggerEventArgs(priority, msg));
}
```

ただしイベントのためにC#コンパイラが実際に作るaddとremoveのアクセサは、上のコードで示した追加と削除の構文と違って、スレッドセーフな保証がある。このようにパブリックイベントを宣言できる言語では、addとremoveの構文を使うより、そうするほうが記述が簡潔だし、読むのも保守するのも楽になる。あなたが自分のクラスでイベントを作るときは、パブリックイベントを宣言し、addとremoveのプロパティは、コンパイラに自動的に作らせよう。addとremoveのハンドラを自作するのは、処理を追加するときだ。

イベントには、個々のリスナに関する知識を持たせる必要がない。次に示すクラスは、すべてのメッセージを標準エラーのコンソールへと自動的にルーチングする。

```
class ConsoleLogger
{
    static ConsoleLogger() =>
    Logger.Singleton.Log += (sender, msg) =>
        Console.Error.WriteLine("{0}:¥t{1}",
            msg.Priority.ToString(),
            msg.Message);
}
```

もう1つのクラスでは、メッセージをシステムのイベントログに出力できる。

```
class EventLogger
{
    private static Logger logger = Logger.Singleton;
    private static string eventSource;
    private static EventLog logDest;

    static EventLogger() =>
        logger.Log += (sender, msg) =>
        {
        logDest?.WriteEntry(msg.Message,
            EventLogEntryType.Information,
            msg.Priority);
        };

    public static string EventSource
    {
        get { return eventSource; }

        set
        {
            eventSource = value;
            if (!EventLog.SourceExists(eventSource))
                EventLog.CreateEventSource(eventSource,
                    "ApplicationEventLogger");

            logDest?.Dispose();
            logDest = new EventLog();
            logDest.Source = eventSource;
        }
    }
}
```

イベントは、興味を示しているクライアントがいくつあっても、それらに事象の発生を通知できる。Loggerクラスは、どのオブジェクトがログイベントに興味があるのか、あらかじめ知っている必要がない。

このLoggerクラスに含まれているイベントは1個だけだが、膨大な数のイベントを持つクラスもある（たいがいWindowsのコントロールだ）。その場合、イベントごとに1個のフィールドを使うわけにはいかない。定義されているイベントのうち、個々のアプリケーションが実際に使うのは、ごくわずかなイベントだけというケースもある。このような状況では、実行時に必要となったときにイベントオブジェクトを作成する設計に変更すべきだ。

この問題の解決策を示す例が、コアフレームワークのWindowsコントロールサブシステムに入っている。それと同じことを、このLoggerクラスで行うには、このクラスにサブシステムの概念を追加し、それぞれのサブシステムについて、1個ずつのイベントを定義する。クライアントは、自分が使うサブシステムに関連するイベントを登録する。

そうして拡張したLoggerクラスは、System.ComponentModel.EventHandlerListというコンテナを持つ。サブシステムのために発行すべきイベントのオブジェクトは、すべて、これに格納される。更新されたAddMsg()メソッドは、ログメッセージを生成したサブシステムを識別するために、1個の文字列パラメータを受け取る。そのサブシステムにリスナがあれば、そのイベントは発行される。また、全部のメッセージに対して登録しているイベントリスナがある場合も、そのイベントは発行される。


```
public sealed class Logger
{
    private static EventHandlerList
        Handlers = new EventHandlerList();

    static public void AddLogger(
        string system, EventHandler<LoggerEventArgs> ev) =>
        Handlers.AddHandler(system, ev);

    static public void RemoveLogger(string system,
        EventHandler<LoggerEventArgs> ev) =>
        Handlers.RemoveHandler(system, ev);

    static public void AddMsg(string system,
        int priority, string msg)
    {
        if (!string.IsNullOrEmpty(system))
        {
            EventHandler<LoggerEventArgs> handler =
                Handlers[system] as
                EventHandler<LoggerEventArgs>;

            LoggerEventArgs args = new LoggerEventArgs(
                priority, msg);
            handler?.Invoke(null, args);

            // 空の文字列は全メッセージ受信を意味する
            l = Handlers[""] as
                EventHandler<LoggerEventArgs>;
            handler?.Invoke(null, args);
        }
    }
}
```

上にあげたコードは、個々のイベントハンドラをEventHandlerListコレクションに格納する。残念ながら、EventHandlerListにはジェネリックバージョンがない。そのせいで、このコードブロックは（本書の他のサンプルと比べて）キャストや型変換のコードが多くなっている。クライアントのコードが特定のサブシステムに登録されると、新しいイベントオブジェクトが作られる。その後の同じサブシステムに対する要求で、それと同じイベントオブジェクトが取り出される。

あなたが開発するクラスのインターフェイスが、数多くのイベントを含むようなら、この「イベントハンドラのコレクション」を考慮すべきだ。この方法では、クライアントが自分が選んだイベントハンドラを登録するときに、あなたがイベントのメンバーを作る。.NET Frameworkの内部では、System.Windows.Forms.Controlクラスが、イベントフィールドの複雑さを隠すために、この実装方法よりも複雑なバリエーションを使っている。個々のイベントフィールドは、特定のハンドラを追加/削除するために、オブジェクトのコレクションを内部的にアクセスするのだ。このイディオムで使っている機能の詳細は、言語仕様とドキュメントで確認していただきたい。

EventHandlerListクラスは、まだ新しいジェネリックバージョンで更新されていないクラスの1つだが、次に示すようにDictionaryクラスから独自のジェネリックバージョンを作るのは、難しいことではない。

```
public sealed class Logger
{
    private static Dictionary<string,
        EventHandler<LoggerEventArgs>>
        Handlers = new Dictionary<string,
            EventHandler<LoggerEventArgs>>();

    static public void AddLogger(
        string system, EventHandler<LoggerEventArgs> ev)
    {
        if (Handlers.ContainsKey(system))
            Handlers[system] += ev;
        else
            Handlers.Add(system, ev);
    }

    // 対応するハンドラがシステムに含まれていなければ例外を送出
    static public void RemoveLogger(string system,
        EventHandler<LoggerEventArgs> ev) =>
        Handlers[system] -= ev;

    static public void AddMsg(string system,
        int priority, string msg)
    {
        if (string.IsNullOrEmpty(system))
        {
            EventHandler<LoggerEventArgs> handler = null;
            Handlers.TryGetValue(system, out l);

            LoggerEventArgs args = new LoggerEventArgs(
                priority, msg);
            handler?.Invoke(null, args);

            // 空の文字列は全メッセージ受信を意味する
            handler = Handlers[""] as
```

```
                EventHandler<LoggerEventArgs>;
            handler?.Invoke(null, args);
        }
    }
}
```


このジェネリックバージョンならキャストや型変換がないが、その代わりにイベントのマッピングを処理するコードが増える。ジェネリックバージョンが好ましいかもしれないが、損得が微妙なところだ。

イベントは、リスナに通知するための標準的な構文を提供する。.NETの「イベントパターン」は、その構文にしたがって「オブザーバーパターン」を実装しているので、任意の数のクライアントがイベントにハンドラを登録してイベント処理を実行できる。クライアントについての情報をコンパイル時に知る必要のないイベントのシステムは、たとえリスナがいなくても正常に動作する。C#でイベントを使えば、通知の送信側（sender）と受信側（reciever）は結合されない。送信側の開発は、どの受信側とも完全に独立して行うことができる。イベントは、あなたの型が行ったアクションの情報をブロードキャストで通知する標準的な方法である。

項目17　内部オブジェクトへの参照を返さないように注意しよう

リードオンリーのプロパティは読み取り専用なのだから、呼び出し側から変更できないはずだ。そう思いたいが、残念ながら、いつでもそうとは限らない。参照型を返すプロパティを作ったら、呼び出し側は、そのオブジェクトのpublicメンバーを、どれでもアクセスできる。ということは、プロパティの状態を変えるようなアクセスも可能になるのだ。

```
public class MyBusinessObject
{
    public MyBusinessObject()
    {
        // リードオンリープロパティが、
        // プライベートなデータメンバーへのアクセスを提供している
        Data = new BindingList<ImportantData>();
    }

    public BindingList<ImportantData> Data { get; }
    // その他の詳細は省略
}

// コレクションをアクセスする
BindingList<ImportantData> stuff = bizObj.Data;
// 意図しない操作だが許可される
stuff.Clear(); // すべてのデータを消去
```

MyBusinessObjectのクライアントなら、あなたの内部データを変更できるのだ。そもそもクラスのデータ構造を隠すためにプロパティを作り、それらを使う場合に限ってクライアントがデータを操作できるようにしたのは、クラスが状態の変更をすべて管理できるようにするためだ。ところがリードオンリーのプロパティが、クラスのカプセル化にのぞき穴を開けている！　これがリードライトプロパティであれば、その問題は当然考慮するところだが、BindingListは本当にリードオンリーのプロパティだ。

参照をベースとするシステムは、これだから注意が必要である。参照型を返すメンバーは、そのオブジェクトへのハンドルを返す。内部構造へのハンドルを握った呼び出し側は、MyBusinessObjectを経由することなく、直接その内部データを操作できるのだ。

このような振る舞いは、もちろん阻止したいだろう。ユーザーには、クラスに構築したインターフェイスを尊重してもらいたい。あなたのオブジェクトの内部状態を、知らないうちにユーザーにアクセスされ、変更されたら、たまったものではない。どこかの開発者が、あなたのAPIの使い方を間違えて、うっかりバグを作ってしまい、そんな自分のうかつさを棚に上げて、あなたを非難するかもしれない。もっと邪悪な開発者なら、あなたのライブラリを調べ上げて悪用するかもしれない。提供するつもりのない機能を差し出してはいけない。そういう機能は、悪意のある使い方に対してテストされず、防御もされていないはずだ。

クラスの内部データ構造を不本意な変更から守るには、4種類の戦略がある。値型、不変型、インターフェイス、そしてラッパーだ。

値型は、プロパティを通じてクライアントがアクセスするとき、コピーされる。あなたのクラスからクライアントが受け取ったコピーに対する変更は、あなたのオブジェクトの内部構造に影響を与えない。どのクライアントも、自分の用途に必要なだけコピーを変更することができるが、それらはどれも、あなたのオブジェクトの内部状態に影響を与えないのだ。

System.Stringのような不変型も、安全である（項目2）。文字列（あるいは、他の不変型）を返すのなら、そのクラスのクライアントが変更することは不可能だから安心できる。あなたの内部状態は安全だ。

もう1つの、インターフェイスを定義するという方法を使えば、あなたの内部メンバーが持つ機能の部分集合を、クライアントがアクセスできるように設定できる（項目14）。クラスを自作するときは、クラスが持つ機能の部分集合をサポートするインターフェイスを作り、それを通じて機能を公開すれば、あなたの内部データが意図しない方法で変更される可能性を最小にすることができる。クライアントは、あなたが提供したインターフェイスを通じて、その内部オブジェクトをアクセスできるが、それはクラスの機能を完全に含むことにはならないはずだ。この方法では、たとえばList<T>のIEnumerable<T>インターフェイスを使って、参照を公開することになるかもしれない。ずる賢いプログラマなら、デバッガツールを使ったり、あるいは返されたオブジェクトにGetType()を呼び出してインターフェイスを実装するオブジェクトの型を調べ、キャストを使うことによって、裏をかくことも可能だろう。それでも、開発者たちがクラスの使い方を間違ったり、悪用してエンドユーザーを利用するようなことを、なるべく困難にする手段を可能な限り講じるべきだ。

その点で、先ほどのBindingListクラスは問題を起こしかねない。IBindingListにはジェネリックバージョンがないので、データをアクセスする2種類のAPIメソッドを作りたくなるかもしれない。1つはIBindingListインターフェイスを介してデータのバインドをサポートし、もう1つはICollection<T>インターフェイスを通じたプログラミングをサポートするものだ。


```
public class MyBusinessObject
{
    // リードオンリーのプロパティが
    // プライベートなデータメンバーへのアクセスを提供している
    private BindingList<ImportantData> listOfData = new
        BindingList<ImportantData>();

    public IBindingList BindingData => listOfData;

    public ICollection<ImportantData> CollectionOfData => listOfData;
    // その他の詳細は省略
}
```

データの「完全にリードオンリーなビュー」を作る方法を紹介する前に、あなたが公開するデータをクライアントが変更するのを許す場合に、データの変更に対応する方法を簡単に検討しておこう。これが重要なのは、ユーザーがデータを編集できるようにIBindingListをUIコントロールに公開したい場合が多いからだ。おそらく読者には、Windowsのフォームにデータをバインドすることで、オブジェクトのprivateデータをユーザーが編集できるようにした経験があると思う。BindingList<T>クラスがIBindingListインターフェイスをサポートするのは、ユーザーに表示されているコレクションに含まれる要素の追加、更新、削除があれば、どれにも対応できるようにするためだ。

クラス内部のデータ要素を一般のクライアントが変更できるように公開したいときは、このテクニックを応用すれば良さそうだ。クライアントによる変更を検証して対応するには、あなたの内部データ構造が生成するイベントに対して、あなたのクラスでハンドラを登録するという方法を使える。イベントハンドラが、それらの変更を検証し、あるいは変更に対応して他の内部状態を更新するのだ（項目16）。

先ほどの問題は、データをクライアントに見せたいが、変更は許したくないというケースだった。データをBindingList<T>に格納するとき、BindingListにAddEdit、AllowNew、AllowRemoveといったさまざまなプロパティを設定することで、そういった制約を強制できる。UIコントロールは、これらのプロパティの値を尊重する。つまりUIコントロールは、これらの値に応じてさまざまな動作を許可したり禁止したりしてくれる。

publicなプロパティを使って、あなたのコレクションの振る舞いを変更できるようにするわけだが、当然ながら、BindingList<T>オブジェクトをpublicプロパティとして公開してはいけない。もしそうしたらクライアントは、それらのプロパティを書き換えることで、読み取り専用のBindingListを作成しようというあなたの意図を覆すことができる。繰り返しになるが、クラス型ではなくインターフェイス型を通して内部ストレージを公開すれば、そのオブジェクトに対してクライアント側のコードができることに制限を加えることができる。

あなたの内部データ構造を書き換えから守る最後の選択肢は、それらを包むラッパーオブジェクトを作り、そのラッパーのインスタンスを公開することだ。.NET Frameworkの不変型コレクションが、このアプローチをサポートする各種のコレクション型を提供している。System.Collections.ObjectModel.ReadOnlyCollection<T>型は、コレクションをラップしてリードオンリーなバージョンを公開する標準的な方法だ。

```
public class MyBusinessObject
{
    // リードオンリーのプロパティで
    // プライベートなデータメンバーへのアクセスを提供する
    private BindingList<ImportantData> listOfData = new
        BindingList<ImportantData>();

    public IBindingList BindingData => listOfData;

    public ReadOnlyCollection<ImportantData> CollectionOfData =>
        new ReadOnlyCollection<ImportantData>(listOfData);
    // その他の詳細は削除
}
```

参照型をpublicインターフェイスを通じて公開するオブジェクトを作ると、ユーザーは定義されたメソッドやプロパティを経由することなく、そのオブジェクトの内部データを書き換えることができる。この振る舞いは直感に反するので見落としやすい。値ではなく参照を公開するのなら、その事実に対処できるように、クラスのインターフェイスを変更しよう。内部データを単純に返すと、それに含まれるメンバーへのアクセスも許すことになり、クライアントはメンバーで利用できるメソッドを、どれでも呼び出せる。アクセスを制限するために、プライベートな内部データは、インターフェイスかラッパーオブジェクトを使って、あるいは値型として公開しよう。

項目18　イベントハンドラよりオーバーライドが好ましいとき

多くの.NETクラスは、システムのイベントを処理する手段を2つ提供している。1つはイベントハンドラを登録する方法、もう1つは基底クラスの仮想メソッドをオーバーライドする方法だ。同じことをするのに2種類の手段が用意されているのは、状況によって望ましい手段が異なるからだ。派生クラスの中では、常に仮想メソッドをオーバーライドすべきだ。イベントハンドラを登録する方法は、派生関係のないイベントに応答するときにだけ使うのが良い。

たとえば、あなたがWPFアプリケーションを書くことになって、マウスダウンイベントに応答する必要があるとしたら、OnMouseDown() メソッドをオーバーライドする方法を選択できる。

```
public partial class MainWindow : Window
{
    public MainWindow()
    {
        InitializeComponent();
    }

    protected override void OnMouseDown(MouseButtonEventArgs e)
    {
        DoMouseThings(e);
        base.OnMouseDown(e);
    }
}
```

また、イベントハンドラを登録する方法もある（これにはC#とXAMLの両方が必要だ）。

```
<!-- XAML Description -->
    <Window x:Class="WpfApp1.MainWindow"
        xmlns:local="clr-namespace:WpfApp1"
        mc:Ignorable="d"
        Title="MainWindow" Height="350" Width="525"
        MouseDown="OnMouseDownHandler">
    <Grid >

    </Grid>
</Window>

// C#のファイル
public partial class MainWindow : Window
{
    public MainWindow()
    {
        InitializeComponent();
    }

    private void OnMouseDownHandler (object sender,
        MouseButtonEventArgs e)
    {
        DoMouseThings(e);
    }
}
```

しかし、この場合は前者のソリューションが望ましい。「WPFアプリケーションなら宣言的なコーディングだね」と思われるかもしれないが、ロジックをコードで実装する必要があるのなら、仮想メソッドを利用すべきだ。もしイベントハンドラが例外を送出したら、そのイベントのチェインで他のハンドラが呼び出されなくなる（『Effective C# 6.0/7.0』の項目7と、本書の項目16を参照）。書き方を間違った他のイベントハンドラのせいで、あなたのハンドラをシステムが呼び出せないこともある。protected仮想メソッドをオーバーライドする方法なら、あなたのハンドラが必ず最初に呼び出される。この仮想メソッドの基底クラスバージョンには、イベントに登録されているイベントハンドラを呼び出す役割がある。したがって、イベントハンドラが呼び出されるようにするには（たぶん、そうしなければいけないはずだ）、あなたが基底クラスのバージョンを呼び出す必要がある。ごくまれなケースで、イベントハンドラが呼び出されないようにするのなら、基底クラスのバージョンを呼び出さず、そのデフォルトの振る舞いを置き換える方法もある。すべてのイベントハンドラが呼び出されることは保証できないが（書き方の悪い他のイベントハンドラが例外を送出するかもしれない）、あなたの派生クラスが正しく振る舞うことなら保証できるはずだ。

この説明を読んでも仮想メソッドのほうが優れていると確信できなければ、この項目の最初のリストと第2のリストと比較していただきたい。どちらが明快だろうか。しかも仮想メソッドをオーバーライドするのなら、フォームを保守する作業が生じたときに調べて変更しなければならないコードが、関数1つだけになる。反対に、イベント機構では保守作業の対象が2つある。イベントハンドラのコードと、それをイベントにマップするコードだ。どちらの方法にも失敗の可能性はあるが、関数1つのほうが単純だ。

とはいえ、.NET Frameworkの設計者たちは、理由があってイベントを追加したに違いない。彼らも忙しいのだから、誰も使わないようなコードを書くわけがない。オーバーライドは派生クラス専用だ。その他のクラスは、どれもイベント機構を使わなければならない。つまり、XAMLファイルで定義した宣言的なアクションを、イベントハンドラを通じてアクセスすることになる。

先ほどの例で言えば、UIのデザイナーは、たぶんマウスボタンイベントで決まったアクションが発生するようにしたいと思って、その振る舞いをXAML宣言で書いたのだろう。「その振る舞いを、フォーム上のイベントからアクセスできますよ」ということだ。あなたのコードで、振る舞いを全部オーバーライドすることも可能だが、それでは1個のイベント処理にしては仕事が多すぎる。面倒な問題をデザイナーの手からプログラマの手へと渡しただけだ。デザインの仕事はデザイナーに任せたいではないか。この状況に対処するため、あなたがイベントを作り、デザインツールで作成されたXAML宣言を、そのイベントによってアクセスするとしたら、結局あなたは、イベントをフォームクラスに送る新しいクラスを作ることになる。そんなことをするくらいなら、最初からフォームのイベントハンドラをフォームに登録すればよかった。それで話が単純になる。.NET Frameworkの設計者は、そのために、そういうイベントを最初からフォームに準備しているのだ。

イベント機構には、実行時に結合できるので柔軟性が高いという利点もある。プログラムの状況に応じて、さまざまなイベントハンドラを結合できるのだ。一例として、ドコーイングのプログラムを書くとしよう。そのプログラムの状態によって、マウスダウンイベントは、線分を描き始めたり、あるいはオブジェクトを選択したりすることになる。ユーザーがモードを切り替えるときに、イベントハンドラを切り替えればよい。アプリケーションの状態に依存して、多様なクラスが多様なイベントハンドラを使って、それぞれ異なる方法でイベントを処理することが可能だ。

最後に、イベント機構を使う場合は、複数のイベントハンドラを同じイベントにフックできる。やはりドローイングプログラムを例として考えると、複数のイベントハンドラをマウスダウンイベントに割り当てられる。最初のハンドラは、なにか特定のアクションを実行する。第2のハンドラは、ステータスバーの更新とか、利用できるコマンド群のマッピング変更などを実行する。こうすれば、同じイベントに複数のアクションを対応させることができるのだ。

1個のイベントを、派生クラスの1個のメソッドで処理するときは、オーバーライドを使うアプローチが優れている。そのほうが保守が容易になり、たぶん長い間そのまま正しく動作し、効率もよい。イベントハンドラは、他の用途のために取っておこう。イベントハンドラを割り当てるよりも、基底クラスの実装をオーバーライドすることを、お勧めする。

項目19　基底クラスに定義のあるメソッドを多重定義しない

基底クラスのメンバーには、そのセマンティクス（意味）を表現するために選ばれた名前が付いている。だから、どんな状況であろうと、派生クラスで同じ名前を別の目的に使うべきではない。ところが、派生クラスで同じ名前を付けたくなるのにも多くの理由がある。たとえば同じ意味を持つメソッドを別の方法で、あるいは別のパラメータで、実装したいかもしれない。同じ名前を使う機構を言語がサポートしている場合もある。クラスの設計者が仮想メソッドを宣言するのは、派生クラスが同じセマンティクスを別の方法で実装できるようにするためだ。『Effective C# 6.0/7.0』の項目10で説明しているように、派生クラスで不用意にnewを使うと、見つけにくいバグがコードに入りやすい。基底クラスで定義されているメソッドを多重定義すると、それと同じ問題が生じる（その理由も、その項を読めば納得できるだろう）。基底クラスで宣言されたメソッドを多重定義すべきではないのだ。

多重定義の解決には複雑な規則が必要だ。候補となるメソッドは、ターゲットのクラスで宣言されているかもしれず、その基底クラスとか、そのクラスを使う拡張メソッドとか、それが実装するインターフェイスで、宣言されているかもしれない。これにジェネリックなメソッドとジェネリックな拡張メソッドが加わると、非常に複雑になる。さらに省略可能なパラメータを投入したら、その結果がどうなるのか、予想できなくなるかもしれない。この状況を、さらに複雑にしたいと、あなたは本当に思われるだろうか。基底クラスで宣言されているメソッドを多重定義すると、最適な多重定義を判定するマッチング処理が複雑になり、それによって多義性（曖昧さ）が生じる可能性も高まる。あなたが「こう解決されるだろう」と思った解釈とコンパイラによる言語仕様の解釈とが違ってしまう可能性も多くなり、そうなったらユーザーは間違いなく混乱する。解決策は簡単で、別のメソッド名を選ぶことだ。なにしろ、あなたのクラスなのだ。それを使う人たちが混乱に陥らないように、メソッドに適した別の名前を付けることは、あなたの知性をもってすれば容易なことだろう。

このようにガイドラインは単純明快なのだが、それでも「そんなに厳密にする必要が本当にあるのか」と疑う人がいる。その理由は、たぶんオーバーロードと、オーバーライドが、良く似た紛らわしい言葉だからだろう。仮想メソッドのオーバーライドはCをベースとするオブジェクト指向言語の核となる原理で、ここで言っているのがそれとは違うことは明白だ。オーバーロード（多重定義）は、同じ名前でパラメータリストが異なる複数のメソッドを作ることだ。では、基底クラスのメソッドを多重定義することが、先ほど述べた多重定義の解決に、どれほど大きな影響を与えるのだろうか。その質問に取り組むために、基底クラスのメソッドを多重定義することで問題が生じやすいさまざまな状況を検討しよう。

この問題では大量の組み合わせが生じやすいので、単純なところから始めよう。多重定義の関係は、要するに基底クラスと派生クラスが使うパラメータの違いである。次のクラス構造を使って、パラメータの用例を示そう。

```
public class Fruit { }              // 果実
public class Apple : Fruit { }      // 果実の一種であるリンゴ
```

次に示すAnimalクラスは1個のメソッドを持ち、そこで派生クラスのパラメータ（Apple）を使っている。

```
public class Animal                  // 動物
{
    public void Foo(Apple parm) =>
        WriteLine("In Animal.Foo");
}
```

当然、次のコード断片は、「In Animal.Foo」とプリントする。

```
var obj1 = new Animal();
obj1.Foo(new Apple());
```

これに、多重定義されたメソッドを持つ、新しい派生クラスを追加しよう。

```
public class Tiger : Animal          // 虎
{
    public void Foo(Fruit parm) =>
        WriteLine("In Fruit.Foo");
}
```

次のコードを実行したら、どうなるだろうか？

```
var obj2 = new Timer();
obj2.Foo(new Apple());
obj2.Foo(new Fruit());
```

どちらの行も、「in Tiger.Foo」とプリントする。呼び出されるのは必ず派生クラス（虎）のメソッドだ。最初の呼び出しで「in Animal.Foo」とプリントされるだろうと予想する開発者が、どれほどいるかわからないが、これほど単純な多重定義のルールでも実際に見ると驚かされるものだ。どちらの呼び出しも`Tiger.Foo`に解決される理由は、コンパイラがもっとも派生が進んでいる型の候補を見つけたら、そのメソッドが最適とみなすからだ。そのことは、たとえ基底クラスに、それよりも良いマッチがあっても変わらない。ここで働いている原則は「特定のシナリオについてもっともよく知っているのは派生クラスの作者だ」という考えに基づいている。多重定義の解決で、どの引数よりも重視されるのは、受け取るオブジェクトの`this`である。次のコードは何をするだろうか？

```
Animal obj3 = new Tiger();
obj3.Foo(new Apple());
```

この断片で、`obj3`のコンパイル時の型は、基底クラスの`Animal`である。実行時の型は、派生クラスの`Tiger`になるのだけれど、`Foo`は仮想メソッドではないのだから、`obj3.Foo()`は`Animal.Foo`に解決しなければならない。

このクラスのユーザーが、本当に期待通りに解決されるルールを必要とするのなら、キャストを使うしかないだろう。

```
var obj4 = new Tiger();
((Animal)obj4).Foo(new Apple());
obj4.Foo(new Fruit());
```

だが、あなたのAPIが、こんな構造をユーザーに強制するとしたら、その設計は失敗だ。実際、これをもっと複雑にするのは簡単なことだ。基底クラスに、もう1つのメソッド、`Bar`を追加すればよい。

```
public class Animal
{
    public void Foo(Apple parm) => WriteLine("In Animal.Foo");

    public void Bar(Fruit parm) => WriteLine("In Animal.Bar");
}
```

明らかに、次のコードは「In Animal.Bar」とプリントする。

```
var obj1 = new Tiger();
obj1.Bar(new Apple());
```

では次に、新たな多重定義を派生クラスに追加し、それに省略可能なパラメータを入れよう。

```
public class Tiger : Animal
{
    public void Foo(Apple parm) =>
        WriteLine("In Tiger.Foo");

    public void Bar(Fruit parm1, Fruit parm2 = null) =>
        WriteLine("In Tiger.Bar");
}
```

どういうことになるか、もう話は見えてきたと思う。次のコード断片は、前のと同じだが、今度は「In Tiger.Bar」とプリントする（呼び出されるのは派生クラスだ）。

```
var obj1 = new Tiger();
obj1.Bar(new Apple());
```

そして基底クラスのメソッドに行き着くには、（またもや）呼び出し側のコードにキャストを入れるのが唯一の方法となる。

これまでの例では、1個のパラメータを持つメソッドで遭遇する可能性のある問題を示してきた。ジェネリックスを使ってパラメータを追加すると、ますます複雑怪奇になる。次のBazメソッドを追加したら、どういうことになるだろうか。

```
public class Animal
{
    public void Foo(Apple parm) =>
        WriteLine("In Animal.Foo");

    public void Bar(Fruit parm) =>
        WriteLine("In Animal.Bar");

    public void Baz(IEnumerable<Apple> parm) =>
        WriteLine("In Animal.Foo2");
}
```

そして派生クラスに、また別の多重定義を入れる。

```
public class Tiger : Animal
{
    public void Foo(Fruit parm) =>
        WriteLine("In Tiger.Foo");
```

```
    public void Bar(Fruit parm1, Fruit parm2 = null) =>
        WriteLine("In Tiger.Bar");

    public void Baz(IEnumerable<Fruit> parm) =>
        WriteLine("In Tiger.Foo2");
}
```

これまでと同じようにBazを呼び出してみよう。

```
var sequence = new List<Apple> { new Apple(), new Apple() };
var obj2 = new Tiger();

obj2.Baz(sequence);
```

今回は何がプリントされるのだろう。あなたは予想できるだろうか？　これまで注意深く読んできた読者は、「In Tiger.Foo2」がプリントされると考えるかもしれない。その答えは、半分正解である。というのは、最近のC#なら、そういう出力になるからだ。C# 4.0以降のジェネリックインターフェイスは、共変性（covariance）と反変性（contravariance）をサポートしている。ゆえに、仮パラメータの型がIEnumerable<Apple>であれば、Tiger.Foo2はIEnumerable<Apple>の候補になる。これに反して、それまでのC#は、ジェネリックの変性（variance）をサポートしていなかった。つまり、ジェネリックパラメータは不変量（invariant）だった。そういう初期のバージョンでは、Tiger.Foo2メソッドは、パラメータがIEnumerable<Apple>のとき、候補とならない。その場合の候補はAnimal.Foo2だけなので、それらのバージョンでは、これが正解となる。

これまでの例で見たように、多くの複雑な状況では、あなたが望むメソッドが選ばれるよう、キャストを使ってコンパイラを支援する必要が生じる場合も出てくる。現実の世界で、あなたがキャストを使う必要がある状況に陥ることは、まず確実だ。クラスの階層構造や、実装されたインターフェイスや、拡張メソッドといった連中が共謀して、コンパイラが最良のメソッドを選ぶより、あなたが望むメソッドを決めるようにと強いるのだ。そして当然ながら、たとえ現実世界の状況が醜くても、あなたが自分で多重定義を書いて問題を増やすことの正当な理由にはならない。

これであなたは、次にプログラマの宴会に出るとき、C#における多重定義の解決に関する深い知識を、友達に披露して驚かせることができる。これらも有益な知識だ。あなたが選んだ言語について、知っていることが多ければ多いほど、優れた開発者になれるだろう。けれども、あなたのユーザーに同じレベルの知識を期待してはいけない。そのほうがもっと重要なことだ。あなたのAPIを使う前提条件として、多重定義の解決に関する詳細な知識を誰もが持っていることを想定してはいけない。その代わりに、あなたのユーザーに気を配り、基底クラスで宣言されたメソッドを多重定義することがないように注意しよう。そうしたところで何の価値もなく、ただユーザーを混乱させるだけなのだから。

項目20　オブジェクトの結合はイベントによって実行時に強まる

イベントは、通知を送るあなたのクラスと、送り先になる型との結合を、完全に切り離すように思われる。あなたのクラスは、自分が送出するイベントの定義を提供する。イベントに興味のあるオブジェクトは、どの型からのイベントであろうと、それとは無関係にハンドラを登録できる。イベントを送出するとき、あなたのクラスはイベント購読者について何も知らず、インターフェイスを実装できるクラスに制限を設けない。だから、どんなコードでも拡張して、ハンドラをイベントに登録できる（そのイベントが発生したときに実行すべき任意の振る舞いを作ることができる）。

けれども、話はそれほど単純ではない。イベントをベースとするAPIに関連して、結合の問題が生じるのだ。まず、ある種のイベントは引数のなかに、相手のクラスに何らかの処理を行わせるような、状態フラグを含む型を持つ。

```
public class WorkerEngine
{
    public event EventHandler<WorkerEventArgs> OnProgress;
    public void DoLotsOfStuff()
    {
        for (int i = 0; i < 100; i++)
        {
            SomeWork();
            WorkerEventArgs args = new WorkerEventArgs();
            args.Percent = i;
            OnProgress?.Invoke(this, args);
            if (args.Cancel)
                return;
        }
    }

    private void SomeWork()
    {
        // 省略
    }
}
```

このコードによって、イベントに対する複数のリスナの間に結合が生じる。1個のイベントに複数のリスナが登録されているとしたら、第1のリスナがキャンセル要求を出すかもしれず、第2のリスナが、その要求を覆すかもしれない。先述した定義は、この振る舞いが生じないと保証するものではない。複数のリスナがいて、イベントの引数が可変型であれば、チェインの最後にあたるリスナが、他のすべてのリスナによる決定を覆すことができる。必ず1個のリスナを持つように強制する方法は存在せず、あなたが最後のリスナになると保証する方法もない。ただしイベント引数の型を変更してキャンセルのフラグをいったんセットしたら、どのリスナも決して取り消せないようにすることは可能だろう。

```
public class WorkerEventArgs : EventArgs
{
    public int Percent { get; set; }
    public bool Cancel { get; private set; }

    public void RequestCancel()
    {
        Cancel = true;
    }
}
```


このようにpublicインターフェイスを変更するのは、この場合はうまくいっても、状況によっては意図した通りに動作しない場合がありそうだ。もしリスナを1個だけに限定する必要があるのなら、それに興味を持つ任意のコードと通信するために、別の手段を選ぶ必要がある。たとえばインターフェイスを定義して、そのメソッドの1つを呼び出すのでもよい。あるいは、イベント送出メソッドの定義をデリゲートに委譲するのでもよい。そうすれば複数のリスナをサポートするかしないか、するのならキャンセル要求をどのように調整するかを、1個のリスナが決められるだろう。

実行時には、イベントソースとイベントリスナの間に別の結合ができる。イベントソースは、イベントリスナを代表するデリゲートへのリファレンスを持つ。この場合、イベントリスナの存続期間は、イベントソース側のオブジェクトの存続期間と一致することになる。イベントソースはイベントが発生したら、必ずリスナのハンドラを呼び出すが、イベントリスナが破棄(dispose) された後まで、それを続けてはいけない。IDisposableの契約で、オブジェクトを破棄した後は、他のどのメソッドも呼び出してはならないと決められている（『Effective C# 6.0/7.0』の項目17を参照）。

イベントリスナは、Disposeパターンの実装を変更し、Dispose()メソッドの一部としてイベントハンドラの登録を解除する必要がある。そうしなければ、リスナオブジェクトは、そのまま存続し続ける。なぜならイベントソースオブジェクトのなかに、まだ到達可能なデリゲートが存在するからだ。このシナリオも、実行時の結合が負担になるケースだ。たとえコンパイル時の依存性を最小限にとどめて結合が緩いように見えても、実行時の結合には、やはりコストがかかる。

イベントベースの通信は、型と型の間の静的な結合を緩めるが、その代償として、イベントの生成側と登録側の間の結合が、実行時に密になるというコストを払わなければならない。しかもイベントにはマルチキャストの性質があるので、すべてのリスナから、イベントソースに応答するプロトコルへの同意を得る必要がある。イベントソースが、すべてのリスナへの参照を持つことになる、このイベントモデルでは、どのリスナにも、自分が破棄される前にイベントハンドラの登録を解除するか、それとも存続をやめるか、どちらかが要求される。逆にイベントソースが存続をやめるときは、すべてのイベントハンドラを登録解除する必要がある。イベントを使うかどうかの判断では、これらの問題を考慮しなければいけない。

項目21　イベントをvirtual宣言するのは避けよう

C#では、他のクラスメンバーと同じくイベントもviruralと宣言できる。その手続きが、C#の他の言語要素をvirtual宣言する場合と同じくらい簡単だとしたら、素敵なことだろう。けれどもイベントは、addとremoveだけでなく、普通のフィールド構文を使っても宣言できるのだから、話はややこしくなる。基底クラスと派生クラスの間で期待した通りに動かないイベントハンドラを作るのは、驚くほど簡単なことだ。もっと悪いことに、診断が困難なクラッシュさえ作りこんでしまうことがある。

項目20で例にあげたワーカエンジンクラスを改造して、基本的なイベント機構を基底クラスで定義するように書き換えてみよう。

```
public abstract class WorkerEngineBase
{
    public virtual event
        EventHandler<WorkerEventArgs> OnProgress;

    public void DoLotsOfStuff()
    {
        for (int i = 0; i < 100; i++)
        {
            SomeWork();
            WorkerEventArgs args = new WorkerEventArgs();
            args.Percent = i;
            OnProgress?.Invoke(this, args);
            if (args.Cancel)
                return;
        }
    }
    protected abstract void SomeWork();
}
```

コンパイラは、publicなaddとremoveのメソッドについて、privateなバッキングフィールドを作成する。コンパイラが生成するprivateフィールドを直接アクセスするコードは書けない。これらのフィールドをアクセスするには、publicにアクセス可能なイベント宣言を通して行うしか方法がない。この制限は、当然ながら派生したイベントにも適用される。あなたは基底クラスのprivateバッキングフィールドをアクセスするコードを書けないが、コンパイラは自分が生成したフィールドをアクセスできる。これによってコンパイラは、イベントを適切にオーバーライドする正しいコードを作れるのだ。だが、派生イベントを作ることには、基底クラスのイベント宣言を隠す効果がある。次の派生イベントは、元の例とまったく同じ働きをするものとしよう。

```
public class WorkerEngineDerived : WorkerEngineBase
{
    protected override void SomeWork()
    {
        // 省略
    }
}
```

実際にoverride eventを追加すると、コードは破綻する。

```
public class WorkerEngineDerived : WorkerEngineBase
{
    protected override void SomeWork()
    {
        Thread.Sleep(50);
    }

    // 破綻：基底クラスのprivateなイベントフィールドが隠される
    public override event
        EventHandler<WorkerEventArgs> OnProgress;
}
```

イベント宣言がオーバーライドされると、基底クラスのバッキングフィールドが隠される。このため、ユーザーのコードがイベントにハンドラを登録しようとしても、それらのフィールドは割り当てられない。イベントの派生クラスなのに、イベントハンドラを登録するコードがないのだ。

次に、基底クラスがフィールドとしてイベントを使っている場合、そのイベント定義をオーバーライドすると、基底クラスで定義されたイベントフィールドが隠される。イベントを生成するコードが基底クラスにあっても、それは何もしてくれない。なぜなら、すべてのリスナが派生クラスにハンドラを登録しているからだ。派生クラスがフィールド的なイベント定義を使っても、プロパティ的なイベント定義を使っても、結果は同じで、基底クラスのイベントは派生クラスのバージョンによって隠される。基底クラスによって発行されたイベントが、実際にリスナのコードを呼び出すことはない。

派生クラスを使えるのは、addとremoveのアクセサを定義する場合に限られる。

```
public class WorkerEngineDerived : WorkerEngineBase
{
    protected override void SomeWork()
    {
        Thread.Sleep(50);
    }
```

chapter 2

```
    public override event
        EventHandler<WorkerEventArgs> OnProgress
    {
        add { base.OnProgress += value; }
        remove { base.OnProgress -= value; }
    }
    // 重要：基底クラスだけが、イベントを発行できる。
    // 派生クラスはイベントを直接発行できない。
    // もし派生クラスからイベントを発行するのなら、基底クラスが
    // イベント発行用のprotectedメソッドを提供しなければならない。
}
```

基底クラスがプロパティ的なイベントを宣言する場合も、このイディオムを使える。いずれにしても、基底クラスにはprotected eventフィールドを追加する必要がある。こうすれば派生クラスのプロパティで、基底クラスの変数を変更することが可能になる。

```
public abstract class WorkerEngineBase
{
    protected EventHandler<WorkerEventArgs> progressEvent;

    public virtual event
        EventHandler<WorkerEventArgs> OnProgress
    {
        [MethodImpl(MethodImplOptions.Synchronized)]
        add
        {
            progressEvent += value;
        }

        [MethodImpl(MethodImplOptions.Synchronized)]
        remove
        {
            progressEvent -= value;
        }
    }

    public void DoLotsOfStuff()
    {
        for (int i = 0; i < 100; i++)
        {
            SomeWork();
            WorkerEventArgs args = new WorkerEventArgs();
            args.Percent = i;
            progressEvent?.Invoke(this, args);

            if (args.Cancel)
                return;
        }
    }

    protected abstract void SomeWork();
```

```
}

public class WorkerEngineDerived : WorkerEngineBase
{
    protected override void SomeWork()
    {
        // 省略
    }
    // 動作する。
    // 基底クラスのイベントフィールドをアクセス
    public override event
        EventHandler<WorkerEventArgs> OnProgress
    {
        [MethodImpl(MethodImplOptions.Synchronized)]
        add
        {
            progressEvent += value;
        }
        [MethodImpl(MethodImplOptions.Synchronized)]
        remove
        {
            progressEvent -= value;
        }
    }
}
```

けれどもこのコードは、まだ派生クラスの実装に対する制約を含んでいる。派生クラスはフィールド的なイベント構文を使えないのだ。

```
public class WorkerEngineDerived : WorkerEngineBase
{
    protected override void SomeWork()
    {
        // 省略
    }
    // 破綻：プライベートフィールドが基底クラスの実装を隠す
    public override event
        EventHandler<WorkerEventArgs> OnProgress;
}
```

結局この問題を解決するには、2つの選択肢しか残されていない。まず、仮想イベントを作るときは、基底クラスでも、派生クラスでも、フィールド的な構文を使わないこと。もう1つのオプションは、仮想イベントを定義するときは必ず、そのイベントを発行する仮想メソッドを作ることだ。そして、どの派生クラスも、仮想イベント定義をオーバーライドするだけでなく、そのイベント発行メソッドをオーバーライドする必要がある。

```
public abstract class WorkerEngineBase
{
```

```
    public virtual event
        EventHandler<WorkerEventArgs> OnProgress;

    protected virtual WorkerEventArgs
        RaiseEvent(WorkerEventArgs args)
    {
        OnProgress?.Invoke(this, args);
        return args;
    }

    public void DoLotsOfStuff()
    {
        for (int i = 0; i < 100; i++)
        {
            SomeWork();
            WorkerEventArgs args = new WorkerEventArgs();
            args.Percent = i;
            RaiseEvent(args);
            if (args.Cancel)
                return;
        }
    }

    protected abstract void SomeWork();
}

public class WorkerEngineDerived : WorkerEngineBase
{
    protected override void SomeWork()
    {
        Thread.Sleep(50);
    }

    public override event
        EventHandler<WorkerEventArgs> OnProgress;

    protected override WorkerEventArgs
        RaiseEvent(WorkerEventArgs args)
    {
        OnProgress?.Invoke(this, args);
        return args;
    }
}
```

このコードを調べると、イベントを`virtual`宣言しても、実際には何も得られないことが、はっきりする。派生クラスからイベントを発行できるようにするカスタマイズで必要なのは、イベントを発行する仮想メソッドの存在だけなのだ。イベントを発行するメソッドをオーバーライドしても、イベントそのものをオーバーライドするわけではないから、結局なにも得るものはない。ただし、すべてのデリゲートを手作業で巡回処理することはできる。イベント引数を、それぞれの購読者がどのように変更できるかを制御するロジックを追加することもできる。自分が発行しないことでイベントを完全に抑制することもできる。

イベントは、あなたのクラスと、そのクラスとの通信に関心のある他のコードとの間に、結合の緩いインターフェイスを提供するように見えるかもしれない。ところが派生イベントを作ったら、イベントソースと、イベントを処理するクラスとの間に、コンパイル時と実行時の両方で結合が発生する。もし仮想イベントを動作させるための修正コードを追加する必要があるとしたら、たぶん仮想イベントは不要なのだ。

項目22　明瞭で最小で完全なメソッドグループを作ろう

1つのメソッドに多重定義を数多く作れば作るほど、多義性が発生する可能性が増える。もっと悪いことに、無害と思われる変更をコードに加えたとき、呼び出されるメソッドの多様性によって予期しない結果が生じる可能性もある。

多くの場合、対象となるメソッドの多重定義を増やすよりも減らすことで仕事が楽になる。あなたの目標は、本当に正しい数だけ多重定義を作ることだ。型の数はクライアントの開発者が簡単に使うのに十分なくらいの規模に、とどめておくほうが良い。多重定義が多すぎると、APIが複雑になり、コンパイラが本当に最適なバージョンのメソッドを選ぶのも難しくなる。

多義性が増えれば増えるほど、他の開発者にとって、型推論などC#の新機構を使って難しいコードを書くという苦痛が増える。多義的なメソッドの数が増えれば、コンパイラが本当に最適なメソッドを推論しようにも、1つに絞りきれないケースが増えるだろう。

C#言語の仕様には、どのメソッドが最適と解釈されるかを決めるルールが、すべて記述されている。C#開発者なら、そのルールについて、いくつか知っていることがあるはずだ。けれども、あなたがAPIを設計するのなら、そのルールを**深く**理解している必要がある。これは重要なポイントで、コンパイラが多義性を解決しようとして起こすコンパイルエラーのリスクを最小限に留めるようにAPIを作るのは、あなたの責任だ。さらに、一般的な状況でコンパイラが選択するメソッドについて、ユーザーに誤解の余地を与えず正しい道筋を示すような設計にすることが、もっと重要である。

C#コンパイラは、呼び出すべき1個の最適なメソッドが存在するか、もしあれば、どのメソッドが最適なのかを判定するまでに、きわめて長い道のりを辿ることがある。もちろん、クラスに非ジェネリックなメソッドが1つあるだけなら、そのロジックを追いかけ、呼び出すべきメソッドを識別するのは簡単なことだ。けれども選択肢となるバリエーションが加わるにつれて状況は悪化し、多義性が生じる可能性も大きくなる。

多重定義されたメソッドをコンパイラが解決する方法は、いくつかの条件によって変化する。具体的には、パラメータの数と型のほかに、ジェネリックメソッドが候補になる可能性、インターフェイスメソッドの可能性、さらに、候補となりそうな拡張メソッドが現在のコンテクストにインポートされているかどうかも、解決のプロセスに影響を与える。

コンパイラは候補となりそうなメソッドを、ずいぶん多くの場所で探すことがある。そして、候補となるすべてのメソッドを見つけ出したら、その中から最適なメソッドを1個だけ選び出す作業をしなければならない。候補となるメソッドが存在しないとき、あるいは複数の候補から唯一最適なメソッドを選べなかったとき、コンパイルエラーが出ることになる。それなら、むしろ話は簡単だ。コンパイルエラーが出るコードを出荷することはできないのだから。難しいのは、ベストなメソッドがどれかについて、あなたとコンパイラの間で意見が一致しないときだ。そういう場合も、勝つのは常にコンパイラだから、あなたが希望する振る舞いが得られないかもしれない。

同じ名前を持つメソッドには、基本的に同じ機能を持たせるべきだ。たとえば同じクラスにAdd()という名前のメソッドが2つあれば、どちらも同じ意味の処理をしなければならない。もし2つのメソッドが、意味の異なる処理をするのなら、別々の名前を付けるべきだ。たとえば次のようなコードを決して書いてはいけない。

```
public class Vector
{
    private List<double> values = new List<double>();

    // 内部のリストに、ある値を追加する
    public void Add(double number) =>
        values.Add(number);

    // シーケンスの各要素に、それぞれの値を加算する
    public void Add(IEnumerable<double> sequence)
    {
        int index = 0;
        foreach (double number in sequence)
        {
            if (index == values.Count)
                return;
            values[index++] += number;
        }
    }
}
```

2つのAdd()メソッドは、それぞれ妥当なものだが、この2つを同じクラスのメンバーにすることには、まったく妥当性がない。多重定義したメソッドで提供すべきものは、それぞれ別のパラメータリストであって、それぞれ別のアクションではない。

このルールを守るだけでも、期待したのとは別のメソッドをコンパイラが呼び出して間違いが起きる可能性を、ずいぶん抑えられる。もし両方のメソッドが、本当に同じアクションを実行するのなら、どちらが呼び出されても不都合はないはずだ。

もちろん、別のパラメータリストを持つ別のメソッドが呼び出されたら、たぶん性能の計測値が異なるだろう。たとえ複数のメソッドが同じ仕事をするにしても、やはり期待するメソッドが選ばれるようにしたいはずだ。クラスの作者であるあなたは、多義性が発生する余地を最小限に抑えることによって、それを実現できる。

多義性の問題が生じるのは、同様なパラメータリストを持つ複数のメソッドのうち、どれかをコンパイラが選ばなければならないときだ。もっとも単純なケースでは、候補となる多重定義のどれにもパラメータが1個しかない。

```
public void Scale(short scaleFactor)
{
    for (int index = 0; index < values.Count; index++)
        values[index] *= scaleFactor;
}

public void Scale(int scaleFactor)
{
    for (int index = 0; index < values.Count; index++)
        values[index] *= scaleFactor;
}

public void Scale(float scaleFactor)
{
    for (int index = 0; index < values.Count; index++)
        values[index] *= scaleFactor;
}

public void Scale(double scaleFactor)
{
    for (int index = 0; index < values.Count; index++)
        values[index] *= scaleFactor;
}
```

このように多重定義を「もれなく」作ることによって、多義性が入り込む余地をなくすことができる。decimalを除く、すべての数値型が並んでいるので、コンパイラは常に、正しく一致するバージョンを呼び出すことになる（ここでdecimal型を省略したのは、値をdecimalからdoubleに変換するには明示的な変換が必要だからだ）。

C++でプログラミングしてきた読者は、こういう多重定義を1個のジェネリックメソッドで置き換えることを、なぜ推奨しないのか、と疑問に思われるかもしれない。それは、C++のテンプレートで可能な方法を、C#のジェネリックスがサポートしていないからだ。C#のジェネリックスでは、型パラメータの中に任意のメソッドまたは演算子が必ず存在するわけではない。あなたが何を期待しているかを「制約」(constraint) を使って指定する必要があるのだ(『Effective C# 6.0/7.0』の項目18を参照)。メソッドの制約を定義するのにデリゲートを使う方法も考えられるだろう（『Effective C# 6.0/7.0』の項目7を参照)。けれどもその技法は、単に問題を別の場所のコードに（型パラメータとデリゲートの両方を指定する場所に）移すだけのことで、結局は、こういう網羅的なコードを書くことになる。

けれども、一部の多重定義を省略したら、どうなるだろうか。

```
public void Scale(float scaleFactor)
{
    for (int index = 0; index < values.Count; index++)
        values[index] *= scaleFactor;
}

public void Scale(double scaleFactor)
{
    for (int index = 0; index < values.Count; index++)
        values[index] *= scaleFactor;
}
```

このクラスのユーザーは、shortやintの場合に、どのメソッドが呼び出されるのかわかりにくくなる。shortからは、floatへの変換も、doubleへの変換も、暗黙的に行われる。コンパイラは、どちらを選択するのだろうか。もしコンパイラが1つに絞りきれないとしたら、あなたはユーザーのコードがコンパイルを通るように、明示的なキャストの指定を強制したことになってしまうだろう。この場合、コンパイラはdoubleよりもfloatのほうが適切だと判断する。どのfloatもdoubleに変換できるが、どのdoubleもfloatに変換できるわけではない。ゆえにfloatのほうがdoubleより特定的であり、したがって前者を選択するのが適切であるとコンパイラは結論を下す。けれども、あなたのユーザーの大多数の意見が、コンパイラと同じ結論に達するとは限らない。だから、この問題を避ける方法を示そう。あるメソッドに多重定義を作るときは、最適なマッチとしてコンパイラが選ぶメソッドがどれなのかを、ほとんどの開発者が即座に理解できるように明瞭な形で示すべきだ。それにはメソッドの多重定義を完全に提供するのが最良の方法である。

パラメータ1個のメソッドならば、まだしも単純だが、複数のパラメータを持つ複数のメソッドを理解するのは難しいかもしれない。次に2つのパラメータ集合を持つ2つのメソッドを示す。

```
public class Point
{
    public double X { get; set; }
    public double Y { get; set; }

    public void Scale(int xScale, int yScale)
    {
        X *= xScale;
        Y *= yScale;
    }

    public void Scale(double xScale, double yScale)
    {
        X *= xScale;
        Y *= yScale;
    }
}
```

このメソッドをint, floatで呼び出したら、どうなるだろうか。あるいはint, longでは？

```
Point p = new Point { X = 5, Y = 7 };
// 第2のパラメータがlongであることに注意
p.Scale(5, 7L); // 呼び出されるのは、Scale(double,double)
```

どちらの場合も、多重定義されたメソッドとパラメータの型が、両方とも完全に一致することがない。片方のパラメータだけ完全に一致するメソッドはあるが、そのメソッドでは、もう1つのパラメータに暗黙的な変換が含まれていないから、候補から外されてしまう。どちらのメソッドが呼び出されるかの推測を間違ってしまう開発者も、たぶんいるだろう。

それどころか、最適なメソッドの探索は、もっと複雑になることがある。ちょっとした「ひねり」を加えてみよう。派生クラスにあるメソッドよりも、基底クラスのメソッドのほうが適しているように見えるとしたら、どうだろうか（詳しくは項目19を参照）。

```
public class Point
{
    public double X { get; set; }
    public double Y { get; set; }

    // ここまでのコードを省略
    public void Scale(int scale)
    {
        X *= scale;
        Y *= scale;
    }
}
public class Point3D : Point
{
    public double Z { get; set; }

    // overrideでもnewでもない。パラメータの型が異なるだけ。
    public void Scale(double scale)
    {
        X *= scale;
        Y *= scale;
        Z *= scale;
    }
}

// 呼び出し:
Point3D p2 = new Point3D { X = 1, Y = 2, Z = 3 };
p2.Scale(3);
```

ずいぶん多くの間違いがある。そもそもPointクラスの作者に、Scaleのオーバーライドを許すつもりがあるのなら、Scale()を仮想メソッドとして宣言すべきだろう。ところが、それをオーバーライドしたメソッドの作者は（別の人だと思うのだが）また別の間違いを犯している。その人はオリジナルを隠すのではなく、新たに多重定義のメソッドを作ったので、この型を使って、また別の誰かが書いたコード（上のリストで最後の2行）からは、間違ったメソッドが呼び出される。どちらのメソッドもスコープに入っているので、コンパイラはパラメータの型を基準として`Point.Scale(int)`のほうが適していると判断する。シグネチャが衝突するメソッドグループを作ったせいで、多義性が生じたのだ。

選択から漏れるケースをすべて拾うジェネリックなメソッドを追加して、デフォルトの実装を提供する次の例では、さらに悪質な状況になる。

```
public static class Utilities
{
    // doubleにはMath.Maxを使う:
    public static double Max(double left, double right) =>
        Math.Max(left, right);

    // float、intなどは、ここで処理する:
    public static T Max<T>(T left, T right)
        where T : IComparable<T> =>
        (left.CompareTo(right) > 0 ? left : right);
}
double a1 = Utilities.Max(1, 3);
double a2 = Utilities.Max(5.3, 12.7f);
double a3 = Utilities.Max(5, 12.7f);
```

第1の呼び出しは、ジェネリックメソッドから`Max<int>`のインスタンスを作る。第2の呼び出しは`Max(double, double)`に向かうが、第3の呼び出しは、またもやジェネリックメソッドから`Max<float>`のインスタンスを作る。こういう結果になるのは、ジェネリックメソッドとのマッチでは型の1つが完全に一致し、変換の必要がないからだ。もしコンパイラがすべての型パラメータについて正しい型変換を実行できれば、ジェネリックメソッドが最適なメソッドになる。候補となりそうなメソッドが他にあっても、暗黙的な変換が必要ならば、そのまま適用できるジェネリックメソッドのほうが、より適したメソッドとみなされる。

だが、これで複雑さのすべてを披露したわけではない。さらに拡張メソッドが加わるケースも考えられるのだ。もしアクセス可能なメンバー関数よりも、拡張メソッドのほうが適切なマッチに見えたら、どうなるだろうか。幸いなことに、拡張メソッドは最後の候補だ。適切なインスタンスメソッドが1つも見つからないときに限って、拡張メソッドが調べられる。

このように、コンパイラは候補となりそうなメソッドを、ずいぶん多くの場所で探す。あなたがより多くのメソッドを、より多くの場所に置くことで、そのリストは拡大される。リストが長くなれば、候補となるメソッドに多義性が生じやすくなる。たとえコンパイラにとって、唯一最適なメソッドの選択に疑問の余地がないとしても、ユーザーから見ればさまざまな選択肢は多義性の可能性を示唆し、明瞭さが失われる。多重定義されたメソッドグループの1つを呼び出すとき、実際にどれが呼び出されるかを、20人の開発者のうち1人しか正しく言い当てられないとしたら、あなたのAPIが複雑すぎることは明らかだ。候補となるアクセス可能な多重定義のうち、コンパイラがどれを最適なマッチとして選ぶかを、ユーザーが即座に判断できなければいけない。それができなければ、あなたのライブラリは不明瞭なのだ。

ユーザーに完全な機能の集合を提供する最小限の多重定義を作ったら、そこで止めよう。さらにメソッドを追加しても、あなたのライブラリが複雑になるだけで、ユーザーの助けにはならない。

項目23　部分クラスにはコンストラクタ、ミューテータ、イベントハンドラの部分メソッドを入れる

C#言語のチームが「部分クラス」(partial class) を追加したのは、クラスの一部をコードジェネレータが作るとき、生成されたコードを人間の開発者が別ファイルで補強できるようにするためだ。けれども、より高度な利用パターンには、それだけの分離では不十分だ。コードジェネレータによって作られたメンバーに、人間の開発者がコードを追加する必要が生じるときも多い。そういうメンバーには、生成されたコードで定義されたコンストラクタ、イベントハンドラ、そして（もしあれば）ミューテータのメソッドが含まれる。

あなたがコードジェネレータを書くときは、それを使う開発者を「生成されたコードを書き換えなければいけないのだ」という考えから解放することが目標となる。逆に、ツールによって作られたコードを使うときには、決して生成されたコードを書き換えてはいけない。もしそうしたら、コードと生成ツールとの関係が壊れてしまい、そのツールを使い続けることが困難になる。

部分クラスを書くのはAPI設計に似たところがある。あなたが設計したツールが生成するコードは、他の開発者が必ず利用しなければならないコードだ。逆にあなたが開発者として書くコードも、必ずコード生成ツールが使うことになるコードである。それは、2人の開発者が、きつい制約のもとで、同じクラスを共同で作るのにも似ている。2人の開発者は話し合うことができず、どちらも相手が書いたコードを書き換えることができない。このような制約に対処するには、他の開発者の手がかりとなるフックを大量に提供する必要がある。必要なものだけ選んで実装できるように、それらのフックは「部分メソッド」(partial method) の形で準備すべきだ。

あなたが作るコードジェネレータでは、それらの拡張ポイント用に部分メソッドを定義しておこう。開発者は別のソースファイルにある同じ部分クラスで、その部分メソッドを実装できる。コンパイラは部分ではなくクラス全体の定義を見る。もし部分メソッドが実装されていたら、それらのメソッド呼び出しを生成する。もし、そのクラスの作者のうち誰も、その部分メソッドを実装していなければ、コンパイラは、そのメソッドの呼び出しを（もしあれば）削除する。

部分メソッドはクラスの一部になる場合も、ならない場合もある。このため部分メソッドの

シグネチャには言語によって、いくつも制限が課される。partialメソッドの戻り値は、voidでなければならない（メソッド本体が実装されなければ、コンパイラは戻り値を作ることができない）。abstractにもvirtualにもできない。インターフェイスメソッドを実装できない。パラメータリストにoutパラメータを入れられない（コンパイラはoutパラメータを初期化できない）。すべての部分メソッドは、暗黙のうちにprivateとなる。

3種類のクラスメンバーについて、ユーザーがクラスの振る舞いを監視または変更できる部分メソッドを追加しよう。それらは、ミューテータメソッドと、イベントハンドラと、コンストラクタである。

ミューテータメソッド（mutator method）というのは、クラスの観察可能な状態を変更するメソッドのことだ。ただし部分メソッドと部分クラスに限って言えば「観察可能な」という限定は不要だ。別のソースファイルにあって、あなたの部分クラスを実装する部分クラスも、同じクラスの一部なのだから、クラスの内部構造を完全にアクセスできる。ここでは「状態の変化に関わるメソッド」と解釈していただきたい。

部分メソッドとしてクラスの実装用に提供すべきミューテータメソッドが、2つある。第1のメソッドは変更前に呼び出せる検証用のフックを提供し、クラスの実装者に、その変更を却下するチャンスを事前に提供する。第2のメソッドは、状態が変化した後に呼び出すもので、クラスの実装者が状態の変更に対処できるようにする。

あなたのツールは、たとえば次のような、中心となるコード（コアコード）を作る。

```
// この部分は、あなたのツールが生成する
public partial class GeneratedStuff
{
    private int storage = 0;

    public void UpdateValue(int newValue) => storage = newValue;
}
```

そして、状態変化の前後にフックを追加する。これによってクラスの実装者は変更に対処できる。

```
// この部分は、あなたのツールが生成する
public partial class GeneratedStuff
{
    private struct ReportChange
    {
        public readonly int OldValue;
        public readonly int NewValue;

        public ReportChange(int oldValue, int newValue)
        {
            OldValue = oldValue;
            NewValue = newValue;
```

```
        }
    }

    private class RequestChange
    {
        public ReportChange Values { get; set; }
        public bool Cancel { get; set; }
    }

    partial void ReportValueChanging(RequestChange args);
    partial void ReportValueChanged(ReportChange values);

    private int storage = 0;

    public void UpdateValue(int newValue)
    {
    // 変更を事前にチェックして...
    RequestChange updateArgs = new RequestChange
    {
        Values = new ReportChange(storage, newValue)
    };
    ReportValueChanging(updateArgs);
    if (!updateArgs.Cancel) // もしOKならば...
        {
            storage = newValue; // 変更して報告する
            ReportValueChanged(new ReportChange(
                storage, newValue));
        }
    }
}
```

どちらの部分メソッドも実装されなければ、実際にコンパイルされるUpdateValue()は、次のようになる。

```
public void UpdateValue(int newValue)
{
    RequestChange updateArgs = new RequestChange
    {
        Values = new ReportChange(this.storage, newValue)
    };
    if (!updateArgs.Cancel)
    {
        this.storage = newValue;
    }
}
```

これらのフックを使って、実装者は次のように変更を検証し、対処できる。

```
public partial class GeneratedStuff
{
```

```
    partial void ReportValueChanging(RequestChange args)
    {
        if (args.Values.NewValue < 0)
        {
            WriteLine($@"無効な値:
                {args.Values.NewValue}, をキャンセルする");
            args.Cancel = true;
        }
        else
            WriteLine($@"古い値:
                {args.Values.OldValue} を
                {args.Values.NewValue} に変更する");
    }
    partial void ReportValueChanged(
        ReportChange values)
    {
        WriteLine($@"古い値:
            {values.OldValue} を
            {values.NewValue} に変更した");
    }
}
```

このサンプルは、開発者がミューテータの処理をキャンセルできるように「キャンセルフラグ」を提供するプロトコルを示している。あなたが作るクラスでは、ユーザー定義のコードから処理をキャンセルするために例外を送出できるプロトコルが、望ましいかもしれない。キャンセル処理を呼び出し側のコードに伝播する必要があるのなら、例外を送出するほうが良さそうだ。そうでなければ、軽量なブール型のキャンセルフラグを使うべきだろう。

この例では、たとえReportValueChanged()が呼び出されなくてもRequestChangeオブジェクトが作られることに注目しよう。このコンストラクタでは、どんなコードでも実行できるのだから、コンパイラは「このコンストラクタを削除してもUpdateValue()メソッドの意味は変わらない」と想定することができない。あなたのクライアントとなる開発者が変更の検証や要求を行うために、こういう余計なオブジェクトが必要になるとしたら、できるだけ彼らの仕事を増やさないように努力すべきである。

クラスにあるpublicミューテータメソッドを洗い出すのは簡単なことだが、プロパティのpublic setアクセサを、もれなく入れることを忘れてはいけない。もし一部のアクセサへの対処を忘れたら、クラスの実装者は、そのプロパティの変更について検証も応答もできなくなってしまう。

次に、ユーザーが実装するコードのためのフックを、コンストラクタの中で提供する必要がある。自動的に生成されるコードも、ユーザーが書くコードも、どのコンストラクタが呼び出されるかを制御できない。だから、あなたのコードジェネレータで、この問題に対処する必要がある。生成されたコンストラクタの1つが呼び出された時に、ユーザー定義のコードを呼び出すようなフックを提供すべきだ。次のコードは、先ほど示したGeneratedStuffクラスへの拡張である。

```
// ユーザー定義コードのためのフック
partial void Initialize();

public GeneratedStuff() :
    this(0)
{
}

public GeneratedStuff(int someValue)
{
    this.storage = someValue;
    Initialize();
}
```

このInitialize()が、クラス構築中に最後のメソッドとして呼び出されることに注意しよう。このように構成すれば、手書きのコードで現在のオブジェクトの状態を調べ、必要ならば変更を加えたり、そのプログラムにとって不正な状態に例外を送出することもできる。このInitialize()を2回呼び出してはいけないが、生成するコードでは、どのコンストラクタからも呼び出されるようにしなければならない。人間の開発者は、自分で追加したコンストラクタから自作のInitialize()ルーチンを呼び出してはいけない。彼らは、生成されたクラスで定義されているコンストラクタの1つを明示的に呼び出して、生成されたコードに必要な初期化が必ず行われるようにしなければならない。

最後に、もし生成されたコードがイベントハンドラを登録するのなら、その処理のなかで部分メソッドのフックを提供することを考慮すべきである。この配慮は、イベントに状態報告またはキャンセル通知を返す生成クラスで、とくに重要だ。状態の変更や、キャンセルフラグの変更を、ユーザー定義のコードで行う必要があるかもしれない。

同じクラスのなかで、ツールが生成したコードとユーザーが書くコードを完全に分離するのに必要な機構は、部分クラスと部分メソッドによって提供されている。ここで示したような拡張を使えば、ツールで生成したコードを変更する必要はない。たぶん、ほとんどの開発者が、Visual Studioなどのツールで生成したコードを使っているだろう。そういうツールで作ったコードの書き換えを検討する前に、コードによって提供されているインターフェイスを調べ、あなたの目的に適った部分メソッドの宣言を提供しているかどうかを調べるべきだ。さらに、もっと重要なことがある。もしあなたがコードジェネレータの作者ならば、そのツールが生成するコードに対するどんな拡張でもサポートできるように、完全なフックの集合を部分メソッドの形式で提供すべきだ。その条件が満たされなければ、開発者たちは生成されたコードの書き換えという後戻りのできない道に踏み込んで、もうあなたのコードジェネレータを使わなくなってしまうだろう。

項目24　ICloneableは設計の選択肢を狭めるので避けよう

ICloneableは、良さそうなアイデアに思える。コピーをサポートしたい型ならICloneableインターフェイスを実装すればいいし、コピーをサポートしたくなければ実装しなければいいだろう。ところが、型は独立して存在するものではない。ICloneableを使うというあなたの決定は、派生型にも影響を与える。いったん型がICloneableをサポートしたら、その全部の派生型もサポートすることになる。そのメンバーである型のすべてもICloneableをサポートするか、コピーを作る他の機構を持たなければならない。

そればかりか、多くのオブジェクトが入り組んだ関係を持つ設計では、深いコピーをサポートするのが至難となる。.NET FrameworkによるICloneableの公式の定義を見ると、この問題への対処は巧妙なもので「深いコピーも浅いコピーもサポートする」というのだ。浅いコピーは、すべてのメンバーフィールドのコピーを含む新しいオブジェクトを作る。もしメンバー変数が参照型なら、新しいオブジェクトはオリジナルと同じオブジェクトを参照する。深いコピーも、すべてのメンバーフィールドのコピーを含む新しいオブジェクトを作るのだが、すべての参照型が再帰的なコピーによって複製される。整数のような組み込み型なら、浅いコピーでも深いコピーでも同じ結果になる。ある型が、どちらのコピーをサポートするかは、その型次第だ。けれども、同じオブジェクトの中で浅いコピーと深いコピーを混ぜたら、大量の矛盾が発生する。

いったんICloneableの沼に入り込んだら、抜け出すのに苦労するかもしれない。たいがいの場合、完全にIConeableを避けるのが正解だ。そうすれば、ずっと単純なクラスになり、使うのも簡単、実装するのも簡単だ。組み込み型だけをメンバーとする値型なら、ICloneableをサポートする必要がない。

構造体のすべての値は、単純な代入によって、Clone()よりも効率よくコピーされる。Clone()は参照型のSystem.Objectを返すので、戻り値をボックス化する必要がある。そして呼び出し側は、その値をボックス化解除するため、またキャストを実行しなければならない。それは、まったく無駄なことだ。代入で間に合うときにClone()関数を書いてはいけない。

参照型を含む値型なら、どうだろうか。もっともわかりやすい例として、1個の文字列を含む値型がある。

```
public struct ErrorMessage
{
    private int errCode;
    private int details;
    private string msg;

    // 詳細を略す
}
```

string型は不変クラスなので、特別なケースだ。stringにエラーメッセージオブジェクトを代入したら、元のエラーメッセージも、新たに代入されたエラーメッセージも、同じstringを参照する。この場合、一般に参照型で発生する問題は生じない。msg変数を、新旧どちらの参照を通じて書き換えても、新しいstringオブジェクトが作られるのだ（『Effective C# 6.0/7.0』の項目15を参照）。

参照型フィールドを含む構造体を作るという一般的なケースは、もっと複雑になる（出現の頻度はずっと少ないが）。structのための組み込みの代入演算は、浅いコピーを作るので、新旧どちらのstructも同じオブジェクトを参照する。深いコピーを作るには、構造体に含まれる参照型のクローニングが必要になる。だから、その参照型が自分自身のClone()メソッドによる深いコピーをサポートすることが、明らかでなければいけない。要するに、このプロセスが正しく動作するのは、構造体に含まれている参照型がICloneableをサポートし、そのClone()メソッドが深いコピーを作る場合に限られる。

では参照型に話を進めよう。たしかに参照型は、浅いコピーか深いコピーをサポートすることを示すため、ICloneableインターフェイスをサポートすることがある。けれども、ICloneableをサポートする前に、慎重な検討が必要だ。もしそうしたら、その型から派生する全部のクラスにも、ICloneableのサポートを命じることになる。そのことを、次の小規模な階層構造で考えてみよう。

```
class BaseType : ICloneable    // 基底型
{
    private string label = "class name";
    private int[] values = new int[10];

    public object Clone()
    {
        BaseType rVal = new BaseType();
        rVal.label = label;
        for (int i = 0; i < values.Length; i++)
            rVal.values[i] = values[i];
        return rVal;
    }
}

class Derived : BaseType    // 派生型
{
    private double[] dValues = new double[10];

    static void Main(string[] args)
    {
        Derived d = new Derived();
        Derived d2 = d.Clone() as Derived;

        if (d2 == null)
            Console.WriteLine("null");
```

```
    }
}
```

このプログラムを実行すると、d2の値がnullになることがわかる。Derivedクラスは基底型BaseTypeからICloneable.Clone()を継承していないが、それは派生型として正しい実装ではない。これでは基底型だけがクローニングされる。BaseType.Clone()が作るのはBaseTypeオブジェクトであって、Derivedオブジェクトではない。このテストプログラムでd2がnullになる原因は、まさにそれで、d2はDerivedオブジェクトではないのだ。だが、たとえあなたがこの問題を克服できたとしても、BaseType.Clone()では、Derivedで定義されたdValues配列を正しくコピーすることができない。

あなたがICloneableを実装すると、すべての派生クラスにも、その実装が強制される。それなら、すべての派生クラスからあなたの実装を使えるように、フック関数を提供すべきだ(項目15)。しかもクローニングをサポートするために、派生クラスで追加できるメンバーフィールドは、値型か、ICloneableを実装する参照型に限定される。これを全部の派生クラスに強制するのだから、ずいぶん過酷な制限だ。基底クラスにICloneableのサポートを追加すると、通常は派生クラスにかかる負担が大きすぎるから、継承が封印されていない非sealedクラスでICloneableを実装するのは避けるべきだ。

階層構造全体がICloneableを実装する必要があるときは、抽象Clone()メソッドを定義して、すべての派生クラスに実装を強制すればよい。その場合は派生クラスのために、基底メンバーのコピーを作る方法を定義しておく必要があるが、それにはprotectedコピーコンストラクタを定義すればよい。

```
class BaseType
{
    private string label;
    private int[] values;

    protected BaseType()
    {
        label = "class name";
        values = new int[10];
    }

    // 派生クラスが値のクローニングに使う
    protected BaseType(BaseType right)
    {
        label = right.label;
        values = right.values.Clone() as int[];
    }
}

sealed class Derived : BaseType, ICloneable
{
```

```
    private double[] dValues = new double[10];

    public Derived()
    {
        dValues = new double[10];
    }

    // 基底クラスのコピーコンストラクタを使って値のコピーを作る
    private Derived(Derived right) :
        base(right)
    {
        dValues = right.dValues.Clone()
            as double[];
    }

    public object Clone()
    {
        Derived rVal = new Derived(this);
        return rVal;
    }
}
```


基底クラスは、どれもICloneableを実装する代わりにprotectedコピーコンストラクタを提供し、派生クラスが親クラスの要素をコピーできるようにする。末端クラスは、すべてsealedにして、必要なときだけICloneableを実装する。この形式の基底クラスは、すべての派生クラスにICloneableの実装を強制しないが、派生クラスがICloneableをサポートしたいときに必要となるメソッドを提供している。

ICloneableにも用途があるが、それらは通例ではなく、むしろ例外である。注目すべきことに、.NET Frameworkが更新されてジェネリックのサポートが始まったとき、ICloneable<T>のサポートは追加されなかった。値型には、ICloneableのサポートを決して加えるべきではない。代わりに代入演算を使おう。末端クラスで、その型にコピー演算がどうしても必要なときにだけ、ICloneableのサポートを追加しよう。派生クラスがICloneableをサポートしそうなときは、基底クラスで、protectedコピーコンストラクタを作ろう。それ以外のケースでは、常にICloneableを避けるべきだ。

項目25　配列をパラメータとして使うのはparams配列だけにしよう

配列をパラメータとして使うコードは、いくつもの予期しない問題をまねく可能性がある。配列ではなく、コレクションまたはparams（個数が可変な引数）を受け取るように、メソッドのシグネチャを工夫すべきだ。

配列には、パラメータとして使うと、厳密な型チェックを実装するように見えて実行時に失敗するメソッドを書けてしまうという特殊な性質がある。次の小さなプログラムは、問題なくコンパイルを通り、コンパイル時にはすべての型チェックに合格する。ところがReplaceIndicesメソッドで、配列parmsの最初のオブジェクトに値を代入するとき、ArrayTypeMismatchExceptionが送出される。

```
string[] labels = new string[] { "one", "two", "three", "four", "five" };

ReplaceIndices(labels);

static private void ReplaceIndices(object[] parms)
{
    for (int index = 0; index < parms.Length; index++)
        parms[index] = index;
}
```

この問題が発生するのは、入力パラメータとしての配列が共変（covariant）だからだ。配列をメソッドに渡すときは、その正確な型を指定する必要がない。そればかりか、配列が値で渡されても、配列の内容は参照型への参照かもしれない。このメソッドは、どのような配列のメンバーでも変更できそうに書かれているが、実際に使われている方法は、ある種の有効な型には使えないものだ。

もちろん、上記の例は見え透いたものだから、たぶん読者は「自分がこんなコードを書くわけがない」と思うだろう。けれども、次の小さな階層構造を見ていただきたい。

```
class B
{
    public static B Factory() => new B();

    public virtual void WriteType() => WriteLine("B");
}

class D1 : B
{
    public static new B Factory() => new D1();

    public override void WriteType() => WriteLine("D1");
}

class D2 : B
{
    public static new B Factory() => new D2();

    public override void WriteType() => WriteLine("D2");
}
```

この階層構造を正しく使うのなら、何も問題はない。

```
static private void FillArray(B[] array, Func<B> generator)
{
    for (int i = 0; i < array.Length; i++)
        array[i] = generator();
}

// どこか他の場所で
B[] storage = new B[10];
FillArray(storage, () => B.Factory());
FillArray(storage, () => D1.Factory());
FillArray(storage, () => D2.Factory());
```

ところが、派生型の間にミスマッチがあると、やはり実行時にArrayTypeMismatchExceptionが送出される。

```
// 型の不一致があると
B[] storage = new D1[10];
// ...3つの呼び出し全部が例外を送出する
FillArray(storage, () => B.Factory());
FillArray(storage, () => D1.Factory());
FillArray(storage, () => D2.Factory());
```

そればかりか、配列は反変性（contravariance）をサポートしないから、配列のメンバーを書くとき、通るはずのコードがコンパイルを通らなくなる。

```
static void FillArray(D1[] array)
{
    for (int i = 0; i < array.Length; i++)
        array[i] = new D1();
}

B[] storage = new B[10];
// DオブジェクトをB配列に格納できるのに、コンパイルで
// エラー CS1503（argument mismatch）が出る
FillArray(storage);
```

もし配列をref引数として渡そうとしたら、もっと複雑な事態になる。このメソッドの中で、派生クラスを作ることはできても、基底クラスを作ることはできないはずだ。ところが、配列の中にあるオブジェクトは、やはり「間違った型」になってしまうことがある。

こういった問題は、型安全なシーケンスを作る「インターフェイス型」でパラメータ列を指定すれば、避けることができる。つまり入力パラメータがT型の並びなら、IEnumerable<T>として指定するのだ。この方法ならば、入力シーケンスの書き換えを確実に禁止できる。IEnumerable<T>は、コレクションを書き換えるメソッドを一切提供しないからだ。もう1つの選択肢は、それらの型を基底クラスとして指定することだ。この書き方には、コレクションの更新をサポートするAPIを作れないようにする効果もあるだろう。引数群の1つが配列であ

るようなメソッドを書くと、呼び出し側は、その配列のどれか（あるいはすべて）の要素を書き換えられると期待するに違いない。そのような使い方を制限する方法はない。もしコレクションを書き換える意図がないのなら、その事実をAPIのシグネチャで明示しよう（この章の他の項目に、多くの例がある）。

シーケンスを書き換える必要があるときは、1つのシーケンスを入力パラメータとして、更新したシーケンスを別に返すのが最良の方法だ（『Effective C# 6.0/7.0』の項目31を参照）。シーケンスを生成したいときは、そのシーケンスがT型の並びならIEnumerable<T>として返すのがよい。

場合によっては、メソッドに任意の数のオプションを渡したいかもしれない。パラメータ配列を使っていいのは、そんなときだ。その場合は、必ずparams配列を使おう。params配列を使えば、あなたのメソッドのユーザーは、それらの要素を他の引数と同じように並べることができる。次の2つのメソッドを比べてみよう。

```
// 普通の配列
private static void WriteOutput1(object[] stuffToWrite)
{
    foreach (object o in stuffToWrite)
        Console.WriteLine(o);
}
// params配列
private static void WriteOutput2(params object[] stuffToWrite)
{
    foreach (object o in stuffToWrite)
        Console.WriteLine(o);
}
```

ごらんのように、メソッドの作り方や、配列のメンバーをテストする方法は、ほとんど同じである。けれども、呼び出し方の違いに注目していただきたい。

```
WriteOutput1(new string[]
    { "one", "two", "three", "four", "five" });

WriteOutput2("one", "two", "three", "four", "five");
```

ユーザーにとって問題が深刻になるのは、どのオプション引数も指定したくない場合だろう。params配列を使うバージョンなら、引数なしで呼び出すことができる。

```
WriteOutput2();
```

ところが通常の配列を使うバージョンは、ユーザーに苦痛な選択肢しか与えない。次のバージョンはコンパイルを通らない。

```
WriteOutput1();     // コンパイル不能
```

引数をnullにしたら、nullの例外が送出される。

```
WriteOutput1(null); // 引数がnullだという例外が出る
```

結局ユーザーは次のようなものを、全部タイプしなければならない。

```
WriteOutput1(new object[] { });
```

param配列を使う手法も、完璧ではない。たとえparams配列を使っても、引数型の共変性による問題は変わらない。ただし、そのような問題に直面する機会は少ないだろう。まず第1にコンパイラが、あなたのメソッドに渡された配列のためにストレージを生成してくれる。コンパイラが生成した配列の要素を変更するのは意味のないことだし、だいいち呼び出し側のメソッドからは、その変更がまったく見えない。さらに、コンパイラが正しい型の配列を自動的に生成してくれる。それでも例外を出そうとしたら、あなたのコードを使う開発者は、本当に病的な構造を作る必要があるだろう。まず、別の型の配列を実際に作っておく必要がある。それから、その配列を引数として、params配列の場所で使う必要がある。それはまだ可能だろうが、いまのシステムは、そういうエラーから守るための作業を、かなり進めている。

配列は、必ずしもメソッドのパラメータとして不適切ではないにしても、2種類のエラーを起こす可能性がある。配列の共変性が実行時にエラーを起こす原因になることがあり、配列に別名を使えるということは、呼び出し側のオブジェクトを呼び出されたメソッドが書き換え可能だということになる。たとえあなたのメソッドが、これらの問題を起こさないとしても、メソッドのシグネチャを見たユーザーに「問題があるのではないか」と思われてしまう。その可能性は、あなたのコードを使う開発者たちにとって気になることだ。「これは安全なのか？　一時的なストレージを作ったほうが良いのか？」あなたのメソッドのパラメータに配列を使うときは、ほとんど常に、より良い選択肢があるはずだ。もしパラメータがシーケンスを表現するのなら、ジェネリックなIEnumerable<T>を使うか、正しい型のために構築済みのIEnumerable<T>を使おう。もしパラメータが可変型のコレクションを表現するのなら、入力シーケンスを書き換えて作ったものを出力シーケンスとするように、シグネチャを変更しよう。もしパラメータが一群のオプションを表現するのなら、params配列を使おう。いずれにしても、より良い、より安全なインターフェイスになる。

項目26　イテレータや非同期メソッドのエラーは、ローカル関数で即座に報告できる

現在のC#には、機械語のコードを大量に生成する非常に高いレベルの言語構造がある。イ

テレータメソッドと非同期メソッドは、その例だ。こういう構造の主な利点はソースコードが短く明瞭になることだが、当然ながら、利点があれば欠点もある。イテレータメソッドも非同期メソッドも、コードの実行が遅延されるケースがある。初期化のコードで、たいがい引数のチェックやオブジェクトの検証を行うだろう。もしメソッド呼び出しに間違いがあったり、タイミングが不適切だったら、即座に例外が送出されるはずだ。ところがそういう結果にならないのは、コンパイラによって生成されるコードの編成が、あなたが書いたアルゴリズムとは違っているからだ。次の例を見ていただきたい。

```
public IEnumerable<T> GenerateSample<T>(
    IEnumerable<T> sequence, int sampleFrequency)
{
    if (sequence == null)
        throw new ArgumentException(
            message: "シーケンスにnullは使えません",
            paramName: nameof(sequence));
    if (sampleFrequency < 1)
        throw new ArgumentException(
            message: "周波数を正の整数にしてください",
            paramName: nameof(sampleFrequency));

    int index = 0;
    foreach(T item in sequence)
    {
        if (index % sampleFrequency == 0)
            yield return item;
    }
}

var samples = processor.GenerateSample(fullSequence, -8);
Console.WriteLine("まだ例外を投げていない!");
foreach (var item in samples) // ここで例外が送出される
{
    Console.WriteLine(item);
}
```

引数の例外は、イテレータメソッドが呼び出されるまで送出されない。例外が出るのは、イテレータが返すシーケンスを列挙して処理するときだ。これほど単純な例ならば、どこにエラーがあるか、すぐに見つけて修正できるだろう。けれども大規模なプログラムでは、イテレータを作るコードと、シーケンスを列挙するコードが同じメソッドにあるとは限らず、同じクラスでさえないかもしれない。その場合、例外が送出されるコードと、実際に問題のあるコードとの関係が希薄なので、問題の発見と診断が、ずっと難しくなる。

同様な状況が非同期メソッドでも発生する。次の例を見ていただきたい。

```
public async Task<string> LoadMessage(string userName)
{
```

```
    if (string.IsNullOrWhiteSpace(userName))
        throw new ArgumentException(
            message: "ユーザー名を指定してください",
            paramName: nameof(userName));
    var settings = await context.LoadUser(userName);
    var message = settings.Message ?? "メッセージなし";
    return message;
}
```


asyncの指定があるとコンパイラは、そのメソッド内のコードを再編成する。メソッドが返すTaskオブジェクトには、その非同期処理の状態が格納される。そのタスクが待ち状態になって、ようやくメソッドの実行中に送出された例外を（もしあれば）観察できるようになる（詳細は第3章の項目27と28を参照）。そしてイテレータメソッドの場合と同じく、例外を送出したコードが、その問題を起こしたコードの近くにあるとは限らない。

これらのエラーは、発見したら即座に報告するのが理想的だ。あなたのライブラリを間違って使ってるユーザーは、その間違いが起きたときに報告を受けるのなら、それらの間違いを、もっと簡単に修正できるだろう。そのためには、メソッドを2つの別々なメソッドに分割するという手法がある。まずイテレータメソッドから始めよう。

「イテレータメソッド」（iterator method）は、yield return文を使って、シーケンスを順番に列挙処理へと返していくメソッドだ。これらのメソッドが返す型は、IEnumerable<T>またはIEnumerableでなければならない。実際、多くのメソッドが、こういう型を返すことができる。プログラミングのエラーを遅れずに報告するには、1個のイテレータを、yield return文を使う実装メソッドと、すべての検証を行うラッパーメソッドの2つに分割するというテクニックを使う。先ほどの例は、次のように分割できる。まずは、ラッパーの部分を示す。

```
public IEnumerable<T> GenerateSample<T>(
    IEnumerable<T> sequence, int sampleFrequency)
{
    if (sequence == null)
        throw new ArgumentNullException(
            message: "シーケンスにnullは使えません",
            paramName: nameof(sequence),
            );
    if (sampleFrequency < 1)
        throw new ArgumentException(
        message: "周波数を正の整数にしてください",
        paramName: nameof(sampleFrequency));

    return generateSampleImpl();
}
```

このラッパーメソッドで、引数の検証を（もしあれば、その他の状態の検証も）すべて処理する。それから実装メソッドを呼び出して処理を実行させる。次に示す実装部は、GenerateSampleの内側にネストしたローカル関数だ。

```
IEnumerable<T> generateSampleImpl()
{
    int index = 0;
    foreach (T item in sequence)
    {
        if (index % sampleFrequency == 0)
            yield return item;
    }
}
```

この第2のメソッドはエラーチェックを一切含まないので、できるだけアクセスを制限しなければならない。少なくとも、privateメソッドにすべきだ。この実装部を、ラッパーメソッドの内側で定義するローカル関数にできるのは、C# 7からだ。このテクニックには、いくもの利点がある。次に示す完全なコードは、イテレータメソッドの実装にローカル関数を使っている。

```
public IEnumerable<T> GenerateSampleFinal<T>(
    IEnumerable<T> sequence, int sampleFrequency)
{
    if (sequence == null)
        throw new ArgumentException(
            message: "シーケンスにnullは使えません",
            paramName: nameof(sequence));
    if (sampleFrequency < 1)
        throw new ArgumentException(
        message: "周波数を正の整数にしてください",
        paramName: nameof(sampleFrequency));

    return generateSampleImpl();

    IEnumerable<T> generateSampleImpl()
    {
        int index = 0;
        foreach (T item in sequence)
        {
            if (index % sampleFrequency == 0)
                yield return item;
        }
    }
}
```

このようにローカル関数を使う手法で得られるもっとも重要な利点は、この実装メソッドを呼び出せるのがラッパーメソッドに限られることだ。検証コードを迂回して実装メソッドを直接呼び出す方法は存在しない。また、実装メソッドは、すべてのローカル変数と、ラッパーメソッドのすべてのパラメータをアクセスできるので、それらを引数として実装メソッドに渡す必要がない。これも重要だ。

同じテクニックを非同期メソッドにも使える。その場合に公開するメソッドは、TaskまたはValueTaskを返す、async修飾子のないメソッドだ。そのラッパーメソッドが、すべての検証を行い、エラーがあれば早期に報告する。実装メソッドにはasync修飾子があり、非同期処理を実行する。

実装メソッドのスコープは、できるだけ制限する必要がある。可能な限りローカル関数を使うべきだ。

```
public Task<string> LoadMessageFinal(string userName)
{
    if (string.IsNullOrWhiteSpace(userName))
        throw new ArgumentException(
            message: "ユーザー名を指定してください",
            paramName: nameof(userName));

    return loadMessageImpl();

    async Task<string> loadMessageImpl()
    {
        var settings = await context.LoadUser(userName);
        var message = settings.Message ?? "メッセージなし";
        return message;
    }
}
```

この方式で得られる利点は、イテレータの場合と同じだ。呼び出し側のプログラミングエラーは早期に報告され、修正が楽になるだろう。実装メソッドはラッパーメソッドの内側に隠される。ラッパーメソッドの検証コードを迂回することはできない。

この項目を終える前に、私見を述べておこう。ローカル関数を使うテクニックは、実装メソッドにラムダ関数を使うのと、よく似ているように思われるかもしれない。けれども実装方法が異なり、ローカル関数のほうが優れた選択肢だ。ラムダ式を使うと、コンパイラが生成する構造が、ローカル関数を使う方法よりも複雑になる。ラムダ式にはデリゲートオブジェクトの実体化が必要だが、ローカル関数は、しばしばprivate関数として実装できる。

イテレータメソッドや非同期メソッドのような高レベルの構造は、あなたのコードを再編成し、エラーが報告されるタイミングを変えてしまう。これらのメソッドは、そういう仕組みで働くのだ。望ましい振る舞いを得るには、メソッドを2つに分けるべきだ。このアプローチを選ぶときは、エラーチェックのない実装メソッドへのアクセスを必ず制限するようにしよう。

第3章　タスクベースの非同期プログラミング

私たちの仕事では、非同期処理を始動し、それに応答する形式のプログラミングが多い。複数のマシンや仮想マシンで実行される分散プログラムもある。多くのアプリケーションが複数のスレッド、プロセス、コンテナ、仮想マシン、物理マシンに分散される。けれども非同期プログラムは、マルチスレッドプログラムの同義語ではない。最近のプログラミングでは、非同期処理をマスターしなければならない。そういう仕事には、次のネットワークパケットを待つことや、ユーザー入力を待つことも含まれる。

C#は、.NET Frameworkの一部のクラスとともに、非同期プログラミングを容易にするためのツールを提供している。非同期プログラミングは難しいと思われるかもしれないが、いくつか重要なイディオムを覚えてしまえば、それほど難しくもないだろう。

項目27　非同期処理には非同期メソッドを使おう

非同期メソッドは、非同期アルゴリズムの構築を容易にする方法だ。非同期メソッドのコアロジックは、同期メソッドと同様に書けるが、実行の順序が異なる。同期メソッドで一連の命令を書いたら、そのとおりの順番で実行されることを期待できるが、非同期メソッドでは必ずそうなるとは限らない。非同期メソッドは、あなたが書いたロジックをすべて実行する前にリターンするかもしれない。その後、あるタスクの完了に応答して、メソッドの実行は中断したところから再開される。それでもプログラムは通常の流れに沿って継続的に実行を続ける。このプロセスをまったく理解していないと魔法のように思われるだろう。**少しだけ**理解していると、非常にわかりにくく、問題を解決するどころか、より多くの問題が出てきたように見えるだろう。だから、この章を読み続けていただきたい。そうすれば、あなたのコードをコンパイラが、どのようにして非同期メソッドに変換するかを**完全に**理解できるはずだ。コアのアルゴリズムを理解すれば、非同期コードを解析する方法を学ぶことができ、それらの命令とタスクを通じてどのようにコードが実行されるかを理解できるスキルが身につくだろう。

最初にもっとも単純な例を見よう。次の`async`メソッドは、実際には同期的に実行される。

```
static async Task SomeMethodAsync()
{
    Console.WriteLine("SomeMethodAsyncの実行を開始");
    Task awaitable = SomeMethodReturningTask();

    Console.WriteLine("SomeMethodAsyncの中で、awaitの前");
    var result = await awaitable;
    Console.WriteLine("SomeMethodAsyncの中で、awaitの後");
}
```

この非同期処理は、場合によっては最初のタスクを待たずに完了するかもしれない。ライブラリの設計者がキャッシュを作っていたら、すでにロードされている値を取り出すことになるかもしれない。非同期メソッドで最初のタスクを待つことになった場合、そのタスクが完了していれば、実行は次の命令へと同期的に続く。メソッドの残りの部分を最後まで実行したら、その結果をTaskオブジェクトにパッケージングして返す（これらはすべて同期的に発生する事象だ）。非同期メソッドがリターンするときは完了したTaskを返す。それを呼び出した側は、タスクの完了を待ちながら、やはり同期的に自分の処理を続行する。ここまでのプロセスは、どんな開発者にとっても、なじみ深いものだろう。

けれども、タスクを待つときに、まだ結果が得られなかった場合、その非同期メソッドはどうなるのだろうか。その場合、制御の流れは、より複雑になる。C#言語がasyncとawaitをサポートするまで、開発者は非同期タスクからのリターンを処理するために、何らかのコールバックを作る必要があった。それはイベントハンドラか、ある種のデリゲートの形式だ。しかし、いまではずっと簡単になっている。C#言語がどのように実装しているかの詳細は後回しにして、まずは何が起きるのか、非同期処理の振る舞いを概念のレベルで探究しよう。

await命令に到着すると、非同期メソッドはリターンする。そのとき返すTaskオブジェクトは、この非同期処理が完了していないことを示す。そこで「魔法」が出現する。awaitで待っていたタスクが完了するとき、このメソッドは、そのawaitの次にある命令から実行を続けるのだ。メソッドは残りの仕事を行い、それが終わったら、前に戻り値として返したTaskオブジェクトを更新して、結果を入れる。メソッドの戻り値として返されるTaskオブジェクトが、それを待っていたコードに完了を通知する（相手は複数あるかもしれない）。それらのコードは、このタスクを待って中断していた場所から、やはり実行を再開できる。

このプロセスにおける制御の流れを探るには、サンプルをデバッガで追いかけてみるのが最良の策だ。await式のあるコードをステップ実行して、実行の流れがどのように進んでいくかを見るとよい。

あるいは、現実世界の作業を非同期処理に見立てるアナロジーが、理解の役に立つかもしれない。自家製ピザを作る作業を、タスクに見立てよう。まずはピザの生地（ドウ）を作る。これは同期的な作業だ。それから、生地が発酵し膨らむのを待つ。ここで非同期プロセスが始まる。生地タスクで発酵のプロセスが進行している間、あなたはソースを作り続けることができる。ソースができたら生地タスクの完了を待ち、完了したら（生地が十分に膨らんだら）、オーブン加熱という非同期タスクを開始できる。それからピザを準備する。オーブンが正しい温度に達するのを待った後で、あなたはピザをオーブンに入れて調理する。

では、このプロセスがどのように実装されているかを説明して魔法の正体を明かそう。コンパイラはasyncメソッドを処理するときに、ある機構を構築する。それは、非同期処理を始動し、その処理が完了したときに、それ以降の命令を続けて実行するための機構である。とくに興味深いのは、await式のなかで発生するステートマシン的な切り替えだ。コンパイラは、命令の流れをawait式の次の命令に導くために、データ構造とデリゲートを構築する。データ構造には、すべてのローカル変数の値が保存される。そしてコンパイラは、awaitで待機するタスクが完了したとき、そのメソッドの同じ場所に戻って実行を続けられるようにする、実行継続用の機構を構成する。それはawait式に続くコードのためにコンパイラが生成する、一種のデリゲートだ。コンパイラは、awaitしたタスクが完了したとき、そのデリゲートが必ず呼び出されるように、状態を示す情報を書く。

awaitされたタスクは、終了時に、自分の処理が完了したことを示すイベントを発行する。すると、このメソッドへの再入が発生し、状態がリストアされる。コードが前に中断した場所から再開されるのは、状態が復元されて正しい場所へのジャンプが行われるからだ。非同期呼び出しの後で実行が継続されるときも、それと同じことが起きる。つまりメソッドの状態が設定され、メソッドコールに続く場所から実行が継続される。メソッドの残りの部分が実行されると、この機構は以前にリターンしたTaskオブジェクトを更新し、自分が完了したことを示すイベントを発行して、仕事を終える。

タスクが完了すると、通知機構によってasyncメソッドが呼び出され、実行が継続される。この振る舞いは、SynchronizationContextクラスによって実装されている。このクラスの役割は、待っていたタスクの完了によって非同期メソッドの実行が再開されるとき、その環境とコンテクストを、タスクを待って中断したときの状態と互換なものにすることだ。「元の場所に戻す」ことを可能にするのは、適切なコンテクストである。そのために状態を復元するコードを、コンパイラは、SynchronizationContextを使って生成する。

asyncメソッドが始まる前に、コンパイラは現在のSynchronizationContextをstatic Currentプロパティを使ってキャッシュする。待機していたタスクが再開されると、コンパイラは、残りのコードをデリゲートとして、同じSynchronizationContextにポストする。SynchronizationContextは、実行環境に適した手段によって、その処理のスケジューリングを行う。GUIアプリケーションで、SynchronizationContextがスケジューリングに使うのは、Dispatcherクラスだ（項目39）。WebのコンテクストでSynchronizationContextが使うのは、スレッドプールとQueueUserWorkItemである（項目37）。コンソールアプリケーションにはSynchronizationContextがないので、処理は現在のスレッドで続行される。一部のコンテクストはマルチスレッドなのに、ほかのコンテクストでは、シングルスレッドでスケジューリングが協調的に行われることに注目しよう。

もしawaitされた非同期タスクが失敗したら、そのタスクを失敗させた例外は、

SynchronizationContextにポストされたコードのなかで送出されたものだ。この例外が送出されるのは、その継続処理を実行していたときである。だから、awaitされなかったタスクにおいては、失敗があっても例外が監視されない。そういうタスクの継続実行はスケジューリングされず、例外がキャッチされてもSynchronizationContextのなかで再送出されない。このため、あなたが始動したタスクを必ずawaitすることが、常に重要となる。非同期処理から送出される例外を監視するには、それが最良の方法だ。

これと同じ戦略が、メソッドが複数のawait式を持つときには、さらに拡張される。それぞれのawait式には、タスクがまだ完了していないときasyncメソッドを呼び出し側にリターンさせる可能性がある。その場合は内部状態を更新して、継続実行の際に正しい位置から実行が再開されるようにする。await式が1個しかないときと同じように、SynchronizationContextは、残りの処理をスケジューリングする方法を決める（そのコンテクストにおいてシングルスレッドで実行するか、別のスレッドを使う）。あなたが非同期処理の完了を通知するイベントに登録するときに書くのと同じような、標準的なコードがコンパイラによって生成されるので、同期処理と同じくらい簡単にコードを読むことができる。

これまで記述してきた実行経路は、すべての非同期処理が成功して完了することが前提だが、もちろん必ずそうなるとは限らない。ときには例外が送出される。非同期メソッドは、それらの状況も処理しなければならない。その必要があるので、制御の流れが複雑になる。asyncメソッドは、すべての処理を完了する前に、呼び出し側に戻っているかもしれないので、何らかの方法で例外をコールスタックに注入する必要がある。

asyncメソッドのなかに、コンパイラは、すべての例外をキャッチするtry/catchブロックを生成する。あらゆる例外は、すべてTaskオブジェクトのメンバーであるAggregateExceptionに格納され、そのTaskは失敗した状態に設定される。失敗したTaskがawaitされると、そのawait式は、AggregateExceptionオブジェクトにある最初の例外を送出する。通常ならば例外は1個で、それが呼び出し側のコンテクストに送出される。もし例外が複数あれば、呼び出し側はAggregateExceptionのパッケージを開いて、個々の例外を調べなければならない（項目36）。

この非同期機構は、ある種のタスクAPIを使ってオーバーライドすることが可能だ。もしあなたが、どうしてもTaskが完了するまで待つ必要があるのなら、APIのTask.Wait()を呼び出すか、あるいはTask<T>.Resultプロパティを調べることもできる。どちらの方法も、すべての非同期処理が完了するまでブロックする。この動作はコンソールアプリケーションのMain()メソッドには良いだろう。しかし項目29で述べるように、これらのAPIはデッドロックを起こすことがあり、避けるべき理由がある。

あなたがasyncとawaitのキーワードを使って非同期メソッドを作るとき、なにもコンパイラは魔法を使うわけではない。ただしコンパイラは、処理を続行し、エラーを報告し、メソッドを再開するために、大量のコードを生成するという大仕事を行う。これらのメリットは、非同期処理が完了していないときに、処理が中断したように見えるということだ。非同期処理の準備が整ったら、処理は再開される。中断は、Taskオブジェクトを待っている間ずっと続き、必要なだけコールスタックを遡ることが可能である。この「魔法」は、あなたがオーバーライドしない限り、うまくいく。

項目28　async voidメソッドを書くべからず

項目のタイトルは断言だが、このアドバイスにもわずかな例外は存在する（それらも、この項目に入っている）。それなのに強い調子で禁じているのは、それだけ重要だからだ。async voidメソッドを書くと、非同期メソッドが送出する例外を始動側メソッドがキャッチするプロトコルが無効になってしまう。非同期メソッドはTaskオブジェクトを介して例外を報告する。例外が送出されると、Taskは失敗の状態に移行する。失敗したタスクをawaitすると、そのawait式は例外を送出する。awaitしたタスクが後で失敗したら、その例外は、そのメソッドの再開がスケジューリングされたときに送出される。

ところがasync voidメソッドをawaitすることはできない。async voidメソッドを呼び出すコードには、そのasyncメソッドから送出される例外を、キャッチあるいは伝播する方法がない。async voidメソッドを書くなという理由は、呼び出し側からエラーが見えなくなるからだ。

async voidメソッドのコードにも、例外を出す可能性がある。例外には、何らかの対応が必要だ。async voidのために生成されるコードでは、どの例外も、そのasync voidメソッドが始動されたときにアクティブとなるSynchronizationContext（「同期コンテクスト」：項目27）に向けて、直接送出する。そうなると、あなたのライブラリを使う開発者は、それらの例外を処理するのが困難になる。それには、AppDomain.UnhandledExceptionか、それに似た「その他の例外を全部キャッチ」するハンドラを使う必要がある。ただしAppDomain.UnhandledExceptionを使っても、例外から復旧することはできない。ログを取ることは可能であり、データを保存することも不可能ではないが、キャッチされなかった例外によってアプリケーションが終了するのを防ぐことはできない。次のメソッドについて考えてみよう。

```
private static async void FireAndForget()     // 撃ちっ放し
{
    var task = DoAsyncThings();
    await task;
    var task2 = ContinueWork();
    await task2;
}
```

エラーをログに取りたければ、FireAndForget()を呼び出す前にUnhandledExceptionハンドラをセットアップする必要があるだろう[†1]。

†1：ちなみに、次のサンプルは例外情報をコンソールにシアン色で書いている。すぐにアプリケーションが終了するのだから、コンソールのForegroundColorを元の色に戻す必要はない。

```
AppDomain.CurrentDomain.UnhandledException += (sender, e) =>
{
    Console.ForegroundColor = ConsoleColor.Cyan;
    Console.WriteLine(e.ExceptionObject.ToString());
};
```

開発者が他のすべてのコードで使うのと完全に異なるエラー処理機構を強制するのは、悪いAPI設計だ。多くの開発者が、当然ながら、その余分な仕事を怠るだろう。だが、どんなエラーからも回復できないような機構を開発者に与えることのほうが、もっと罪が重い。もし開発者が「余分な仕事」をしなかったら、async voidメソッドから生成された例外は、どれも報告されない。それでもランタイムは同期コンテクストで実行されているスレッドを強制終了させるだろうが、あなたのコードを使っている開発者は何も通知を受けず、どのキャッチハンドラもトリガされず、したがって例外のロギングも発生しない。そのスレッドは静かに消えて行くだけだ。

例外の挙動だけでなく、async voidメソッドは、他にも問題を起こす。多くのasyncメソッドでは、非同期処理を始動して、そのタスクをawaitすることになり、最初にawaitしたタスクが終了した後、また別の処理を行うだろう。このようなケースでasyncタスクを作るのは簡単だ。けれども、前に述べたように、async voidメソッドをawaitすることはできない。したがって、あなたのasyncメソッドを使う開発者は、そのasync voidメソッドが、いつ全部の処理を完了したのか容易に判断することができない。簡単に非同期処理を構成することが不可能になるのだ。async voidメソッドは、本質的に「撃ちっ放し」（fire and forget）のメソッドである。開発者は非同期処理を始動するが、その処理が完了するタイミングがわからず、容易に完了を知ることもできない。

それと同じ問題が、asyncメソッドをテストするプロセスを複雑にする。自動テストは、asyncメソッドが完了したと知ることができない。このためasync voidメソッドが完了まで実行されたことによる効果をチェックするような自動化テストを書くことができない。たとえば次のメソッドのために自動化された単体テストを書けるだろうか。

```
public async void SetSessionState()
{
    var config = await ReadConfigFromNetwork();
    this.CurrentUser = config.User;
}
```

テストを書くのに、たとえば次のようなコードを考える人がいるかもしれない。

```
var t = new SessionManager();
t.SetSessionState();
// しばらく待つ
await Task.Delay(1000);
Assert.Equal(t.User, "TestLibrary User");
```

ここには良くない書き方があって、実際、それらは必ずうまくいくとは限らない。とくに危ういのは、Task.Delayの呼び出しだ。いつ非同期処理が終わるかわからないから、固定値を使った柔軟性のないテストを書いている。「たぶん1秒なら十分。いや、足りないかもしれない。ほとんどの場合は1秒で十分だが、ごくまれに1秒では足りない」。これが良くないのだ。そういうテストは失敗であり、間違った結果をフィードバックする。

ここまで読めば、async voidメソッドが良くないことは、はっきりしたはずだ。あなたが作るasyncメソッドは、可能な限り、Taskか、あるいは他のawait可能なオブジェクト（項目32）を返すように書くべきだ。それなのにasync voidメソッドが許されているのは、そういうメソッドがないと非同期のイベントハンドラを作れないからである。

asyncとawaitのサポートがC#に追加される前に確立されたイベントハンドラのプロトコルは、voidを返すメソッドをイベントハンドラとするものだった。その後に変更があったのだが、初期のバージョンで定義されたイベントに非同期イベントハンドラを登録するために、いまでもasync voidメソッドが必要である。また、イベントハンドラが非同期なアクセスを必要とするかどうかをライブラリの著者が知らない場合もある。これらの点を考慮した結果、C#はvoidを返すasyncメソッドをサポートしている。また、イベントハンドラを呼び出すのは、ユーザーのコードではないのが典型的だ。返されたTaskで何をすればいいのか、呼び出した側がわからないとしたら、そのオブジェクトを返す必要があるだろうか。

この項目のタイトルによれば、あなたはasync voidメソッドを書くべきではないのだが、いつかは、あなたにもasync voidイベントハンドラを書かなければならないときが来るだろう。もし書かなければならないとしたら、非同期イベントハンドラを、可能な限り安全に書くべきだ。

そのためには、まずasync voidメソッドをawaitすることはできない、ということを、しっかりと認識することから始めよう。非同期イベントハンドラが、いつ実行を終えたのか、イベントを発行したコードから知ることはできない。イベントハンドラは呼び出し側にデータを返さないのが典型的であり、イベントを発行する呼び出し側は「撃ちっ放し」になる。

例外が出ても安全に処理できるようにするには、もっと多くの処理が必要だ。もしasync voidメソッドから例外が送出されたら、同期コンテクストは強制終了されてしまう。だから、async voidイベントハンドラは、このメソッドから例外が送出されないように書く必要がある。これは他の推奨事項に反するのだが、すべての例外をキャッチしたいときに使われがちなイディオムだ。そこで典型的なasync voidイベントハンドラのパターンは、次のようになる。

```
private async void OnCommand(object sender, RoutedEventArgs e)
{
    var viewModel = (DataContext as SampleViewModel);
    try
    {
        await viewModel.Update();
    }
```

```
    catch (Exception ex)
    {
        viewModel.Messages.Add(ex.ToString());
    }
}
```

このコードは、どんな例外でも単純にロギングして通常の実行を続けても安全だということを前提としている。実際、このような振る舞いは多くのシナリオで安全だろう。もしあなたのシナリオでもそうならば、これだけでよい。

けれども、このイベントハンドラから、対処できない破滅的な例外が送出される可能性があるとしたら、話は違う。たとえばデータを壊すような深刻なエラーがあるときは、無関心に実行を続けてデータの破壊を招くより、即座にプログラムを停止したいはずだ。そのためには、例外が送出されたら、その同期コンテクストのスレッドをシステムに中断してもらいたい。

このプロセスの一部として、たぶんあなたは何もかもログに残したいだろう。そして、async voidメソッドから例外を送出する。先ほどのコードに少し手を加えると、次のようになる。

```
private async void OnCommand(object sender, RoutedEventArgs e)
{
    var viewModel = (DataContext as SampleViewModel);
    try
    {
        await viewModel.Update();
    }
    catch (Exception ex) when (logMessage(viewModel, ex))
    {
    }
}
private bool logMessage(SampleViewModel viewModel,
    Exception ex)
{
    viewModel.Messages.Add(ex.ToString());
    return false;
}
```

このメソッドは、すべての例外についての情報をロギングするために、例外フィルタを使っている（『Effective C# 6.0/7.0』の項目50を参照）。それから例外を再送出することによって、同期コンテクストの実行を停止させ、可能であればプログラムの実行も停止させる。

両方のメソッドを、Func引数を使って生成することができる。これは、それぞれのメソッドで実行される非同期処理を表現するデリゲートだ。そうすれば、これら2つのイディオムから共通の要素を取り出して再利用することが可能になる。

```
public static class Utilities
{
```

```
    public static async void FireAndForget(this Task,
        Action<Exception> onErrors)
    {
        try
        {
            await task;
        }
        catch (Exception ex)
        {
            onErrors(ex);
        }
    }

    public static async void FireAndForget(this Task task,
        Func<Exception, bool> onError)
    {
        try
        {
            await task;
        }
        catch (Exception ex) when (onError(ex))
        {
        }
    }
}
```

けれども実際問題として、すべての例外をキャッチするとか、すべての例外を再送出するなどといった単純なソリューションが最適とは限らない。現実の世界で、多くのアプリケーションは、ある種の例外からは回復できるが、その他の例外からは回復できないだろう。たとえばFileNotFoundExceptionからは回復できるが、その他の例外は別だ、というようなケースがあるはずだ。この振る舞いを、もっと総称的で再利用可能なものにすることは可能だ。個別的な例外の型を、ジェネリックな型で置き換えれば良い。

```
public static async void FireAndForget<TException>
    (this Task task,
    Action<TException> recovery,
    Func<Exception, bool> onError)
    where TException : Exception
{
    try
    {
        await task;
    }
    // ロギングを行うonError()メソッドが常にfalseを返すことに依存する
    catch (Exception ex) when (onError(ex))
    {
    }
    catch (TException ex2)
    {
```

```
            recovery(ex2);
        }
    }
```

このテクニックは、より多くの例外型に拡張することが可能だ。

これらの技法により、async voidメソッドの堅牢性を、エラーリカバリーに関して改善することが可能である。だが、プログラムのテストや組み立てを容易にする役には立たない。実際、これらの問題を解決するテクニックは存在しない。だからこそ、async voidメソッドを使うのは、どうしても書く必要のあるイベントハンドラだけに限定すべきなのだ。それ以外の場所では、決してasync voidメソッドを書いてはいけない。

項目29　同期メソッドと非同期メソッドの混成を避けよう

メソッドにasync修飾子を付けた宣言には、そのメソッドが処理を完了する前にリターンするかもしれないという意味がある。asyncメソッドが返すオブジェクトは、処理の状態を表現する。状態には、完了、失敗、未完（ペンディング）がある。あなたが非同期メソッドを使うのは、「未完の処理に時間がかかるかもしれないから、呼び出し側は結果をawaitしながら他の仕事をすると良いですよ」というアドバイスである。

逆に、同期メソッドの宣言は「完了したときには、すべての事後条件が満たされていますよ」という表明だ。そのメソッドは呼び出し側と同じリソースを使って、どれだけ実行に時間がかかっても、すべての仕事を行う。呼び出し側は完了までブロックする。

このように明白な2つの表明を混在させるのは、まずいAPI設計であり、デッドロックを含むバグを誘発させる。そういう結果が出る可能性から、2つの重要なルールが導かれる。第1に、非同期処理の完了を待ってブロックする同期メソッドを作ってはいけない。第2に、長期にわたってCPUを占有するような仕事をasyncメソッドに任せるのは避けるべきだ。

まず第1のルールを詳しく調べよう。非同期コードの上位に同期コードを置くような構成が問題を起こすのには3つの理由がある。それらは、例外処理の相違、デッドロックの可能性、リソースの消費だ。

非同期タスクは複数の例外を起こすかもしれないので、Taskクラスには、送出された例外のリストが含まれている。タスクをawaitしたとき、そのリストに例外が含まれていたら、そのリストに入っている最初の例外が送出される。けれども、失敗した状態のタスクに対してTask.Wait()を呼び出すか、Task.Resultをアクセスしたときは、リストの内容を集成したAggregateExceptionが送出される。その場合は、AggregateExceptionをキャッチして、送出された例外をアンラップする必要がある。次の2つのtry/catch節を、比較していただきたい。

```
public static async Task<int> ComputeUsageAsync()
{
    try
    {
        var operand = await GetLeftOperandForIndex(19);
        var operand2 = await GetRightOperandForIndex(23);
        return operand + operand2;
    }
    catch (KeyNotFoundException e)
    {
        return 0;
    }
}

public static int ComputeUsage()
{
    try
    {
        var operand = GetLeftOperandForIndex(19).Result;
        var operand2 = GetRightOperandForIndex(23).Result;
        return operand + operand2;
    }
    catch (AggregateException e)
    when (e.InnerExceptions.FirstOrDefault().GetType()
        == typeof(KeyNotFoundException))
    {
        return 0;
    }
}
```

例外処理の表現が異なっていることに注目しよう。タスクをawaitするバージョンのほうが、ブロックする呼び出しを使うバージョンよりも、ずっと読みやすい。awaitするバージョンは、ある特定の型の例外をキャッチする。ブロックするバージョンは、例外の集成をキャッチする。探している例外の種類と集成に含まれる最初の例外がマッチするときに限ってキャッチするため、例外フィルタを適用する必要がある。ブロックするAPIに必要なイディオムは、ずっと複雑になり、他の開発者が理解するのが難しくなる。

次に第2のルールについて考えよう。同期メソッドを非同期コードの上位に置く構成で、どのようにデッドロックが起きるかについて、次のコードを見て考えてみよう。

```
private static async Task SimulatedWorkAsync()
{
    await Task.Delay(1000);
}

// このメソッドはASP.NETまたはGUIのコンテクストでデッドロックを起こす
public static void SyncOverAsyncDeadlock()
{
    // タスクを起動
```

```
        var delayTask = SimulatedWorkAsync();
        // 遅延の完了を同期的に待つ
        delayTask.Wait();
    }
```

SyncOverAsyncDeadlock()の呼び出しは、コンソールアプリケーションでは正しく動作するが、GUIまたはWebのコンテクストではデッドロックを起こすだろう。その理由は、アプリケーションの種類によって異なる同期コンテクストが使われるからだ（項目31）。コンソール用のSynchronizationContextには、スレッドプールからマルチスレッドが入るが、GUIやASP.NETのためのSynchronizationContextにはシングルスレッドが入る。SimulatedWorkAsync()が始動してawaitするタスクは、利用できる唯一のスレッドがタスクの完了を待ってブロックしてしまうので、実行を継続できない。あなたのAPIは、できるだけ多くの種類のアプリケーションで有益にするのが理想的だ。同期コードを非同期APIの上位に置くのは、その目的に反する。非同期処理の完了は、同期的に待つのではなく、他の仕事をしながらタスクの完了をawaitすべきである。

先ほどの例で、制御を譲り、長期間実行されるタスクをシミュレートするのに、Thread.SleepではなくTask.Delayを使っていることに注目されたい。このアプローチのほうが好ましい理由は、Thread.Sleepを使うアプリケーションでは、アイドル期間もずっと、そのスレッドのリソースが無駄に遊んでいるからだ。あなたが作ったスレッドなのだから、何か有益な仕事をさせておくべきだ。Task.Delayは非同期であり、あなたのタスクが長期のタスクをシミュレートしている間に、呼び出し側は非同期処理を構成することができる。この挙動は、単体テストでタスクが非同期に終了するのを確認するときに便利だろう（項目27）。

非同期メソッドの上位に同期メソッドを置いた構成は避けるべきだというルールには、1つ一般的な例外がある。それはコンソールアプリケーションのMain()メソッドだ。もしMain()メソッドが非同期だったら、すべての処理が完了する前にリターンして、プログラムが終了してしまうだろう。したがって、このメソッドだけは、非同期メソッドよりも同期メソッドが好ましい。ただし、それ以外のタスクは上から下まで、すべてasyncで構成すべきだ。そのためMain()メソッドも非同期にできるようにしようとする提案が、すでに成されている。また、NuGetパッケージのAsyncExは、非同期のメインコンテクストをサポートする。

いまあなたのライブラリにある同期APIにも、更新して非同期APIにすることが可能なものがあるかもしれない。ただし同期APIを削除したら破壊的な変更になる。先ほど述べたように、ただ非同期APIに変換したら、その非同期メソッドを呼び出す同期メソッドがブロックしてしまう。けれども、だからといって今後も同期APIだけサポートするしかない、というわけではない。同期APIと同じ機能を持つ非同期APIを使って、両方をサポートできるだろう。そうすれば、同期処理を使う準備が整ったユーザーは、同期メソッドを使うだろうし、そうでないユーザーは同期コードを使い続けることができる。そして、いつかは同期メソッドを旧式にしてサポートから外せるだろう。実際に一部の開発者たちはライブラリを、同じメソッドの同期バージョンと非同期バージョンの両方をサポートするものだと考え始めている。そして彼らにとって、同期メソッドはレガシーであり、非同期メソッドが好ましいメソッドなのだ。

CPUバウンドな同期演算を、非同期APIでラップするのは良くないという理由も、上記の考察により明らかだろう。もし開発者たちが、同じメソッドの同期バージョンと非同期バージョンの両方を提供しているライブラリを見たら「非同期メソッドを使えるのなら、これでいいだろう」と思って、そのライブラリを選ぶのは自然なことだ。それなのに非同期メソッドが単なるラッパーだとしたら、彼らをミスリードしたことになる。次の2つのメソッドを見ていただきたい。


```
public double ComputeValue()
{
    // 大量の計算を行う
    double finalAnswer = 0;
    for (int i = 0; i < 10_000_000; i++)
        finalAnswer += InterimCalculation(i);
    return finalAnswer;
}

public Task<double> ComputeValueAsync()
{
    return Task.Run(() => ComputeValue());
}
```

同期バージョンの呼び出しには2つの選択肢があり、CPUバウンドな処理を同期的に実行したいか、それとも別スレッドで非同期に実行したいか、どちらかを呼び出し側が決めることができる。ところが、非同期メソッドは、そのような選択を呼び出し側から取り上げてしまう。非同期メソッドを呼び出すときは、新しいスレッドを作成するか、それともスレッドプールから取り出した新しいスレッドで実行することを強制される。CPUバウンドな処理が、もっと大きな処理の一部であれば、すでに別スレッドになっているかもしれない。あるいは、コンソールアプリケーションから呼び出されるかもしれない。その場合、バックグラウンドスレッドで実行するのは、さらに多くのリソースを消費することになる。

CPUバウンドな処理を別スレッドで実行するのが悪いというのではない。そうではなくて、CPUバウンドな処理は、できるだけ粒度を大きくすべきなのだ。バックグラウンドタスクを始動するコードは、あなたのアプリケーションのエントリポイントに置くべきである。コンソールアプリケーションならば`Main()`メソッド、Webアプリケーションならばレスポンスハンドラ、GUIアプリケーションならばUIイベントハンドラを考慮しよう。これらが、アプリケーションのなかで、CPUバウンドな処理を他のスレッドにディスパッチすべきポイントである。他の場所にあるCPUバウンドな同期処理の上に、非同期メソッドをかぶせるのは、ただ他の開発者を誤解させ、迷わせるだけだ。

非同期メソッドに処理の肩代わりをさせる手法は、あなたのアプリケーションを侵食する。

より多くの非同期メソッドを、他の非同期APIの上に置くという構成によって、どんどん浸食が深まるのは当然の成り行きだ。あなたは、さらに多くの非同期メソッドを、また一つ、また一つとコールスタックに積み上げげていくことになる。もしあなたが既存のライブラリを変換または拡張するのなら、APIの非同期バージョンと同期バージョンを併存させることを考慮すべきだが、そうしていいのは処理の性質が非同期で、しかも処理を他のリソースに肩代わりさせるときに限られる。CPUバウンドなメソッドに非同期バージョンを追加するだけのライブラリ構成は、ユーザーをミスリードすることになる。

項目30　非同期処理に不要なスレッド割り当てを避けよう

「どの非同期タスクも、他のスレッドで行われる処理を表すものだ」と決めつけるのは、あまりにも容易なことだ。たしかにそれも非同期処理の使い方には違いない。けれども実際には、多くの非同期処理が新しいスレッドを始動しないで行われる。ファイルI/Oは非同期だが、スレッドではなくI/O完了ポート（IOCP）を使って行われる。Web要求は非同期だが、スレッドではなくネットワーク割り込みを使う。このような場合にasyncタスクを使うと、そのスレッドを解放して、なにか他の仕事をさせることができる。

他のスレッドに処理を肩代わりさせると、あなたは1本のスレッドを解放する代償として、もう1本のスレッドを作って走らせるというコストを支払う。それが賢明な設計となるのは、あなたが解放するスレッドが稀少なリソースであるときに限られる。GUIアプリケーションにおいて、UIスレッドは稀少なリソースだ。ユーザーに見えるビジュアルな要素と対話処理をするのは、ただ1本のスレッドである。けれどもスレッドプールのスレッドは、ユニークでもなければ稀少でもない（数に制限はあるが）。つまり、1本のスレッドは同じプールの、どのスレッドとも同じである。ゆえに、GUIではないアプリケーションでCPUバウンドなasyncタスクを使うのは避けるべきである。

この問題の追求を、まずはGUIアプリケーションの検討から始めよう。UIからアクションを始動するユーザーは、そのUIが応答性を保つことを期待する。もしUIスレッドが、始動されたアクションを実行するのに何秒か（あるいはもっと）かかるとしたら、応答がないと思われるだろう。この問題を解決するには、その仕事を他のリソースに肩代わりさせ、UIはユーザーからの他のアクションに応答できるようにしておくことだ。UIイベントハンドラは、項目29で見たように、同期の上に非同期を載せる構成に意味のある数少ないケースの1つである。

次に、コンソールアプリケーションへと話を進めよう。長期にわたるCPUバウンドなタスクを1本だけ実行するコンソールアプリケーションは、その仕事を別スレッドで実行しても無益である。メインスレッドは同期的に待ち、ワーカスレッドはビジーになる。このような場合は2本のスレッドで1つの仕事を行うことになる。

けれども、1個のコンソールアプリケーションが**複数の**長期にわたるCPUバウンドな処理を行うのなら、それらのタスクを別々のスレッドで実行する意味がある。複数のスレッドでCPU

バウンドな仕事を実行するための選択肢は、項目35で論じる。

あとは、ASP.NETサーバーアプリケーションだが、これについては開発者の間で、ずいぶん混乱が生じているようだ。あなたのアプリケーションは、より多くの要求を受け付けられるように、スレッドを解放しておくのが理想だろう。そうだとしたら、あなたのASP.NETハンドラの他のスレッド群に、CPUバウンドな処理を肩代わりさせるような設計になる。

```
public async Task<IActionResult> Compose()
{
    var model = await LongRunningCPUTask();
    return View(model);
}
```

この状況で何が起きるかを詳しく調べよう。そのタスクのために別のスレッドを始動することで、スレッドプールから第2のスレッドを割り当てることになる。第1のスレッドは何もすることがないので、再利用して何か仕事を与えたいが、それにはさらにオーバーヘッドがかかる。「元の場所に戻る」ために、`SynchronizationContext`は、このWeb要求について全部の状態を追跡管理する必要があり、`await`されたCPUバウンドな処理が完了したら、その状態を復元しなければならない。そうしてはじめてハンドラは、クライアントに応答できる。

このアプローチでは、どのリソースも解放していないのに、1個の要求を処理するときに2回のコンテクスト切り替えを追加している。

Web要求への応答として、長期にわたるCPUバウンドな処理が必要ならば、その仕事を別のプロセスか別のマシンにまわす必要がある。そうすれば、スレッドのリソースを解放して、Webアプリが要求をサービスする能力を上げることが可能になるだろう。たとえばCPUバウンドな要求を受け取って、それらを順番に処理して行くような、第2のWebジョブを作る。あるいはCPUバウンドな仕事を第2のマシンに割り当てるのでも良い。どちらが高速になるかは、あなたのアプリの性質、トラフィックの量、CPUバウンドな処理を行うのに必要な時間、そしてネットワークレイテンシに依存する。これらの要素を計測しなければ、十分な情報で判断することができない。すべての処理をWebアプリケーションで同期的に処理する構成でも、必ず計測すべきである。たぶん、同じプロセスの同じスレッドプールから取り出した別スレッドに仕事をまわすより、そのアプローチのほうが高速だろう。

非同期処理は魔法のように見える。あなたは仕事を他の場所にまわして、それが完了したら、また処理の続きを行う。このアプローチの効率を高めるためには、仕事をまわすときに同様なリソースの間でコンテクストを切り替えるだけではなく、必ずリソースが解放されるようにしなければいけない。

項目31　不要なコンテクスト切り替えを避けよう

どんな非同期コンテクストでも実行できるコードを「文脈自由コード」(context-free code)と呼ぶ。特定のコンテクストで実行する必要があるコードは「文脈依存コード」(context-aware code)だ。あなたが書くほとんどのコードは、文脈自由コードである。文脈依存コードは、たとえばUIコントロールと相互作用を行うGUIアプリケーションや、`HTTPContext`などのクラスと相互作用を行うWebアプリケーションにあるコードだ。文脈依存コードを、`await`したタスクの完了後に実行するときは、正しいコンテクストで実行する必要がある(項目27)。けれども他のすべてのコードは、デフォルトのコンテクストで実行できる。

コードが文脈に依存する場所が、それほど少ないのに、なぜ「キャプチャしたコンテクストで処理の続きを実行する」のがデフォルトの振る舞いなのだろうか。それは、不必要なコンテクスト切り替えよりも、必要なコンテクスト切り替えを行わないことのほうが、ずっと重大な結果を招くからだ。文脈自由コードをキャプチャしたコンテクストで実行しても、とくに重大な間違いは発生しそうにない。逆に、もし文脈依存コードを間違ったコンテクストで実行したら、たぶんアプリケーションがクラッシュするだろう。だからデフォルトの振る舞いは(その必要があろうと、なかろうと)キャプチャしたコンテクストで続きを実行することなのだ。

キャプチャしたコンテクストで実行を継続すると、重大な問題を起こさないにしても、ある種の問題が蓄積される可能性がある。キャプチャしたコンテクストで処理の続きを実行するのなら、続きの一部を他のスレッドにまわす機会は、まったく得られない。そのせいでGUIアプリケーションでは、UIの応答性が損なわれるかもしれない。Webアプリケーションでは、そのアプリケーションが1分間に管理できる要求の数が制限されるかもしれない。時が経つに連れて、性能は低下するだろう。GUIアプリケーションではデッドロックの可能性が増え、Webアプリケーションではスレッドプールが十分に活用されない。

こういった望ましくない結果を避けるには、`ConfigureAwait()`を使って、処理の続行をキャプチャしたコンテクスト行う必要がないことを示すという方法がある。ライブラリのコードで継続処理が文脈自由ならば、次のように使えるだろう。

```
public static async Task<XElement> ReadPacket(string Url)
{
    var result = await DownloadAsync(Url)
        .ConfigureAwait(continueOnCapturedContext: false);
    return XElement.Parse(result);
}
```

単純なケースならば、これは簡単だ。上記の`ConfigureAwait()`を追加するだけで、あなたの継続処理はデフォルトのコンテクストで実行されるようになる。だが、次のメソッドを見ていただきたい。

```
public static async Task<Config> ReadConfig(string Url)
{
    var result = await DownloadAsync(Url)
        .ConfigureAwait(continueOnCapturedContext: false);
    var items = XElement.Parse(result);
    var userConfig = from node in items.Descendants()
                     where node.Name == "Config"
                     select node.Value;
    var configUrl = userConfig.SingleOrDefault();
    if (configUrl != null)
    {
        result = await DownloadAsync(configUrl)
            .ConfigureAwait(continueOnCapturedContext: false);
        var config = await ParseConfig(result)
            .ConfigureAwait(continueOnCapturedContext: false);
        return config;
    }
    else
        return new Config();
}
```


これを見て、あなたは「いったん最初のawait式に到達したら、処理の続きはデフォルトのコンテクストで実行されるのだろう。そうだとしたら、それ以降のasyncコールでConfigureAwait()は不要になるだろう」と思うかもしれない。だが、その想定は必ずしも正しくない。もし最初のタスクが同期的に完了したら、どうなるだろうか。つまり（項目27で学んだように）処理がキャプチャされたコンテクストで同期的に続行される可能性があるのだ。その場合、実行は元のコンテクストのまま、次のawait式に到達するだろう。その後の呼び出しもデフォルトのコンテクストで続行されないので、すべての処理がキャプチャされたコンテクストで続行されることになる。

したがって、あなたがTaskを返すasyncメソッドを呼び出して、その続きが文脈自由なコードであるときは、残りのコードをデフォルトのコンテクストで実行するために、いつもConfigureAwait(false)を使う必要がある。そのためには、文脈自由なコードを、UIを操作しなければならないコードから分離したいだろう。その意味を理解するために、次のメソッドを見ていただきたい。

```
private async void OnCommand(object sender, RoutedEventArgs e)
{
    var viewModel = (DataContext as SampleViewModel);
    try
    {
        var userInput = viewModel.WebSite;
        var result = await DownloadAsync(userInput);
        var items = XElement.Parse(result);
        var userConfig = from node in items.Descendants()
                         where node.Name == "Config"
                         select node.Value;
```

```
        var configUrl = userConfig.SingleOrDefault();
        if (configUrl != null)
        {
            result = await DownloadAsync(configUrl);
            var config = await ParseConfig(result);
            await viewModel.Update(config);
        }
        else
            await viewModel.Update(new Config());
    }
    catch (Exception ex) when (logMessage(viewModel, ex))
    {
    }
}
```

このメソッドは、文脈依存コードを分離するのが難しい構造になっている。いくつもの非同期メソッドが呼び出されるが、それらの大部分は文脈自由なコードだ。けれどもメソッドの終わり近くでUIコントロールを更新するコードは文脈に依存する。UIコントロールを更新するコードを除いて、すべてのawait可能なコードを、文脈自由なコードとして扱うべきなのだ。文脈に依存するのは、ユーザーインターフェイスを更新するコードだけだ。

上にあげたメソッドは、このままでは、すべての継続処理をキャプチャされたコンテクストで実行しなければならない。しかし、いったんデフォルトのコンテクストで実行を再開したら、元に戻るのが困難となる。この問題に対処する最初のステップは、コードの構造を組み替えて、文脈自由なコードのすべてを新しいメソッドに移すことだ。その変更を終えてから、それぞれのメソッド呼び出しにConfigureAwait(false)を追加して、非同期な継続処理をデフォルトのコンテクストで実行させる。

```
private async void OnCommand(object sender, RoutedEventArgs e)
{
    var viewModel = (DataContext as SampleViewModel);
    try
    {
        Config config = await ReadConfigAsync(viewModel);
        await viewModel.Update(config);
    }
    catch (Exception ex) when (logMessage(viewModel, ex))
    {
    }
}

private async Task<Config> ReadConfigAsync(SampleViewModel
    viewModel)
{
    var userInput = viewModel.WebSite;
    var result = await DownloadAsync(userInput)
        .ConfigureAwait(continueOnCapturedContext: false);
    var items = XElement.Parse(result);
```

```
    var userConfig = from node in items.Descendants()
                     where node.Name == "Config"
                     select node.Value;
    var configUrl = userConfig.SingleOrDefault();
    var config = default(Config);
    if (configUrl != null)
    {
        result = await DownloadAsync(configUrl)
            .ConfigureAwait(continueOnCapturedContext: false);
        config = await ParseConfig(result)
            .ConfigureAwait(continueOnCapturedContext: false);
    }
    else
        config = new Config();
    return config;
}
```

もしデフォルトのコンテクストで続行されるのが既定の方針だったら、話は簡単だろう。けれども、そのアプローチには、もし間違ったらクラッシュするという危険がある。現在の方針によるデフォルト設定では、たとえすべての続行にキャプチャされたコンテクストが使われても、アプリケーションは安全に実行されるが、効率は悪くなる。あなたのユーザーには、もっと親切にすべきだ。コードの構成を変えて、キャプチャされたコンテクストで実行しなければならないコードを分離しよう。そして可能なときはいつでもデフォルトのコンテクストで続行するように、ConfigureAwait(false)を使おう。

項目32　複数のTaskオブジェクトで非同期処理を構成する

タスクは、あなたが他のリソースに委託した処理の抽象である。Task型と、それに関連するクラスと構造体には、タスクと、それに委託した処理を操作するための豊富なAPIがある。個々のタスクは、そのメソッドとプロパティによって操作できるオブジェクトだが、複数のタスクを集成して粒度の大きなタスクを構成することもできる。それらのオブジェクトは、決まった順序で実行することも、並列に実行することもできる。順序を強制するには、await式を使う。await式に続くコードは、待機したタスクが完了するまで実行されない。そういうタスクが始動されるのは、もう1つのタスクが完了した後、それに応答する場合に限定される。タスクには豊富なAPIがあるので、これらのオブジェクトと、それらが表現する仕事を使うアルゴリズムを、エレガントに書くことができる。タスクをオブジェクトとして使う方法を学ぶことによって、あなたの非同期コードは、よりエレガントなものになるだろう。

まずは、一群のタスクを始動して、それぞれの終了をawaitする非同期メソッドから始めよう。その意味を深く考えず、ごく素直に実装したら、たとえば次のようになる[†2]。

†2：[訳注] ReadStockTickerは株式相場のティックデータを読むタスクで、文中の「ストックシンボル」あるいはsymbolsは、監視したい銘柄コード（の列挙）を意味する。

```
public static async Task<IEnumerable<StockResult>>
    ReadStockTicker(IEnumerable<string> symbols)
{
    var results = new List<StockResult>();
    foreach (var symbol in symbols)
    {
        var result = await ReadSymbol(symbol);
        results.Add(result);
    }
    return results;
}
```

これらのタスクは独立した性質のものだから、個々のタスクを始動するのに、その前のタスクの終了を待つ理由はない。それなら、すべてのタスクを始動して、それらすべての終了を待ってから、その続きを実行するように変更したら、どうだろうか。それも、1つの方法だ。

```
public static async Task<IEnumerable<StockResult>>
    ReadStockTicker(IEnumerable<string> symbols)
{
    var resultTasks = new List<Task<StockResult>>();
    foreach (var symbol in symbols)
    {
        resultTasks.Add(ReadSymbol(symbol));
    }
    var results = await Task.WhenAll(resultTasks);
    return results.OrderBy(s => s.Price);
}
```

効率よく続行するために、すべてのタスクの結果が必要だとしたら、これが正しい実装になるだろう。WhenAllを使って作る新しいタスクは、それが監視するすべてのタスクが完了したときに完了する。Task.WhenAllが返すのは、完了した（あるいは失敗した）全タスクの結果を入れた配列である。

けれども、同じ結果を生成する複数の異なるタスクを始動することもある。その目的は、複数の異なるソースを競争させて、最初に終了したタスクを使い続けることだ。そういうときは、Task.WhenAny()メソッドを使える。これが作る新しいタスクは、自分がawaitする複数のタスクのなかで、どれか1つが完了したときに完了する。

1個のストックシンボルを複数のオンラインソースから読んで、最初に完了した結果を返すようにしたいときは、WhenAnyを使って、始動したタスクのなかで最初に完了したタスクを判定できる。

```
public static async Task<StockResult>
    ReadStockTicker(string symbol, IEnumerable<string> sources)
{
    var resultTasks = new List<Task<StockResult>>();
    foreach (var source in sources)
```

```
    {
        resultTasks.Add(ReadSymbol(symbol, source));
    }
    return await Task.WhenAny(resultTasks);
}
```

それぞれのタスクの完了後に継続して実行したいコードがあるかもしれない。それを素直に実装すると、たとえば次のようなコードになる。

```
public static async Task<IEnumerable<StockResult>>
    ReadStockTicker(IEnumerable<string> symbols)
{
    var resultTasks = new List<Task<StockResult>>();
    var results = new List<StockResult>();
    foreach (var symbol in symbols)
    {
        resultTasks.Add(ReadSymbol(symbol));
    }
    foreach(var task in resultTasks)
    {
        var result = await task;
        results.Add(result);
    }
    return results;
}
```

始動した順序にしたがってタスクが終了するという保証がないのだから、これは非常に効率の悪いアルゴリズムだ。すでに完了したタスクがいくつあっても、それらは待ち行列に入り、ぐずぐずしているタスクが処理を終えるのを、ただ並んで待つことになってしまう。

改良のため、Task.WhenAny()を使ってみてはどうか。その実装は、次のようになるだろう。

```
public static async Task<IEnumerable<StockResult>>
    ReadStockTicker(IEnumerable<string> symbols)
{
    var resultTasks = new List<Task<StockResult>>();
    var results = new List<StockResult>();
    foreach (var symbol in symbols)
    {
        resultTasks.Add(ReadSymbol(symbol));
    }
    while (resultTasks.Any())
    {
        // ループを繰り返すたびに新しいタスクを作るのでは、たぶん効率が悪くなる
        Task<StockResult> finishedTask = await
            Task.WhenAny(resultTasks);
        var result = await finishedTask;
        resultTasks.Remove(finishedTask);
        results.Add(result);
    }
```

```
    var first = await Task.WhenAny(resultTasks);
    return await first;
}
```

コメントで書いたように、この方式は望ましい挙動を得るのに優れた方法とは言えない。Task.WhenAny()を呼び出すたびに新しいタスクを作ることになる。管理したいタスクの数が多くなればなるほど、このアルゴリズムは、より多くの割り当てを実行して、どんどん効率が悪化する。

この場合は、TaskCompletionSourceクラスを使うという代替策がある。TaskCompletionSource<T>を使えば、これが返すTaskオブジェクトを後に操作することで結果を得ることができる。それによって、どのメソッドからの結果でも非同期に作ることができる。この方式のもっとも一般的な用途は、ソース側のTask（生産タスク：複数でもよい）と、ディスティネーション側のTask（消費タスク：複数でもよい）の間に、パイプを提供することだ。あなたは、生産側のタスクが完了したときに実行すべきコードを書く。そのコードで、生産側タスクをawaitし、TaskCompletionSourceを使って消費側のタスクを更新するのだ。

次の例は、生産側タスクの配列を受け取って、消費側TaskCompletionSourceオブジェクトの配列を作る。個々のタスクが完了するたびに、消費側タスクの1つを、TaskCompletionSourceを使って更新する。まず、そのコードを示そう。

```
public static Task<T>[] OrderByCompletion<T>(
    this IEnumerable<Task<T>> tasks)
{
    // ソース側は何度も列挙するのでListにコピーしておく
    var sourceTasks = tasks.ToList();

    // ソース側と出力タスクの割り当て：
    // 個々の出力側タスクを、個々のソース側のタスクに、
    // 「完了ソース」の配列で対応させる。
    var completionSources = new
        TaskCompletionSource<T>[sourceTasks.Count];
    var outputTasks = new Task<T>[completionSources.Length];
    for (int i = 0; i < completionSources.Length; i++)
    {
        completionSources[i] = new TaskCompletionSource<T>();
        outputTasks[i] = completionSources[i].Task;
    }

    // 魔法（1）：
    // どのタスクにも、その結果を「完了ソース」配列の
    // 次の空きスロットに入れる「継続コード」を持たせる
    int nextTaskIndex = -1;
    Action<Task<T>> continuation = completed =>
    {
        var bucket = completionSources
            [Interlocked.Increment(ref nextTaskIndex)];
```

```
        if (completed.IsCompleted)
            bucket.TrySetResult(completed.Result);
        else if (completed.IsFaulted)
            bucket.TrySetException(completed.Exception);
    };

    // 魔法（2）:
    // 入力側タスクのそれぞれに、出力タスクを設定する「継続コード」を準備する。
    // タスクが完了するごとに次のスロットを使う。
    foreach (var inputTask in sourceTasks)
    {
        inputTask.ContinueWith(continuation,
            CancellationToken.None,
            TaskContinuationOptions.ExecuteSynchronously,
            TaskScheduler.Default);
    }
    return outputTasks;
}
```


ずいぶん多くの処理が入っているので、セクションごとに見ていこう。最初に、このメソッドはTaskCompletionSourceオブジェクトの配列を割り当てる。次に、それぞれのソースタスクが完了するごとに実行される「継続コード」(continuation code) を定義する。その継続コードは、消費側TaskCompletionSourceオブジェクト配列の、次のスロットを完了に設定する。ここでは次の空きスロットをスレッド安全な方法で更新するために、Interlocked Increment()メソッドを使う。最後に、個々のTaskオブジェクトに対して、このコードを実行するよう継続コードの設定を行う。最終的に、このメソッドはTaskCompletionSourceオブジェクトの配列から、タスクのシーケンスを返すことになる。

これで呼び出し側は、そのタスクのリストを列挙することができる。それらは完了順に並んでいる。10個のタスクを実行する典型的なケースについて、進行を追いかけてみよう。これらのタスクが終了する順序は、3, 7, 2, 0, 4, 9, 1, 6, 5, 8だとする。まずタスク3が終了して、その継続コードが実行され、その結果であるTaskを、消費側配列のスロット0に入れる。次にタスク7が終了し、その結果をスロット1に入れる。タスク2は、結果をスロット2に入れる。このプロセスが、タスク8が終了してスロット9に結果を入れるまで続く（図3-1を参照）。

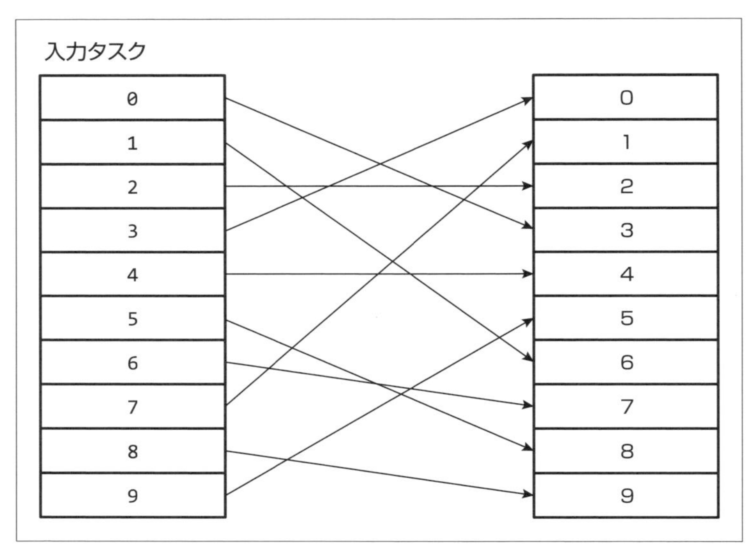

図3-1：タスクを完了順に並べる

では次に、失敗した状態で終わるタスクを処理できるようにコードを拡張しよう。そのために変更が必要なのは、継続コードだけだ。

```
// 魔法（1）：
// どのタスクにも、その結果を「完了ソース」配列の
// 次の空きスロットに入れる「継続コード」を持たせる
int nextTaskIndex = -1;
Action<Task<T>> continuation = completed =>
{
    var bucket = completionSources
        [Interlocked.Increment(ref nextTaskIndex)];
    if (completed.IsCompleted)
        bucket.TrySetResult(completed.Result);
    else if (completed.IsFaulted)
        bucket.TrySetException(completed.Exception);
};
```

複数のタスクによるプログラミングをサポートし、タスクが完了あるいは失敗したときの処理を可能にする、数多くのメソッドとAPIが準備されている。

これらのメソッドを使えば、非同期コードの結果を準備ができたときに処理するエレガントなアルゴリズムを構築するのが、もっと簡単になる。Taskライブラリにある、それらの拡張は、タスクの完了時に実行されるアクションを指定するものだ。完了するたびにタスクを操作する素直なコードは、読みやすいけれど非常に効率が悪い。

項目33　タスクのキャンセルや進捗報告を行うプロトコルを実装する

タスクの非同期プログラミングモデルには、キャンセルと進捗報告のための標準APIが含まれる。これらのAPIはオプションだが、あなたの非同期処理で進捗の報告やキャンセルを実行して効果が得られるのなら、それらを正しく実装すべきだ。どの非同期タスクでもキャンセルできるわけではない。根底にある機構がキャンセルのプロトコルを常にサポートするとは限らないからだ。その場合、あなたの非同期APIは、キャンセルが可能であることを示す多重定義を、どれもサポートしないでおくべきだ。さもないと、何の効果も得られないキャンセルのプロトコルを実装しようとして、呼び出し側が余計な仕事をすることになりかねない。

進捗報告についても、同じことが言える。このプログラミングモデルは進捗報告をサポートしているが、このプロトコルをあなたのAPIでサポートするのは、実際に進捗を報告できる場合に限定しよう。非同期処理が、どのくらい終わっているのかを正しく報告できないのであれば、進捗報告の多重定義を実装しないことだ。たとえばWeb要求の場合を考えてみよう。実際に応答を受け取る前にネットワークスタックから、その要求の配信や処理の進捗に関する中間的な報告を受け取ることはない。いったん応答を受信したら、そのタスクは完了する。これに進捗報告を加えても、まったく付加価値が得られない。

反対に、5つのWeb要求を別々のサーバーに発行して複雑な処理を実行するタスクを考えてみよう。たとえば給与支払名簿（payroll）を処理するAPIを書くとしたら、次のようなステップが考えられる。

1. あるWebサービスを呼び出して、従業員のリストと、報告された就業時間のデータを取り出す。
2. 別のWebサービスを呼び出して、税金の計算と報告を行わせる。
3. 第3のWebサービスを呼び出して、給与明細（paystub）を生成し、従業員に電子メールで送付する。
4. 第4のWebサービスを呼び出して、給与を口座に預金する。
5. 今回の給与会計（payroll period）を締める。

たぶん、それぞれのサービスが、この仕事の2割を表現すると考えて良さそうだ。5つのステップが、それぞれ完了するごとにプログラムの進捗を報告するような多重定義を、実装できるだろう。さらに、キャンセルのAPIも実装できるだろう。たぶん第4のステップを開始する前なら、処理をキャンセルできる。けれども、いったん給与を支払ったら、このタスクはキャンセルできない。

この例でサポートすべき、いくつかの多重定義を見ていくが、最初はもっとも単純な例として、キャンセルも進捗報告もサポートしない給与会計から始めよう。

```
public async Task RunPayroll(DateTime payrollPeriod)
{
    // Step 1: 就業時間と給与の計算
    var payrollData = await RetrieveEmployeePayrollDataFor(payrollPeriod);

    // Step 2: 源泉徴収税の計算と報告
    var taxReporting = new Dictionary<EmployeePayrollData, TaxWithholding>();
    foreach(var employee in payrollData)
    {
        var taxWithholding = await RetrieveTaxData(employee);
        taxReporting.Add(employee, taxWithholding);
    }

    // Step 3: 給与明細の生成と送信
    var paystubs = new List<Task>();
    foreach(var payrollItem in taxReporting)
    {
        var payrollTask = GeneratePayrollDocument(
            payrollItem.Key, payrollItem.Value);
        var emailTask = payrollTask.ContinueWith (
            paystub => EmailPaystub(payrollItem.Key.Email, paystub.Result));
        paystubs.Add(emailTask);
    }
    await Task.WhenAll(paystubs);

    // Step 4: 給与の預金
    var depositTasks = new List<Task>();
    foreach(var payrollItem in taxReporting)
    {
        depositTasks.Add(MakeDeposit(payrollItem.Key, payrollItem.Value));
    }
    await Task.WhenAll(depositTasks);

    // Step 5: 給与会計を閉じる
    await ClosePayrollPeriod(payrollPeriod);
}
```

次に、進捗報告をサポートする多重定義を追加しよう。それで次のようなものになる。

```
public async Task RunPayroll2(DateTime payrollPeriod,
    IProgress<(int, string)> progress)
{
    progress?.Report((0, "給与会計を始めます"));
    // Step 1: 就業時間と給与の計算
    var payrollData = await RetrieveEmployeePayrollDataFor(payrollPeriod);
    progress?.Report((20, "従業員と就業時間を取得しました"));

    // Step 2: 源泉徴収税の計算と報告
    var taxReporting = new Dictionary<EmployeePayrollData, TaxWithholding>();
    foreach (var employee in payrollData)
    {
        var taxWithholding = await RetrieveTaxData(employee);
```

```
            taxReporting.Add(employee, taxWithholding);
        }
        progress?.Report((40, "源泉徴収税を計算しました"));

        // Step 3: 給与明細の生成と送信
        var paystubs = new List<Task>();
        foreach (var payrollItem in taxReporting)
        {
            var payrollTask = GeneratePayrollDocument(
                payrollItem.Key, payrollItem.Value);
            var emailTask = payrollTask.ContinueWith(
                paystub => EmailPaystub(payrollItem.Key.Email, paystub.Result));
            paystubs.Add(emailTask);
        }
        await Task.WhenAll(paystubs);
        progress?.Report((60, "給与明細を送信しました"));

        // Step 4: 給与の預金
        var depositTasks = new List<Task>();
        foreach (var payrollItem in taxReporting)
        {
            depositTasks.Add(MakeDeposit(payrollItem.Key, payrollItem.Value));
        }
        await Task.WhenAll(depositTasks);
        progress?.Report((80, "給与を支払いました"));

        // Step 5: 給与会計を閉じる
        await ClosePayrollPeriod(payrollPeriod);
        progress?.Report((100, "完了"));
    }
```

呼び出し側は、次のようなイディオムで、このAPIを使うことになる。

```
public class ProgressReporter : IProgress<(int percent, string message)>
{
    public void Report((int percent, string message) value)
    {
        WriteLine($"{value.percent} を処理済み: {value.message}");
    }
}

await generator.RunPayroll(DateTime.Now, new ProgressReporter());
```

これで進捗報告を追加できた。次はキャンセルを実装しよう。次に示す例はキャンセルを扱うが、進捗は報告しない。

```
public async Task RunPayroll(DateTime payrollPeriod,
    CancellationToken cancellationToken)
{
    // Step 1: 就業時間と給与の計算
```

```
    var payrollData = await RetrieveEmployeePayrollDataFor(payrollPeriod);
    cancellationToken.ThrowIfCancellationRequested();

    // Step 2: 源泉徴収税の計算と報告
    var taxReporting = new Dictionary<EmployeePayrollData, TaxWithholding>();
    foreach (var employee in payrollData)
    {
        var taxWithholding = await RetrieveTaxData(employee);
        taxReporting.Add(employee, taxWithholding);
    }
    cancellationToken.ThrowIfCancellationRequested();

    // Step 3: 給与明細の生成と送信
    var paystubs = new List<Task>();
    foreach (var payrollItem in taxReporting)
    {
        var payrollTask = GeneratePayrollDocument(
            payrollItem.Key, payrollItem.Value);
        var emailTask = payrollTask.ContinueWith(
            paystub => EmailPaystub(payrollItem.Key.Email, paystub.Result));
        paystubs.Add(emailTask);
    }
    await Task.WhenAll(paystubs);
    cancellationToken.ThrowIfCancellationRequested();

    // Step 4: 給与の預金
    var depositTasks = new List<Task>();
    foreach (var payrollItem in taxReporting)

    // Step 5: 給与会計を閉じる
    await ClosePayrollPeriod(payrollPeriod);
}
```

呼び出し側は、次のように、このメソッドをアクセスする。

```
var cts = new CancellationTokenSource();
generator.RunPayroll(DateTime.Now, cts.Token);

// キャンセルするには:
cts.Cancel();
```

呼び出し側は、キャンセルの要求にCancellationTokenSourceを使う。項目32で見たTaskCompletionSourceと同じように、このクラスも、キャンセルを要求するコードと、キャンセルをサポートするコードの間を仲介する役割を提供する。

このイディオムは、処理が完了しなかったことを示すために、TaskCancelledExceptionを送出することでキャンセルを報告している。キャンセルされたタスクは、失敗したタスクだ。したがって、async voidメソッドは、決してキャンセルをサポートしてはいけない（項目28)。もしそうしたら、キャンセルされたタスクは、処理されない例外のハンドラを呼び出すことになってしまう。

最後に、2つの組み合わせを含む共通の実装を作ろう。

```
public Task RunPayroll(DateTime payrollPeriod) =>
    RunPayroll(payrollPeriod, new CancellationToken(), null);

public Task RunPayroll(DateTime payrollPeriod,
    CancellationToken cancellationToken) =>
    RunPayroll(payrollPeriod, cancellationToken, null);

public Task RunPayroll(DateTime payrollPeriod,
    IProgress<(int, string)> progress) =>
    RunPayroll(payrollPeriod, new CancellationToken(), progress);

public async Task RunPayroll(DateTime payrollPeriod,
    CancellationToken cancellationToken,
    IProgress<(int, string)> progress)
{
    progress?.Report((0, "給与会計を始めます"));
    // Step 1: 就業時間と給与の計算
    var payrollData = await RetrieveEmployeePayrollDataFor(payrollPeriod);
    cancellationToken.ThrowIfCancellationRequested();
    progress?.Report((20, "従業員と就業時間を取得しました"));

    // Step 2: 源泉徴収税の計算と報告
    var taxReporting = new Dictionary<EmployeePayrollData, TaxWithholding>();
    foreach (var employee in payrollData)
    {
        var taxWithholding = await RetrieveTaxData(employee);
        taxReporting.Add(employee, taxWithholding);
    }
    cancellationToken.ThrowIfCancellationRequested();
    progress?.Report((40, "源泉徴収税を計算しました"));

    // Step 3: 給与明細の生成と送信
    var paystubs = new List<Task>();
    foreach (var payrollItem in taxReporting)
    {
        var payrollTask = GeneratePayrollDocument(
            payrollItem.Key, payrollItem.Value);
        var emailTask = payrollTask.ContinueWith(
            paystub => EmailPaystub(payrollItem.Key.Email, paystub.Result));
        paystubs.Add(emailTask);
    }
    await Task.WhenAll(paystubs);
    cancellationToken.ThrowIfCancellationRequested();
    progress?.Report((60, "給与明細を送信しました"));

    // Step 4: 給与の預金
    var depositTasks = new List<Task>();
    foreach (var payrollItem in taxReporting)
    {
```

```
        depositTasks.Add(MakeDeposit(payrollItem.Key, payrollItem.Value));
    }
    await Task.WhenAll(depositTasks);
    progress?.Report((80, "給与を支払いました"));

    // Step 5: 給与会計を閉じる
    await ClosePayrollPeriod(payrollPeriod);
    cancellationToken.ThrowIfCancellationRequested();
    progress?.Report((100, "完了"));
}
```

すべての共通コードを1個のメソッドにまとめていることに注目していただきたい。進捗は要求されたときに限り報告される。キャンセルをサポートしないすべての多重定義にもキャンセルのトークンが作成されるが、それらの多重定義がキャンセルを要求することは決してない。

タスクの非同期プログラミングモデルは、非同期処理の始動、キャンセル、監視を行う豊富なプロトコルをサポートしている。これらを使うことによって、その非同期処理で何ができるのかを表現する非同期APIを設計できる。キャンセルと進捗報告はオプションなのだから、効果が得られるものだけをサポートしよう。無意味な機能まで実装したら呼び出し側を迷わせることになる。

項目34　総称的なValueTask<T>型で非同期処理の戻り値をキャッシュする

これまでタスクの非同期プログラミングモデルを論じた項目では、どれも非同期コードの戻り値の型に、Task型か、Task<T>型を使ってきた。これらは非同期処理が返すもっとも一般的な型で、あなたも大概どちらかを使うことになるだろう。けれども、ときにはTask型がコードに性能のボトルネックをもたらすこともある。もし非同期呼び出しを、緊密なループや速度が要求されるコードの中で行うとしたら、あなたの非同期メソッドのためにTaskクラスを割り当てて使うのは、コストが高すぎるかもしれない。C# 7では、非同期メソッドの戻り型として、必ずしもTaskまたはTask<T>を使うことが強制されないが、その代わりとしてasync修飾子を持つメソッドが「アウェイター」(awaiter) パターンに従う型を返すことが要求される。つまり、INotifyCompletionとICriticalNotifyCompletionという2つのインターフェイスを実装したオブジェクトを返す、アクセス可能なGetAwaiter()メソッドを持っていなければならない。そのアクセス可能なGetAwaiter()メソッドは、拡張メソッドで供給してもよい。

さらに、.NET Frameworkの最新リリースには、もっと効率よく使える新しいValueTask<T>型が含まれている。これは値型なので余分なメモリ割り当てが発生せず、コレクションの処理が軽減される。非同期メソッドが、キャッシュされた結果を取り出す場合があるときは、このValueTask<T>型が最適なイディオムだ。次に例示するメソッドは、天候データをチェックする。

```
public async Task<IEnumerable<WeatherData>>
    RetrieveHistoricalData(DateTime start, DateTime end)
{
    var observationDate = this.startDate;
    var results = new List<WeatherData>();

    while (observationDate < this.endDate)
    {
        var observation = await RetrieveObservationData(observationDate);
        results.Add(observation);
        observationDate += TimeSpan.FromDays(1);
    }
    return results;
}
```

この実装では、呼び出されるたびにネットワークを毎回呼び出している。もしこのメソッドが、モバイルアプリに含まれるウィジェットの一部として1分ごとに簡略な状態を表示するのに使われるとしたら、そのアプリの処理は非常に効率が悪くなるだろう。気象情報は、それほど頻繁に変化しない。そこで結果を、5分までキャッシュすることにしたい。Taskを使って実装すると、次のようになるだろう。

```
private List<WeatherData> recentObservations = new List<WeatherData>();
private DateTime lastReading;
public async Task<IEnumerable<WeatherData>> RetrieveHistoricalData()
{
    if (DateTime.Now - lastReading > TimeSpan.FromMinutes(5))
    {
        recentObservations = new List<WeatherData>();
        var observationDate = this.startDate;
        while (observationDate < this.endDate)
        {
            var observation = await RetrieveObservationData(observationDate);
            recentObservations.Add(observation);
            observationDate += TimeSpan.FromDays(1);
        }
        lastReading = DateTime.Now;
    }
    return recentObservations;
}
```

多くの場合は、この変更でも性能を向上させるのに十分かもしれない。このコードでもっとも影響の大きなボトルネックは、ネットワークレイテンシだ。

けれども、そのウィジェットをメモリの制限がきつい環境で実行するとしたら、どうだろうか。その場合は、このメソッドが呼び出されるたびに実行されるオブジェクトの割り当てを避けたい。そういうときこそ、ValueTask型を使うように変更すべきだ。それで、次のような実装になる。

```
public ValueTask<IEnumerable<WeatherData>> RetrieveHistoricalData()
{
    if (DateTime.Now - lastReading > TimeSpan.FromMinutes(5))
    {
        return new ValueTask<IEnumerable<WeatherData>>(recentObservations);
    }
    else
    {
        async Task<IEnumerable<WeatherData>> loadCache()
        {
            recentObservations = new List<WeatherData>();
            var observationDate = this.startDate;
            while (observationDate < this.endDate)
            {
            var observation = await RetrieveObservationData(observationDate);
            recentObservations.Add(observation);
            observationDate += TimeSpan.FromDays(1);
            }
            lastReading = DateTime.Now;
            return recentObservations;
        }
        return new ValueTask<IEnumerable<WeatherData>>(loadCache());
    }
}
```

このメソッドには、ValueTaskを採用する場合に使うべき重要なイディオムが、いくつか含まれている。まず、これは非同期メソッドではなく、ValueTask型を返すメソッドだ。ただしネストしている関数はasync修飾子によって非同期処理を実行する。つまり、もしキャッシュが有効ならば、余分なステートマシン管理と割り当てが行われない、ということだ。第2に、ValueTaskには、Taskを引数とするコンストラクタがあることに注目しよう。これが内部的にawait処理を行う。

Taskオブジェクトのために行うメモリ割り当てが、あなたのコードのボトルネックになっているときは、ValueTask型を使った最適化が可能かもしれない。ただし、ほとんどの非同期メソッドには、たぶんTask型を使うことになるだろう。私としては、実際に計測を行って、メモリ割り当てがボトルネックだと判明するまで、すべての非同期メソッドにTaskとTask<T>を使うことを推奨する。ただし値型への変換は難しいものではないから、変更によって性能の問題が解決されるとわかったら実装しよう。

第4章　並列処理

並列アルゴリズムを書くのは、非同期アルゴリズムを書くのと同じことではない。CPUバウンドな並列コードを書くときは、取り組むべき問題が違うし、利用するツールも異なる。タスクの非同期プログラミングモデルを、並列CPUのアルゴリズムに使うことは可能だが、それより優れた選択肢があることが多い。

この章では、さまざまなライブラリとツールによって並列プログラミングを、より簡略化にする数多くの方法を紹介する。容易にはならないとしても、より良いツールを正しく使えば、従来よりも簡単になる。

項目35　PLINQによる並列アルゴリズムの実装を学ぼう

この項目で私は、いっそのこと「並列プログラミングは簡単になりました。あなたの全部のループに`AsParallel()`を追加するだけよいのです」と書きたいのだが、そこまで単純な話ではない。けれどもPLINQを使えば、あなたのプログラムの正しさを損ねることなく複数のコアを活用することが、従来よりも容易になるのは本当だ。マルチコアを利用するプログラムを作るのは決して些細なことではないが、PLINQ（Parallel Language-Integrated Query）によって、その仕事は簡略化される。

データのアクセスを同期すべきタイミングは、いまでも理解する必要がある。`ParallelEnumerable`で宣言されているメソッドの並列バージョンと直列バージョンで得られる効果は、やはり測定して比較しなければならない。クエリに関わるLINQメソッドの一部は、並列に実行することが非常に簡単だが、その他のメソッドは、要素のシーケンスに対する「よりシーケンシャルなアクセス」を強制する。つまり、たとえば`OrderBy`のように、完全なシーケンスが必要なものがある。

いくつかPLINQを使う例を見ながら、何がうまくいくのか、どこに落とし穴があるのかを指摘したい。この項目で示す例と解説は、LINQ to Objects（オブジェクト用LINQ）を使うものだ。そもそも`ParallelEnumerable`というクラス名からして、"Queryable"（クエリ可能）だというのではなく、"Enumerable"（列挙可能）だということを強調している。実際PLINQは、

LINQ to SQLやEntity Frameworkのアルゴリズムの並列化を援助していない。それで問題にならないのは、これらの実装が並列データベースエンジンを活用してクエリを並列に実行するからだ。

次に示す単純なクエリは、メソッドコールの構文を使って、整数の大規模な集合で構成されるデータソースから、150よりも小さな数値について*n!*を計算する。

```
var nums = data.Where(m => m < 150).Select(n => Factorial(n));
```

このクエリを並列化するには、クエリの最初のメソッドとしてAsParallel()を追加するだけでよい。

```
var numsParallel = data.AsParallel().
    Where(m => m < 150).Select(n => Factorial(n));
```

もちろん、同じ処理をクエリの構文で行うこともできる。

```
var nums = from n in data
           where n < 150
           select Factorial(n);
```

その並列バージョンは、データシーケンスにAsParallel()を適用する方法で書くことができる。

```
var numsParallel = from n in data.AsParallel()
    where n < 150
    select Factorial(n);
```

結果はメソッドコール式のバージョンと同じだ。

この最初の例は非常に単純だが、PLINQ全体で使われる重要なコンセプトを、いくつか示している。AsParallel()は、どのクエリ式でも、あなたが並列に実行したいときに呼び出すメソッドだ。いったんAsParallel()を呼び出すと、その後の処理は複数のスレッドを使って複数のコアで行われる。AsParallel()が返すのは、IEnumerable()ではなく、IParallelEnumerable()だ。PLINQは、IParallelEnumerableに対する拡張メソッドの集合として実装される。それらのシグネチャは、EnumerableクラスでIEnumerableを拡張するメソッドと、ほとんど同じで、パラメータと戻り値の型が、IEnumerableからIParallelEnumerableに変わるだけだ。すべてのLINQプロバイダが採用しているのと同じパターンに、PLINQも従っているのだから、このアプローチには、とても学びやすいという長所がある。あなたがLINQについて知っていることは、一般に、PLINQにも応用できる。

もちろん、すべてがこれほど単純なわけではない。最初に見たクエリは、非常にPLINQを使いやすいものだ。共有データがないし、結果の順序も問われない。このような性質があるので、処理速度は、このコードを実行するマシンのコア数に比例して向上する。PLINQから最大の性能を引き出すために、並列タスクライブラリ関数を`IParallelEnumerable`を使ってアクセスする方法を制御するメソッドが、いくつか存在する。

どの並列クエリも、パーティション分割のステップから始まる。PLINQは入力の要素をパーティションに分割し、クエリ実行のために作られた複数のタスクに、それらを割り当てる必要がある。パーティション分割は、PLINQでもっとも重要な側面の1つなので、それぞれのアプローチがどう違うのか、どれを使うかをPLINQがどうやって決めるのか、それぞれどのように働くのかを理解することが不可欠だ。

最初に考慮すべきことは、パーティション分割に、あまり時間がかかってはいけない、ということだ。PLINQライブラリがパーティション分割にかける時間が長くなりすぎたら、実際にデータを処理する時間が圧迫されるだろう。PLINQは、入力ソースと、あなたが作るクエリの型によって、次の4種類のパーティショニングアルゴリズムを使い分ける。

- 範囲（range）パーティショニング
- チャンクによるパーティショニング
- ストライプ化（striped）パーティショニング
- ハッシュによるパーティショニング

もっとも単純なアルゴリズムである範囲パーティショニングは、入力シーケンスをタスクの数で割り、それぞれのタスクに要素集合を分配する。たとえば入力シーケンスに1000個の要素があって、それをクアッドコアのマシンで処理するのなら、それぞれ250個の要素を持つ範囲を作る。PLINQが範囲パーティショニングを使うのは、クエリのソースがシーケンスのインデックスをサポートしていて、そのシーケンスに要素が何個あるのかを報告してくれる場合に限られる。だから範囲パーティショニングが使われるクエリソースは、`List<T>`や、配列や、`IList<T>`インターフェイスをサポートするその他のシーケンスに限られる。これらの処理をサポートするソースへのクエリには、範囲パーティショニングが使われるのが典型的だ。

チャンクによるパーティショニングのアルゴリズムは、それぞれのタスクに、ひとかたまりのチャンク（要素集合）を、タスクが仕事を要求するたびに割り当てる。チャンクを作る内部的なアルゴリズムは変化し続けているので、現在の実装を深く説明することはしない。けれどもチャンクのサイズは、最初は小さいことが期待できる。それは入力シーケンスが小さいかもしれないからだ。こうすることによって、小さなシーケンス全体を1本のタスクが処理するような状況を避けている。また、処理の進捗に従ってチャンクのサイズが大きくなることも予想できる。それによってスレッディングのオーバーヘッドを最小にし、スループットを最大化する効果が得られる。チャンクのサイズは、クエリによるデリゲートの実行時間や、`where`節によって排除される要素の数にも依存する。目的は、すべてのタスクがだいたい同じ時間で終わるようにして、全体のスループットを高めることだ。

あと2つのパーティション分割アルゴリズムは、ある種のクエリ処理を最適化する。ストライプ化パーティショニングは、範囲パーティショニングの特殊なケースで、シーケンスの先頭に近い要素の処理を最適化する。それぞれのワーカースレッドは、N個の要素をスキップしてから、次のM個の要素を処理する。そのM個の要素を処理したワーカースレッドは、再び次のN個をスキップする。このストライプ化アルゴリズムは、1個の要素で行うストライプ化を想像するともっともわかりやすい。ワーカータスクが4本のとき、第1のタスクはインデックスが`0, 4, 8, 12`などの要素を処理する。そして第2のタスクは、インデックスが`1, 5, 9, 13`などの要素を受け持つ。ストライプ化パーティショニングを行うクエリでは、スレッド間の同期を行う`TakeWhile()`と`SkipWhile()`を実装する必要がない。また、この方式のワーカースレッドは、単純な計算によって次の要素に進むことができる。

ハッシュによるパーティショニングは、`Join`、`GroupJoin`、`GroupBy`、`Distinct`、`Except`、`Union`、`Intersect`の演算を行うクエリのために設計された特殊用途のアルゴリズムだ。これらは比較的コストの高い演算であり、専用のパーティショニングアルゴリズムを使うことで、これらのクエリを高度に並列化することが可能となる。ハッシュによるパーティショニングでは、同じハッシュコードを生成する全部の要素が、必ず同じタスクによって処理される。このため、これらの処理でのタスク間通信は最小化される。

パーティション分割のアルゴリズムとは別に、PLINQは、あなたのコードにおけるタスクの並列化に3種類のアルゴリズムを使う。それらは、**パイプライン化**、**ストップ＆ゴー**、**逆列挙**と呼ばれている。パイプライン化がデフォルトなので、まずはこれを見よう。

パイプライン化する場合、1本のスレッドで列挙の処理を行う（`foreach`ブロックか、クエリのシーケンス）。ただし、そのシーケンスのなかにある個々の要素に対するクエリ処理には、複数のスレッドが使われる。シーケンス内の新しい要素が要求されるたびに、その要素が別スレッドで処理されるのだ。PLINQがパイプラインモードで使用するスレッドの数は、通常は（ほとんどのCPUバウンドなクエリで）コアの数になる。さきほどの階乗を求める例でデュアルコアのマシンなら、2本のスレッドを使うことになる。最初の要素をシーケンスから要求した後、その処理を1本のスレッドが行う。その直後に第2の要素を要求し、第2のスレッドで処理する。そして、どちらかの要素の処理が終わったら、第3の要素を要求し、どちらか終了したほうのスレッドでクエリ式を処理する。シーケンス全体のクエリ実行で、どちらのスレッドも要素のクエリによってビジーな状態が続く。より多くのコアを持つマシンでは、より多くの要素が並列に処理される。

たとえば16コアのマシンなら、最初の16個の要素が即座に16本のスレッドで処理される（16個のコアで、それぞれ実行される）。もっとも、この説明は少し単純すぎる。実際に列挙を処理するスレッドを含めれば、パイプライン化によって作られるスレッドの数は、コアの数より1本多いはずだ。とはいえ列挙を処理するスレッドは、ほとんどの時間を待機に費やすのだから、この目的のために1つ多いスレッドを作るのは意味のあることだ。

ストップ&ゴーのアルゴリズムでは、列挙を開始したスレッドが、そのクエリ式を実行するすべてのスレッドに合流する。この方式が使われるのは、あなたがToList()またはToArray()を使ってクエリの即時実行を要求するときか、あるいはPLINQが順序付けや整列のような処理を続ける前に結果の完全な集合を必要とするときである。次に示すどちらのクエリでもストップ&ゴーのアルゴリズムが使われる。

```
var stopAndGoArray = (from n in data.AsParallel()
                        where n < 150
                        select Factorial(n)).ToArray();

var stopAndGoList = (from n in data.AsParallel()
                        where n < 150
                        select Factorial(n)).ToList();
```


ストップ&ゴーの処理を使うと、しばしばわずかな性能向上が得られるが、その代わりにメモリを多く使うことになる。上にあげた2つの例で、まだクエリ式が1つも実行されていないときに、クエリ全体が構築されることに注目しよう。こういうケースでは、それぞれの部分をストップ&ゴーのアルゴリズムで処理してから最終的な結果を別のクエリを使って合成するよりも、クエリ全体を一気に構成したい。というのも、前者のアプローチでは、マルチスレッドによるオーバーヘッドが性能の向上を妨げることが多いからだ。この場合はクエリ式の全体を1個にまとめた演算で処理するほうが、ほとんど常に好ましい。

TPL（タスク並列ライブラリ）が使う最後のアルゴリズムが、逆列挙である。逆列挙は結果を生成するのでなく、個々のクエリ式の結果について何らかのアクションを実行する。これまでの例では、階乗を計算した結果をコンソールにプリントするのに、次のように書くだろう。

```
var numsParallel = from n in data.AsParallel()
                   where n < 150
                   select Factorial(n);
foreach (var item in numsParallel)
    Console.WriteLine(item);
```

LINQ to Objectsのクエリは遅延評価される（これは非並列だ）。つまり個々の値は、それを要求されたときにだけ生成される。クエリの結果を処理するときに、それと同様な（少し違うけれど）並列実行のモデルを採用したい場合がある。そういうときに使われるのが逆列挙のモデルだ。それには次のようにForAll()を使う。

```
var nums2 = from n in data.AsParallel()
            where n < 150
            select Factorial(n);
nums2.ForAll(item => Console.WriteLine(item));
```

逆列挙はストップ&ゴーよりも使うメモリの量が少ない。それに、結果に対するアクションを並列に行うことができる。このForAll()を使う場合も、クエリの中でAsParallel()を使う必要がある。ForAll()は、ストップ&ゴーよりも使うメモリの量が少ないだけでなく、状況によっては（クエリ式の結果に対して行うアクションの仕事量に依存するが）最速な列挙方式になる場合も多い。

すべてのLINQクエリは遅延実行される。あなたが作成したクエリは、そのクエリによって生成される要素が実際に要求されるときまで実行されない。LINQ to Objectsは、その延長線上にあって、個々の要素が要求されると、その要素に対するクエリを実行する。ところがPLINQの仕組みは違う。そのモデルは、LINQ to SQLやEntity Frameworkに近いものだ。これらのモデルでは、最初の要素が要求されたときに結果のシーケンス全体が生成される。PLINQは、これらのモデルに近いのだが、まったく同じではない。PLINQがクエリをどのように実行するかを間違って理解していると、必要以上にリソースを消費することになる。マルチコアのマシンにおける並列クエリの実行が、LINQ to Objectsクエリよりも遅くなってしまうことが実際にある。

その違いを示すために、ごく単純なクエリを見てから、それにAsParallel()を加えることによって実行モデルがどう変わるかを調べよう。どちらのモデルも有効であり、どちらも完全に同じ結果を生成する。LINQのモデルで重視されるのは結果が「何か」であり、それらが「どのように」生成されるかではない。「どのように」の違いが現れるのは、あなたのアリゴリズムがクエリ節で副作用を持つときに限られる。次に示すクエリを使って、その違いを見よう。

```
var answers = from n in Enumerable.Range(0, 300)
    where n.SomeTest()
    select n.SomeProjection();
```

SomeTest()とSomeProjection()という2つのメソッドに、それらがいつ実行されるかを示す仕掛けを作っておこう。

```
public static bool SomeTest(this int inputValue)
{
    Console.WriteLine($"テスト中の要素: {inputValue}");
    return inputValue % 10 == 0;
}

public static string SomeProjection(this int input)
{
    Console.WriteLine($"射影する要素: {input}");
    return $"Delivered {input} at {DateTime.Now:T}";
}
```

最後に、単純なforeachループではなく、IEnumerator<string>のメンバーを使って結果の列挙処理を行い、それによってさまざまなアクションがいつ発生するかを見よう。こうすれば、シーケンスが並列に生成されるタイミングと、シーケンスが（このループで）列挙されるタイミングを、はっきりと正確に調べることができる（製品のコードなら別の実装を使うだろう）。

```
var iter = answers.GetEnumerator();

Console.WriteLine("いまから列挙を開始する");
while (iter.MoveNext())
{
    Console.WriteLine("MoveNextが呼び出された");
    Console.WriteLine(iter.Current);
}
```


標準的なLINQ to Objectsの実装を使うと、次のような出力になる。

```
いまから列挙を開始する
テスト中の要素: 0
射影する要素: 0
MoveNextが呼び出された
Delivered 0 at 1:46:08 PM
テスト中の要素: 1
テスト中の要素: 2
テスト中の要素: 3
テスト中の要素: 4
テスト中の要素: 5
テスト中の要素: 6
テスト中の要素: 7
テスト中の要素: 8
テスト中の要素: 9
テスト中の要素: 10
射影する要素: 10
MoveNextが呼び出された
Delivered 10 at 1:46:08 PM
テスト中の要素: 11
テスト中の要素: 12
テスト中の要素: 13
テスト中の要素: 14
テスト中の要素: 15
テスト中の要素: 16
テスト中の要素: 17
テスト中の要素: 18
テスト中の要素: 19
テスト中の要素: 20
射影する要素: 20
MoveNextが呼び出された
Delivered 20 at 1:46:08 PM
テスト中の要素: 21
テスト中の要素: 22
テスト中の要素: 23
テスト中の要素: 24
```

```
テスト中の要素: 25
テスト中の要素: 26
テスト中の要素: 27
テスト中の要素: 28
テスト中の要素: 29
テスト中の要素: 30
射影する要素: 30
```

クエリの実行は、列挙子に対する最初のMoveNext()が呼び出されるまで開始されない。最初に呼び出されるMoveNext()では、結果のシーケンスで最初の要素を取り出すのに十分な数の要素に対するクエリが実行される（ここでは、たまたま1個の要素に対するクエリが実行されている）。その次に呼び出されるMoveNext()は、出力シーケンスに次の要素を生成するまで、入力シーケンスの要素を調べていく。LINQ to Objectsを使って行われるMoveNext()の呼び出しは、それぞれ次の出力側要素を生成するのに必要な数の要素に対するクエリを実行する。

ところが、クエリを並列クエリに変更すると、ルールが変わる。

```
var answers = from n in ParallelEnumerable.Range(0, 300)
              where n.SomeTest()
              select n.SomeProjection();
```

このクエリからの出力は、まったく違うものになる。次に、ある実行の結果を示す（実行するたびに少しずつ異なる出力が得られる）。

```
いまから列挙を開始する
テスト中の要素: 150
射影する要素: 150
テスト中の要素: 0
テスト中の要素: 151
射影する要素: 0
テスト中の要素: 1
テスト中の要素: 2
テスト中の要素: 3
テスト中の要素: 4
テスト中の要素: 5
テスト中の要素: 6
テスト中の要素: 7
テスト中の要素: 8
テスト中の要素: 9
テスト中の要素: 10
射影する要素: 10
テスト中の要素: 11
テスト中の要素: 12
テスト中の要素: 13
テスト中の要素: 14
テスト中の要素: 15
テスト中の要素: 16
```

```
テスト中の要素: 17
テスト中の要素: 18
テスト中の要素: 19
テスト中の要素: 152
テスト中の要素: 153
テスト中の要素: 154
テスト中の要素: 155
テスト中の要素: 156
テスト中の要素: 157
テスト中の要素: 20
... 大量にあるので省略 ...
テスト中の要素: 286
テスト中の要素: 287
テスト中の要素: 288
テスト中の要素: 289
テスト中の要素: 290
Delivered 130 at 1:50:39 PM
MoveNextが呼び出された
Delivered 140 at 1:50:39 PM
射影する要素: 290
テスト中の要素: 291
テスト中の要素: 292
テスト中の要素: 293
テスト中の要素: 294
テスト中の要素: 295
テスト中の要素: 296
テスト中の要素: 297
テスト中の要素: 298
テスト中の要素: 299
MoveNextが呼び出された
Delivered 150 at 1:50:39 PM
MoveNextが呼び出された
Delivered 160 at 1:50:39 PM
MoveNextが呼び出された
Delivered 170 at 1:50:39 PM
MoveNextが呼び出された
Delivered 180 at 1:50:39 PM
MoveNextが呼び出された
Delivered 190 at 1:50:39 PM
MoveNextが呼び出された
Delivered 200 at 1:50:39 PM
MoveNextが呼び出された
Delivered 210 at 1:50:39 PM
MoveNextが呼び出された
Delivered 220 at 1:50:39 PM
MoveNextが呼び出された
Delivered 230 at 1:50:39 PM
MoveNextが呼び出された
Delivered 240 at 1:50:39 PM
MoveNextが呼び出された
Delivered 250 at 1:50:39 PM
MoveNextが呼び出された
Delivered 260 at 1:50:39 PM
```

```
MoveNextが呼び出された
Delivered 270 at 1:50:39 PM
MoveNextが呼び出された
Delivered 280 at 1:50:39 PM
MoveNextが呼び出された
Delivered 290 at 1:50:39 PM
```

これほど出力が変化するのだ。MoveNext()が一番最初に呼び出されるとき、PLINQは結果の生成に関わるすべてのスレッドを始動する。それによって、かなりの数の（この場合は、ほとんどすべての）結果のオブジェクトが生成される。その後で呼び出されるMoveNext()は、すでに生成された結果から、次の要素を取り出す。ある特定の入力要素が、いつ処理されるかは予測できない。わかるのは、クエリの最初の要素を要求したら、すぐにそのクエリの実行が（何本かのスレッドで）開始されるということだけだ。

クエリ構文をサポートするPLINQのメソッドは、この振る舞いがクエリの性能に与える影響を理解している。たとえば、このクエリを次のように書き換えて、Skip()とTake()を使って結果の第2ページを選択するとしよう。

```
var answers = (from n in ParallelEnumerable.Range(0, 300)
               where n.SomeTest()
               select n.SomeProjection()).
               Skip(20).Take(20);
```

このクエリを実行すると、LINQ to Objectsによって生成されたのと同一な出力が得られる。その理由は、300個の要素ではなく20個の要素を作る方が高速だということをPLINQが知っているからだ（私は少し話を単純化しているけれど、PLINQによるSkip()とTake()の実装に、他のアルゴリズムよりシーケンシャルなアルゴリズムを採用する傾向があるのは事実だ）。

このクエリに、もう少し手を加えると、PLINQが並列実行のモデルを使って全部の要素を生成するように変更できる。それには次のようにorderby節を追加するだけでよい。

```
var answers = (from n in ParallelEnumerable.Range(0, 300)
               where n.SomeTest()
               orderby n.ToString().Length
               select n.SomeProjection()).
               Skip(20).Take(20);
```

ただしorderbyのラムダ引数は、コンパイラによって最適化されるようなものではだめだ（だからこそ、このサンプルコードでは、ただのnではなくn.ToString().Lengthを使っている。Enumerable.Rangeの順序に依存する最適化の可能性があるからだ）。この場合クエリエンジンは、出力シーケンスのすべての要素を生成してからでなければ、それらを長さの順に並び替えることができない。そうして要素を正しい順序に並び替えた後でなければ、Skip()

とTake()のメソッドは、どの要素を返すべきかを知ることができない。もちろんマルチコアのマシンでは、複数のスレッドを使って全部の出力を生成するほうが、シーケンスを順番に生成するよりも高速だ。PLINQも、それを知っているから複数のスレッドを始動して出力を作成する。

PLINQは、あなたが書いたクエリについて、あなたが必要とする結果を最小の処理と最小の時間で生成できるように、最適な実装を作ろうとする。その結果として、PLINQのクエリが、あなたの予測と異なる方法で実行されるときもある。あるときは、どちらかといえばLINQ to Objectsに近い方法が採用されて、出力シーケンスの次の要素を要求したときに、それを生成するコードが実行される。あるいはLINQ to SQLやEntity Frameworkに近い方法が採用されて、最初の要素を要求したときに、すべての要素が生成される。あるいは、その2つを混ぜ合わせたような挙動になる。だから、LINQのクエリが何らかの副作用を生み出さないように注意すべきだ。複数のLINQクエリにおける副作用が、シーケンシャルに実行されるクエリではエラーになるかもしれない。PLINQの実行モデルでは、なおさら用心が必要だ。複数のクエリを構成するときは、その根底にある技法を十分に活用できるように配慮するべきだ。そのためには、それらの技法の働きの違いを理解している必要がある。

並列アルゴリズムはアムダールの法則によって制限される。つまりマルチプロセッサを使って行うプログラムの高速化は、そのプログラムにおけるシーケンシャルな部分の割合いによって制限される。ParallelEnumerableの拡張メソッドも、この法則から免れない。それらのメソッドの多くが並列に実行できるとしても、その一部には並列度に影響をおよぼすような性質がある。OrderByとThenByが、タスク間の何らかの協調を必要とすることは明らかだ。Skip、SkipWhile、Take、TakeWhileは、並列度に影響をおよぼすだろう。異なるコアで実行される並列タスクは、異なる順序で終了するかもしれない。PLINQに対して、結果のシーケンスにおける順序が、重要なのか、それとも重要ではないのかを知らせるためには、AsOrdered()またはAsUnordered()メソッドを使うことができる。

ときには、あなた自身のアルゴリズムが副作用に依存するので並列化できない場合もあるだろう。並列シーケンスをIEnumerableと解釈させてシーケンシャルな実行を強制するには、ParallelEnumerable.AsSequential()という拡張メソッドを使える。

最後にParallelEnumerableには、PLINQが並列クエリを実行する方法を制御できるメソッド群が含まれている。WithExecutionMode()を使えば、（たとえオーバーヘッドの大きなアルゴリズムを選ぶことになっても）並列実行を提案することができる。デフォルトでは、このような構造にPLINQが並行処理を使うのは、それによって性能の向上が期待される場合に限られる。また、WithDegreeOfParallelism()を使えば、あなたのアルゴリズムに使いたいスレッドの数を提案することができる。そうしなければPLINQは、たぶん現在のマシンのプロセッサの数に基づいてスレッドの割り当てを行うだろう。

また、WithMergeOptions()を使って、クエリの間にPLINQがバッファリングを制御する方法を変えるように要求できる。通常ならばPLINQは各スレッドからの結果の一部を、消費側スレッドから使えるようにする前にバッファリングする。結果を即座に利用できるようにしたければ、バッファリングしないことを要求できる。逆に完全なバッファリングを要求すれば、レイテンシが高くなるのと引き替えに、性能の向上を期待できる。デフォルトの自動的なバッファリングは、レイテンシと性能の間でバランスを取るものだ。ただしバッファリングに関する要求は、ヒントであって命令ではない。PLINQは、あなたの要求を無視するかもしれない。

これらの設定のうち、どれがあなたの状況にとって最良かは、あなたのアルゴリズムに依存する。さまざまなターゲットマシンで設定を変えて実験して、それら変更が、あなたのアルゴリズムに役立つかどうかを調べよう。もし実験に複数のターゲットを使えなければ、デフォルトを使おう。

PLINQによって、並列コンピューティングは従来よりもはるかに簡略化された。デスクトップでもノートPCでもコアの数が多いのが一般的になり、並列コンピューティングの重要性が高まっている現在、これらの機能が追加されたのは重要なことだ。ただし並列コンピューティングは、まだ簡単ではない。アルゴリズムの設計が悪ければ、並列化による性能の向上が得られないかもしれない。あなたの仕事は、並列化が可能なループや、その他の処理を見つけ出すことだ。あなたのアルゴリズムで並列バージョンを試してみよう。結果を計測しよう。より高い性能を得られるようにアルゴリズムを改善しよう。容易に並列化できないアルゴリズムの存在も認識し、それらはシリアルのままにしておこう。

項目36　並列アルゴリズムは例外を考慮して構築しよう

前項では、子スレッドのどれかが処理を実行しているときに何かがうまくいかなくなる可能性を無視していたが、現実の世界は、それほど単純ではない。子スレッドで例外が発生すれば、その後始末をする仕事が親に残される。そして当然ながらバックグラウンドスレッドで例外が発生したら、さまざまな面で、処理がより複雑になる。

スレッドの境界を越える例外は、ただコールスタックを遡るだけでは済まない。例外がスレッドを開始したメソッドに到達したら、そのスレッドは強制終了される。呼び出し側のスレッドには、そのエラーを取り出す方法も、何らかの対処を行う方法もない。それどころか、もしあなたの並列アルゴリズムが、問題発生時のロールバックをサポートしなければならないとしたら、どのような副作用が発生したのかを理解し、エラーからの回復に必要なステップを割り出すために、さらに多くの処理が必要となる。要件はアルゴリズムによって異なるから、例外を並列環境で処理する万能のレシピは存在しない。ここで提供するのは、特定のアプリケーションに最適な方法をあなたが決めるうえで、参考にしていただきたいガイドラインにすぎない。

まずは、項目31で見た非同期ダウンロードメソッドを例としよう。そのメソッドは非常に単純な作りで、副作用がなく、ダウンロードが1つ失敗しても、それとは関係なく、他のすべてのWebホストからダウンロードを続行できるようになっている。並列処理ではハンドラに

AggregateException型を使うことで、並列処理の例外を扱うことができる。AggregateExceptionはコンテナの一種で、並列処理から生成された例外のすべてを、InnerExceptionsという1個のプロパティに格納する。このプロセスで例外を処理する方法は何種類もある。最初に汎用的なケースを考慮しよう。つまり、サブタスクによって例外が生成されたとき、それをタスクの外で処理する方法だ。

項目31で見たRunAsync()メソッドは、複数の並列処理を使う。その結果、あなたがキャッチするAggregateExceptionの一部であるInnerExceptionsコレクションの中に、AggregateExceptionsがネストする可能性がある。並列処理が多ければ、さらにネストが深くなるかもしれない。並列処理の構成によっては、元の例外のコピーが複数個、最終的な例外のコレクションに含まれることもあるだろう。次の例は、エラーに対処できるようにRunAsync()の呼び出しを書き換えたものだ。


```
try
{
    urls.RunAsync(
        url => startDownload(url),
        task => finishDownload(
            task.AsyncState.ToString(), task.Result));
}
catch (AggregateException problems)
{
    ReportAggregateError(problems);
}

private static void ReportAggregateError(
    AggregateException aggregate)
{
    foreach (var exception in aggregate.InnerExceptions)
    if (exception is AggregateException agEx)
        ReportAggregateError(agEx);
    else
        Console.WriteLine(exception.Message);
}
```

このReportAggregateErrorメソッドは、AggregateExceptionsを除く全部の例外について、メッセージをプリントする。ただしこれでは、予期した例外も、予期しない例外も、すべて飲み込まれてしまう。それは危険なことだろう。ここで本当に行うべき処理は、回復できる例外だけを処理し、その他の例外は再送出することなのだ。

再帰的なコレクションの数は多いのだから、汎用的なメソッドを書くべきだ。そのジェネリックメソッドには、あなたが処理したい例外の型がどれで、予期しない例外の型がどれかを知らせる必要があり、さらに前者の扱い方も知らせる必要がある。このメソッドには、一群の例外の型を渡すだけでなく、例外処理のコードも渡す必要があるが、それは単純に「型とラムダ式Action<T>の対を要素とする1個のディクショナリ」で表現できる。もしそのハンドラが、InnerExceptionsのコレクションにあるものを全部処理しないのなら、明らかに何かが間違っている。その場合は元の例外を再送出すべきだ。そこでRunAsyncを次のように書き換えよう。

```
try
{
    urls.RunAsync(
        url => startDownload(url),
        task => finishDownload(task.AsyncState.ToString(),
            task.Result));
}
catch (AggregateException problems)
{
    var handlers = new Dictionary<Type, Action<Exception>>();
    handlers.Add(typeof(WebException),
        ex => Console.WriteLine(ex.Message));

    if (!HandleAggregateError(problems, handlers))
        throw;
}
```

このHandleAggregateErrorメソッドは、個々の例外を再帰的にチェックする。もし予期された例外ならば、そのハンドラを呼び出す。そうでなければ、HandleAggregateErrorはfalseを返して、その例外の集成を正しく処理できないことを示す。

```
private static bool HandleAggregateError(
    AggregateException aggregate,
    Dictionary<Type, Action<Exception>> exceptionHandlers)
{
    foreach (var exception in aggregate.InnerExceptions)
    {
        if (exception is AggregateException agEx)
        {
            if (!HandleAggregateError(agEx, exceptionHandlers))
            {
                return false;
            } else
            {
                continue;
            }
        }
        else if (exceptionHandlers.ContainsKey(exception.GetType()))
        {
            exceptionHandlers[exception.GetType()](exception);
        }
        else
            return false;
    }
    return true;
```

```
}
```

ループのなかでAggregateExceptionに遭遇すると、その子リストを再帰的に評価する。それ以外の種類の例外に遭遇すると、その例外をディクショナリでルックアップする。例外ハンドラAction<>が登録されていたら、そのハンドラを呼び出す。もしなければ即座にfalseを返すのは、処理すべきでない例外を見つけたからである。

読者は「ハンドラが見つからなかった1個の例外ではなく、元のAggregateExceptionを送出するのは、どうしてか」と疑問に思われるかもしれない。それは、コレクションの中から1個の例外だけを送出すると、重要な情報が失われるかもしれないからだ。InnerExceptionsは例外をいくつでも含むことができる。予期していない型の例外が複数あるかもしれない。コレクション全体を返さなければ、そういう情報を失うリスクがあるのだ。多くの場合、AggregateExceptionのInnerExceptionsコレクションは、ただ1個の例外を含むだけだろう。けれども、それ以外の情報が必要になったときのことを考えれば、そのようなコーディングをすべきではない。

「そんなアプローチは美しくない。バックグラウンド処理を行っているタスクから例外を出さないほうが良いのではないか」と思われるかもしれない。たしかに、ほとんどすべてのケースで、そのほうがきれいだろう。けれどもそのためには、タスクを実行するコードを変更して、そのバックグラウンドタスクから例外が決して出ないようにしなければならない。TaskCompletionSource<>クラスを使うというのは、TrySetException()を決して呼び出すことがなく、どのタスクも必ず（なんとかして）完了を意味するTrySetResult()を呼び出さなければいけない、ということだ。この振る舞いを強制するには、次の例で示すようにstartDownloadを変更しなければならないだろう。もちろん、前に述べたように、あらゆる例外をキャッチするのではなく、回復できる例外だけをキャッチすべきだ。この例では、リモートホストを利用できないことを示すWebExceptionからは回復が可能だろう。その他の型の例外は、たぶん深刻な問題を示すものだから、そういう例外は伝播を続けて、すべての処理を止める必要があるだろう。次のようにstartDownloadメソッドを書き換えれば、それが可能になる。

```
private static Task<byte[]> startDownload(string url)
{
    var tcs = new TaskCompletionSource<byte[]>(url);
    var wc = new WebClient();
    wc.DownloadDataCompleted += (sender, e) =>
    {
        if (e.UserState == tcs)
        {
            if (e.Cancelled)
                tcs.TrySetCancelled();
            else if (e.Error != null)
            {
```

chapter 4

```
                if (e.Error is WebException)
                    tcs.TrySetResult(new byte[0]);
                else
                    tcs.TrySetException(e.Error);
            }
            else
                tcs.TrySetResult(e.Result);
        }
    };
    wc.DownloadDataAsync(new Uri(url), tcs);
    return tcs.Task;
}
```

例外がWebExceptionならば、0バイト読んだという結果を返すが、それ以外の例外は、通常の経路で送出する。したがって、このアプローチでは、AggregateExceptionsが送出されたときに呼び出し側で行う処理が残される。これらの例外を、すべて単なる致命的なエラーとして扱うのなら、バックグラウンドタスクで他のすべてのエラーを処理しても良いかもしれない。いずれにしても、AggregateExceptionsには、それぞれ扱いの違う例外が含まれていることを理解する必要がある。

もちろん、LINQの構文を使うときは、バックグラウンドタスクのエラーは別の問題になる。項目35で説明した3種類の並列アルゴリズムを思い出そう。どれが使われる場合でも、PLINQを使うことによって通常の遅延評価との違いが生じる。そして、そのような違いは、あなたがPLINQのアルゴリズムで例外を処理する方法に、重要な影響を与える。通常ならば、あるクエリが実行されるのは、そのクエリによって生成される要素を他のコードが要求したときに限られる。けれどもPLINQでの動作は、まったく違う。バックグラウンドスレッドの進行につれて結果が生成され、もう1つのタスクが最終的な結果のシーケンスを構築する。このプロセスは、いわゆる即時評価ではない（クエリの結果が即座に生成されるわけではない）が、結果を生成するバックグラウンドスレッドは、スケジューラが許す限り速やかに（即座ではないが、非常に早く）始動される。それらの要素を処理することで例外が生成されるかもしれないから、そのための例外処理コードが必要だ。典型的なLINQクエリでは、クエリの結果を使うコードをtry/catchブロックで囲むことができるだろう。ただしLINQクエリの式を定義するコードの前後に、そういうブロックを置く必要はない。

```
var nums = from n in data
           where n < 150
           select Factorial(n);

try
{
    foreach (var item in nums)
    Console.WriteLine(item);
}
catch (InvalidOperationException inv)
```

```
{
    // 省略
}
```

ところがPLINQの場合は、クエリの定義も`try/catch`ブロックで囲む必要がある。そしてもちろん、PLINQを使うのならば、あなたがもともと想定していた例外が何であれ、その例外の代わりに`AggregateException`をキャッチしなければならない。それは、あなたが使うアルゴリズムがパイプライン化でもストップ&ゴーでも逆列挙でも、同じことだ。

例外を考慮すれば、どんなアルゴリズムも複雑になる。並列タスクは、なおさら複雑だ。TPL（タスク並列ライブラリ）は、`AggregateException`クラスを使って、あなたの並列アルゴリズムの奥深くから出される例外であろうと、すべての例外を格納する。バックグラウンドスレッドのどれかが、いったん例外を送出したら、他のバックグラウンド処理も停止される。最善の策は、あなたの並列タスクで実行されるコードが、決して例外を送出することがないように努力することだ。しかし、たとえそうしても想定外の例外が、どこか他の場所から送出されるかもしれない。そういう理由があるので、すべてのバックグラウンド処理を始動する制御側のスレッドでは、常に`AggregateException`の処理が必要だ。

項目37　スレッドを作る代わりにスレッドプールを使おう

あなたが書くアプリケーションには、いくつスレッドを作ればいいのだろうか。最適な本数を、あらかじめ知ることができるだろうか。アプリケーションがマルチコアのマシンで実行されることは想定すべきだが、いま想定しているコア数がいくつでも、たぶん6か月後には想定外の数に増えているだろう。それに、CLRが（たとえばガベージコレクタなど）自分の処理のために作るスレッドの本数を、あなたが制御することはできない。ASP.NETやRESTサービスのようなサーバーアプリケーションでは、新規のリクエストが、それぞれ別スレッドで処理される。それが現実なのだから、アプリケーションやクラスライブラリの開発で、スレッドの本数をターゲットシステムに適した数にする最適化は、非常に困難だ。

けれども.NETの**スレッドプール**は、ターゲットシステムでアクティブなスレッド数を最適化するのに必要な知識を、すべて持っている。それだけでなく、ターゲットシステムにとって多すぎる数のタスクとスレッドを作ったら、スレッドプールは新しいバックグラウンドスレッドが利用できるようになるまで、それらの追加要求をキューイングしてくれる。おまけに`Task`ベースのライブラリは、あなたが`Task.Run`を使って始動するタスクの実行に、スレッドプールを使ってくれるのだ。スレッドのリソースを管理する処理に必要となる仕事の多くは、.NETのスレッドプールが、あなたに代わって実行してくれる。とくにアプリケーションがバックグラウンドタスクを繰り返し始動しても、それらのタスクと緊密な相互作用を行わないときには、より良い性能が得られるようなリソース管理が行われる。

スレッドは、あなたのアプリケーションのコードで作成すべきではない。その代わりに、

TPLのように、スレッドとスレッドプールを管理してくれるライブラリを使おう。

本書では、スレッドプールの実装を詳細に説明することはしない。そもそもスレッドプールを使うのは、そういう仕事の大部分をフレームワークにやってもらうことが目的だ。そこで簡単に言うと、スレッドプールにおけるスレッドの本数は、利用できるスレッドの数を増やしながら、割り当て済みなのに利用されていないリソースの量を抑えるよう、最適なバランスを取って決定される。あなたが要求したワーカースレッドがキューイングされたら、空きスレッドができたときに、そのスレッドで、あなたのプロシージャが実行される。スレッドが速く利用できるようにするのはスレッドプールの仕事だ。基本的には要求を出しっ放しで良い。

スレッドプールは、タスク終了時のスレッド回収サイクルも自動的に管理する。タスクが終了しても、そのスレッドは破棄されない。代わりに待機状態に戻され、他のタスクで使えるようになる。そのスレッドは、スレッドプールが必要に応じて他の仕事に使うことができるのだ。次のタスクが同じタスクである必要はなく、あなたのアプリケーションで長期の実行を予定している他のどのメソッドでも、そのスレッドで実行できる。ターゲットとするメソッドについて`Task.Run`を実行すれば、あとはスレッドプールが、そのメソッドのスレッド管理を引き受けてくれる。

スレッドプール内でアクティブになるタスクの数は、システムが管理する。スレッドプールは、利用できるシステムリソースの量に応じてタスクを始動する。もしシステムが容量の限界近くで運用されているのなら、スレッドプールは新しいタスクの始動を待機する。逆にシステムの負荷が低ければ、スレッドプールは追加のタスクを即座に始動する。ロードバランスを取るためのロジックを自分で書く必要はなく、それはスレッドプールが管理してくれる。

タスクの最適な数は、ターゲットマシンのコアの数と等しいだろうか。いや、それは最悪の想定ではないにしても、分析が単純すぎる。それが最適解となることは、ほぼ確実にないだろう。待ち時間、CPU以外のリソース競合、あなたの制御がおよばない他のプロセスなどが、あなたのアプリケーションに最適なスレッドの数に影響を与える。作るスレッドの数が少なくてアイドル状態のコアができれば、そのアプリケーションの最大の性能は得られない。逆にスレッドが多すぎたら、ターゲットマシンはスレッドのスケジューリングに多大な時間をとられ、本来の処理を実行する時間が減ってしまう。

そこで判断の基準だが、ある程度は一般的なガイドラインを提供できるように「ヘロンの公式」を使って平方根を求める小さなアプリケーションを書いてみた。この例で提供するガイドラインが「ある程度は」一般的だというのは、それぞれのアルゴリズムに特有な性質があるからだ。この場合、コアとなるアルゴリズムは単純で、他のスレッドとの対話処理なしに計算を実行できる。

ヘロンの公式によるアルゴリズムでは、ある数の平方根を求めるのに、まず推測値（guess）を1つ定める。これは単なる目当てなので、最初は単純に1とする。それから次の近似値を求めるために、(1) 現在の推測値と、(2) 元の数を現在の推測値で割った値の、平均を求める。たとえば10の平方根を求めるとき、最初の推測値が1ならば、その次の推測値は*(1 + (10/1))*

/2で、5.5になる。この計算を、推測値が解に収束するまで繰り返すのだ。次に、そのコードを示す。

```
public static class Hero
{
    public static double FindRoot(double number)
    {
        double previousError = double.MaxValue;         // 前回の誤差
        double guess = 1;                              // 推測値
        double error = Math.Abs(guess * guess - number); // 誤差

        while (previousError / error > 1.000001)
        {
            guess = (number / guess + guess) / 2.0;
            previousError = error;
            error = Math.Abs(guess * guess - number);
        }
        return guess;
    }
}
```

スレッドプールで得られる性能上の性質を、手作業で自作したスレッドと対照し、さらに同じアプリケーションのシングルスレッド版と対照するために、このアルゴリズムでの計算を繰り返し実行するテストハーネスを書いた。

```
// シングルスレッド
private static double OneThread()
{
    Stopwatch start = new Stopwatch();
    double answer;
    start.Start();
    for (int i = LowerBound; i < UpperBound; i++)
        answer = Hero.FindRoot(i);
    start.Stop();
    return start.ElapsedMilliseconds;    // 経過時間（ミリ秒）
}

// タスクとして実行
private static async Task<double> TaskLibrary(int numTasks)
{
    var itemsPerTask = (UpperBound - LowerBound) / numTasks + 1;
    double answer;
    List<Task> tasks = new List<Task>(numTasks);
    Stopwatch start = new Stopwatch();
    start.Start();
    for(int i = LowerBound; i < UpperBound; i+= itemsPerTask)
    {
        tasks.Add(Task.Run(() =>
        {
            for (int j = i; j < i + itemsPerTask; j++)
```

```
                answer = Hero.FindRoot(j);
            }));
        }
        await Task.WhenAll(tasks);
        start.Stop();
        return start.ElapsedMilliseconds;
    }

    // スレッドプールを使う
    private static double ThreadPoolThreads(int numThreads)
    {
        Stopwatch start = new Stopwatch();
        using (AutoResetEvent e = new AutoResetEvent(false))
        {
            int workerThreads = numThreads;
            double answer;
            start.Start();
            for (int thread = 0; thread < numThreads; thread++)
                System.Threading.ThreadPool.QueueUserWorkItem(
                    (x) =>
                    {
                        for (int i = LowerBound;
                            i < UpperBound; i++)
                            if (i % numThreads == thread)
                                answer = Hero.FindRoot(i);
                        if (Interlocked.Decrement(ref workerThreads) == 0)
                            e.Set();
                    });
            e.WaitOne();
            start.Stop();
            return start.ElapsedMilliseconds;
        }
    }

    // スレッドを自作
    private static double ManualThreads(int numThreads)
    {
        Stopwatch start = new Stopwatch();
        using (AutoResetEvent e = new AutoResetEvent(false))
        {
            int workerThreads = numThreads;
            double answer;
            start.Start();
            for (int thread = 0; thread < numThreads; thread++)
            {
                System.Threading.Thread t = new Thread(
                    () =>
                    {
                        for (int i = LowerBound;
                            i < UpperBound; i++)
                            if (i % numThreads == thread)
                                answer = Hero.FindRoot(i);
                        if (Interlocked.Decrement(ref workerThreads) == 0)
```

```
                        e.Set();
                    });
                t.Start();
            }
            e.WaitOne();
            start.Stop();
            return start.ElapsedMilliseconds;
        }
    }
```

メインプログラムは、シングルスレッド版と、両方のマルチスレッド版の計時を行う。それで、スレッドの追加に関する両方のアルゴリズムの効率を見ることができる。図4-1に、その結果をグラフで示す。

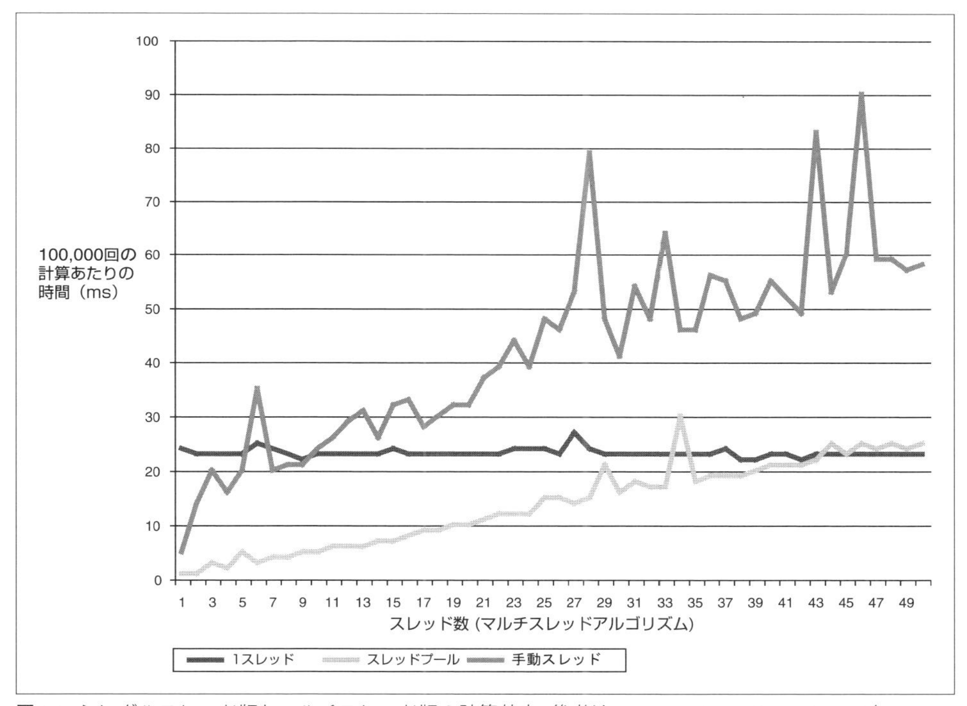

図4-1：シングルスレッド版とマルチスレッド版の計算効率。後者はSystem.Threading.ThreadとSystem.Threading.ThreadPool.QueueUserWorkItemを比較する。Y軸は、クアッドコアのノートPCで10万回の計算にかかった時間をミリ秒単位で示す。X軸はスレッド数

この例から学べることが、いくつかある。まず、手作業で自作したスレッドのオーバーヘッドは、スレッドプールのスレッドと比べても、Taskベースの実装と比べても、ずっと大きい。10本以上のスレッドを作るのなら、スレッド作成のオーバーヘッドが性能の主なボトルネックになる。たとえこのように、あまり待ち時間のないアルゴリズムでも、良くない結果が出て

いる。Taskベースのライブラリはオーバーヘッドが一定だ。

スレッドプールを使うと、オーバーヘッドが作業時間の大半を占める状態に達するには、40本以上のスレッドをキューイングする必要がある。しかもこれはデュアルコアのノートPCで実行しているのだ。もっとコア数の多いサーバー級のマシンならば、より多くのスレッドを効率よく使えるだろう。コア数よりも多いスレッドを持つのは、しばしば賢明な選択となるが、その選択はアプリケーションの性質と、そのアプリケーションのスレッドがリソースを待って費やす時間に、強く依存する。

スレッドプールによるバージョンが、スレッドを自作するバージョンと比べて性能が高いのには、2つの重要な要因がある。第1に、スレッドプールは再び利用できるようになったスレッドを即座に再利用する。手作業で新しいスレッドを作成するときは、タスクごとに新しいスレッドを作る必要がある。これらのスレッドを作成し破棄するには、.NETのスレッドプール管理よりも多くの時間がかかる。

第2に、スレッドプールはアクティブなスレッドの数を管理してくれる。作りすぎたスレッドはシステムによってキューイングされ、十分なリソースを利用できるときまで実行待ちになる。QueueUserWorkItemは、スレッドプールで利用できる次のスレッドに仕事をまわすほかに、スレッドリソース管理の仕事も行う。もしアプリケーションのスレッドプールにあるスレッドがすべてビジーならば、次にスレッドが利用できるときまで、その仕事をキューイングして待たせる。

より多くのコアを利用できるようになれば、それに従ってマルチスレッドアプリケーションを作る機会も増えるだろう。もしあなたがサーバー側のアプリケーションを、.NETのWCFや、ASP.NETや、.NETリモーティングで作っているのなら、すでにマルチスレッドアプリケーションを作っているはずだ。これらの.NETサブシステムは、スレッドプールを使ってリソースを管理する。あなたも、そうすべきだ。スレッドプールを使えばオーバーヘッドが少ないので性能が良くなるだろう。また、.NETのスレッドプールは、あなたがアプリケーションのレベルで行うよりも効率よく、仕事をまわすべきアクティブなスレッドの数を管理してくれる。

項目38　スレッド間通信にはBackgroundWorkerを使おう

前項で示した例では、ThreadPool.QueueUserWorkItemを使って、さまざまな数のバックグラウンドタスクを始動した。このAPIメソッドの使い方が単純なのは、スレッド管理のほとんどの問題を、このフレームワークと根底のOSに任せてしまえるからだ。このメソッドには単純に再利用できる機能が大量にあるので、あなたのアプリケーションのタスクを実行するためにバックグラウンドスレッドを作る必要があるときは、このQueueUserWorkItemをツールとして選ぶのが正解だ。

ただしQueueUserWorkItemには、当然ながら処理の方法について、いくつかの前提がある。もしあなたの設計が、それらの前提とマッチしなれば、行うべき仕事が増えるだろう。その場合は、System.Threading.Threadを使って自分でスレッドを作るのではなく、その代わりにSystem.ComponentModel.BackgroundWorkerを使おう。このBackgroundWorkerクラスは、ThreadPoolをもとにして構築され、スレッド間通信に使う機能が数多く追加されている。

対処しなければならない問題のなかで、もっとも重要なのはWaitCallback内の例外だ。このメソッドが、バックグラウンドスレッドのなかで仕事を行うのだが、もしそのスレッドから例外が送出されたら、システムは、あなたのアプリケーションを終了させてしまう。つまり、システムは1本のバックグラウンドスレッドを停めるだけでなく、アプリケーション全体を停めるのだ。この振る舞いは、バックグラウンドスレッドを使う他のAPIと同じだが、QueueUserWorkItemには「エラーの報告を処理する能力が組み込まれていない」という点が違う。

さらにQueueUserWorkItemは、バックグラウンドスレッドとフォアグラウンドスレッドの間で通信を可能にするための組み込みメソッドも提供しない。そして、タスクの完了や進捗を検出したり、タスクの一時停止やキャンセルを行うのに役立つ組み込みメソッドも、提供しない。これらの能力が必要なときは、QueueUserWorkItemの機能の上に構築されたBackgroundWorkerコンポーネントの出番である。

このBackgroundWorkerコンポーネントは、System.ComponentModel.Componentクラスから、デザインレベルのサポートを引き継いでいる。とはいえBackgroundWorkerは、デザイナーに対するサポートを含まないコードにも重宝なものだ。実際、私がBackgroundWorkerを使うのは、ほとんどの場合、フォームクラスではない。

BackgroundWorkerのもっとも単純な使い方は、デリゲートのシグネチャにマッチしたメソッドを作成し、そのメソッドをBackgroundWorkerのDoWorkイベントに登録してから、BackgroundWorkerのRunWorkerAsync()メソッドを呼び出すというパターンだ。

```
BackgroundWorker backgroundWorkerExample =
    new BackgroundWorker();
backgroundWorkerExample.DoWork += (sender, doWorkEventArgs) =>
{
    // 処理の本体を省略
};
backgroundWorkerExample.RunWorkerAsync();
```

このパターンでBackgroundWorkerが実行する機能は、ThreadPool.QueueUserWorkItemとまったく同じである。BackgroundWorkerクラスも、自分のバックグラウンドタスクをThreadPoolを使って実行し、内部的にQueueUserWorkItemを使う。

BackgroundWorkerの能力は、その他の一般的なシナリオのために組み込まれているフレームワーク機能から引き出される。BackgroundWorkerは、イベントを使って、バックグラウンドとフォアグラウンドのスレッド間通信を実現する。フォアグラウンドスレッドが要求を発行すると、BackgroundWorkerはバックグラウンドスレッドに向けて、DoWorkイベントを発行する。そのDoWorkイベントのハンドラが（引数があれば、それを読んだ後で）仕事の実行を開始する。

バックグラウンドスレッドのプロシージャであるDoWorkイベントハンドラが終了したら、BackgroundWorkerはRunWorkerCompletedイベントを、フォアグラウンドスレッドに対して発行する（図4-2）。このときフォアグラウンドスレッドは、バックグラウンドスレッドの完了後に必要な後処理があれば、それを行うことができる。

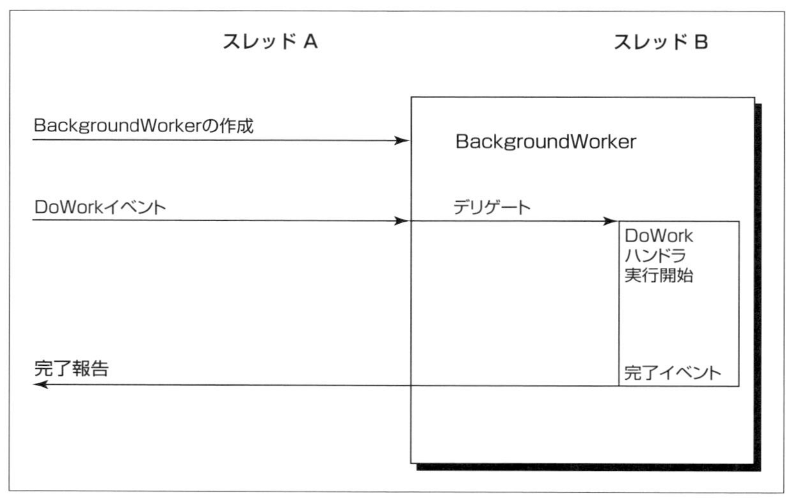

図4-2：BackgroundWorkerクラスは、フォアグラウンドスレッドで定義されたイベントハンドラに完了を報告できる。その完了イベントに登録しておけば、デリゲートのDoWorkが実行を完了したときにBackgroundWorkerが発行するイベントを受信できる

BackgroundWorkerが発行するイベントに加えて、フォアグラウンドとバックグラウンドのスレッドが相互作用を行う方法を、プロパティの操作によって制御することができる。WorkerSupportsCancellationプロパティは、BackgroundWorkerに対して、そのバックグラウンドスレッドが自分の処理をキャンセルして終了する方法を知っているのだと知らせる。また、WorkerReportsProgressプロパティは、BackgroundWorkerに対して、そのワーカーがフォアグラウンドスレッドに向けて一定の間隔で進捗を報告することを知らせる（図4-3）。さらにBackgroundWorkerは、フォアグラウンドスレッドからのキャンセル要求を、バックグラウンドスレッドに渡す。バックグラウンドスレッドのプロシージャは、CancellationPendingフラグをチェックし、必要ならば処理を中止することができる。

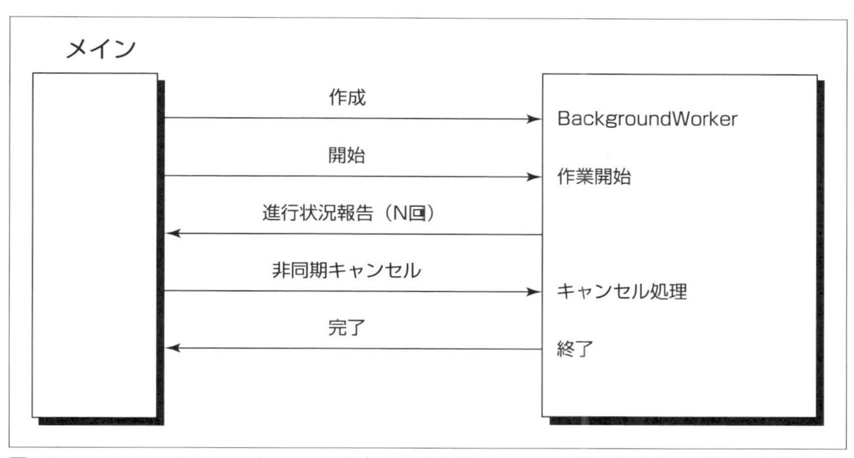

図4-3：BackgroundWorkerクラスは、現在のタスクをキャンセルする要求を受け取り、進捗や、完了またはエラーをフォアグラウンドのタスクに報告するための複数のイベントをサポートする。BackgroundWorkerは、これらの通信機構をサポートするのに必要なプロトコルを定義してイベントを発行する。進捗を報告するためには、バックグラウンドのプロシージャが、BackgroundWorkerで定義されたイベントを発行する必要がある。フォアグラウンドタスクのコードは、それらのイベントの発行を要求するために、それらのイベントハンドラを登録する必要がある

chapter 4

最後にBackgroundWorkerには、そのバックグラウンドスレッドで発生したエラーを報告するための組み込みプロトコルがある。項目36で説明したように、例外をスレッドから別スレッドへと送出することはできない。もし例外がバックグラウンドスレッドで生成され、そのスレッドのプロシージャによってキャッチされなければ、そのスレッドは停止される。しかもフォアグラウンドスレッドは、バックグラウンドスレッドが実行を停止したことについて何の通知も受け取れない。この問題を解決するために、BackgroundWorkerの引数DoWorkEventArgsにErrorプロパティが追加されていて、そのプロパティが、結果を返す引数のErrorプロパティに伝播される。だからワーカースレッドのプロシージャは、すべての例外をキャッチして、それをエラープロパティに設定できる（これは全部の例外をキャッチすることを推奨できる稀なケースの1つだ）。バックグラウンドスレッドのプロシージャからは単純にリターンし、フォアグラウンド側では結果を受け取るイベントハンドラのなかで、そのエラーを処理すればよい。

この項で私は、自分がBackgroundWorkerをForm以外のクラスで使うことが多いと書いた。それどころか私は、Windows Forms以外のアプリケーション（サービスあるいはWebサービスなど）にも使っている。このアプローチは正しく動作するが、いくつか注意すべき点がある。BackgroundWorkerは、自分がWindows Formsアプリケーションで実行されていて、そのフォームが可視の状態だと判断すると、マーシャリングコントロールと項目39で述べるControl.BeginInvokeを介して、ProgressChangedとRunWorkerCompletedのイベントをGUIスレッドに向けてマーシャリングする。けれども、他のシナリオでは、これらのデリ

ゲートがスレッドプールの（マーシャリングされない）「フリースレッド」で呼び出されるので、イベント受信の順序が違ってしまう可能性がある。

最後にBackgroundWorkerは、QueueUserWorkItemをもとにして構築されているので、複数のバックグラウンド要求に再利用されることがある。BackgroundWorkerが現在タスクを実行中かどうかを、そのIsBusyプロパティをチェックして確認する必要があるのだ。複数のバックグラウンドタスクを同時に実行する必要があるときは、複数のBackgroundWorkerオブジェクトを作成できる。どれも同じスレッドプールを共有するので、QueueUserWorkItemを使う場合と同じ方法で、複数のタスクを実行させることができる。この場合、あなたのイベントハンドラが必ず正しい送信側のプロパティを使うように徹底しなければいけない。それによって、バックグラウンドスレッドとフォアグラウンドスレッドが正しく通信することが可能になる。

BackgroundWorkerは、バックグラウンドタスクを作成するときに利用できる、数多くの一般的なパターンをサポートしている。その実装を、あなたのコードで再利用することも、あるいは必要に応じてパターンを追加することも可能だ。これを利用すれば、フォアグラウンドスレッドとバックグラウンドスレッドの間の通信プロトコルを、自分で設計する必要がない。

項目39　XAML環境でのスレッド間コールを理解しよう

WindowsのコントロールがCOMのSTA（シングルスレッドアパートメント）モデルを使っているのは、その根底にあるコントロールのモデルがアパートメントスレッドだからだ（そればかりか、多くのコントロールがさまざまな処理に**メッセージポンプ**を使っている）。このモデルでは、それぞれのコントロールのメソッドは、そのコントロールを作成したのと同じスレッドからしか呼び出せない。WPFでは、Invoke（およびBeginInvokeとEndInvoke）を使えば、メソッドコールが正しいスレッドにマーシャリングされる。WindowsフォームでもWPFでも、根底にあるモデルは同じなので、ここではWindows Forms APIに話を絞ろう。呼び出し規約が異なる場合は両方のバージョンを併記する。このモデルを実装するのには、まったく複雑な大量のコードが必要になるが、要点だけを示すことにしよう。

最初にお見せするのは単純なジェネリックコードだが、似たような状況に陥ったときに、これを知っていればずいぶん助かると思う。ただ1つのコンテクストでしか使われない小さなメソッドをラップするには、**匿名デリゲート**を使うのが手軽だが、残念ながら匿名デリゲートを使えないメソッドがある。Control.Invokeのように抽象System.Delegate型を使うメソッドには、匿名デリゲートを使うことができないから、デリゲートの定義が必要になる。WPFでは、コントロールに割り当てられたDispatcherオブジェクトを使ったマーシャリングを行う。

```
private void UpdateTime()
{
    Action action = () => textBlock1.Text =
        DateTime.Now.ToString();
    if (System.Threading.Thread.CurrentThread !=
        textBlock1.Dispatcher.Thread)
    {
        textBlock1.Dispatcher.Invoke
            (System.Windows.Threading.DispatcherPriority.Normal,
            action);
    }
    else
    {
        action();
    }
}
```


Windows Formsでは、Control.Invokeを使って次のように書く。

```
private void OnTick(object sender, EventArgs e)
{
    Action action = () =>
        toolStripStatusLabel1.Text =
        DateTime.Now.ToLongTimeString();
    if (this.InvokeRequired)    // Invokeが必要か?
        this.Invoke(action);
    else
        action();
}
```

このイディオムには、イベントハンドラの本来のロジックが隠されるという欠点もあって、コードが読みにくく、保守も困難になる。またデリゲートの定義が必要だが、その目的は、ただ抽象デリゲートにメソッドのシグネチャを与えることなのだ。

ちょっとしたジェネリックコードを使えば、このプロセスを単純化できる。次に示すstaticクラスのXAMLControlExtensionsに含まれているジェネリックメソッドは、2個までのパラメータを持つ任意のデリゲートを呼び出すことができる（さらにパラメータを増やした多重定義も追加できる）。そればかりか、このクラスには、ターゲットを呼び出すための、デリゲート定義を使うメソッドも含まれている。ターゲットの呼び出しは、直接か、あるいは(WPFコントロールではディスパッチャが提供する）マーシャリングを通じて行う。

```
public static class XAMLControlExtensions
{
    public static void InvokeIfNeeded(
        this System.Windows.Threading.DispatcherObject ctl,
        Action doit,
        System.Windows.Threading.DispatcherPriority priority)
    {
```

```
        if (System.Threading.Thread.CurrentThread !=
            ctl.Dispatcher.Thread)
        {
            ctl.Dispatcher.Invoke(priority,
                doit);
        }
        else
        {
            doit();
        }
    }
    public static void InvokeIfNeeded<T>(
        this System.Windows.Threading.DispatcherObject ctl,
        Action<T> doit,
        T args,
        System.Windows.Threading.DispatcherPriority priority)
    {
        if (System.Threading.Thread.CurrentThread !=
            ctl.Dispatcher.Thread)
        {
            ctl.Dispatcher.Invoke(priority,
                doit, args);
        }
        else
        {
            doit(args);
        }
    }
}
```

Windows Formsコントロール用にも、同様なエクステンションを作ることができる。

```
public static class ControlExtensions
{
    public static void InvokeIfNeeded(
        this Control ctl, Action doit)
    {
        if (ctl.IsHandleCreated == false)
            doit();
        else if (ctl.InvokeRequired)    // チェックが必要か?
            ctl.Invoke(doit);
        else
            doit();
    }

    public static void InvokeIfNeeded<T>(this Control ctl,
        Action<T> doit, T args)
    {
        if (ctl.IsHandleCreated == false)
            throw new InvalidOperationException(
            "ctlのWindowハンドルが作られていません");
        else if (ctl.InvokeRequired)
```

```
            ctl.Invoke(doit, args);
        else
            doit(args);
    }
    // 引数が3-4個の多重定義は省略
    public static void InvokeAsync(
        this Control ctl, Action doit)
    {
        ctl.BeginInvoke(doit);
    }

    public static void InvokeAsync<T>(this Control ctl,
        Action<T> doit, T args)
    {
        ctl.BeginInvoke(doit, args);
    }
}
```

このInvokeIfNeededを使えば、たとえマルチスレッド環境でも、イベント処理コードを簡潔に書くことができる。

```
private void OnTick(object sender, EventArgs e)
{
    this.InvokeAsync(() => toolStripStatusLabel1.Text =
        DateTime.Now.ToLongTimeString());
}
```

WPFバージョンにはInvokeRequired()メソッドの呼び出しがない。その代わりに、現在のスレッドのIDと、コントロールとのあらゆる相互作用を行うべきスレッドのIDを比較する。多くのWPFコントロールでは基底クラスがDispatcherObjectで、これがスレッドとWPFコントロールの間でディスパッチを処理する。また、WPFではイベントハンドラ処理の優先順位を設定できることに注意しよう。その理由は、WPFアプリケーションが2本のUIスレッドを使うからだ。その片方が、UIレンダリングのパイプライン化を行うので、UIはアニメーションなどのアクションを連続的にレンダリングすることが常に可能となる。ユーザーにとって、レンダリングと、ある特定のバックグラウンドイベントの処理と、どちらのアクションが重要なのかは優先順位の設定で制御することができる。

このサンプルコードには、いくつかの長所がある。イベントハンドラのロジックを記述した本体は、匿名デリゲート定義を使っていても、イベントハンドラの内側で読み出される。アプリケーションコードのなかに、ディスパッチャを使う同じロジックを置くよりも、このほうがずっと読みやすく保守も容易になる。これらのControlExtensionsクラスのなかでは、ジェネリックメソッドがInvokeRequiredのチェックまたはスレッドIDの比較を行うので、忘れることがありそうなチェックが必ず行われるようになる。シングルスレッドのアプリケーションを書いているときに、これらのメソッドを使う必要はないのだが、将来マルチスレッド環境で使われそうに思われるとき、私は汎用性のために、このバージョンを使う。

すべてのイベントハンドラで、このイディオムを使うべきなのだろうか。それを判断するにはInvokeRequiredが何をするのかを詳しく調べる必要がある。どんな呼び出しにもコストがかかるだろう。このイディオムを、どこにでも使うことは推奨しかねる。InvokeRequiredは現在のコードが、(1) コントロールを作成したスレッドで実行されているか、あるいは (2) 別のスレッドで実行されているのでマーシャリングが必要かを判定する。ほとんどの場合、このプロパティの実装は比較的シンプルなものだ。現在のスレッドのIDを、コントロールを作ったスレッドのIDと比較して、もし一致したらInvokeは不要、一致しなかったらInvokeが必要である。その比較に、そう長い時間はかからない。

ところが、境界的なケースが現れるときもある。たとえば問題のコントロールが、まだ作成されていないときは、どうだろうか。親のコントロールが作成済みで、現在のコントロールは実体化を行っている最中というタイミングなら、そういう事態も発生し得る。C#オブジェクトは存在するが、根底にあるウィンドウハンドルは、まだnullのままなのだ。この場合には比較対象が存在しない。フレームワークが助けてくれるのだが、それに時間がかかる。つまりフレームワークは、親コントロールのツリーを辿って、どれか作成されたものはないかと探してくれる。もしフレームワークが作成済みのウィンドウを見つけたら、そのウィンドウがマーシャリングウィンドウとして使われる。子コントロールを作るのは親コントロールの仕事なのだから、かなり安全な結論と言えるだろう。このアプローチによって、子コントロールが、フレームワークが見つけた親コントロールと同じスレッドで作成されることが確実になる。適切な親コントロールを見つけたら、フレームワークは先ほど述べたのと同じチェックを行う（現在のスレッドのIDを、コントロールスレッドのIDと比較する）。

作成済みの親ウィンドウを1つも見つけられないとき、フレームワークは別の種類のウィンドウを見つける必要がある。探しているウィンドウが階層構造に存在しなかったとき、フレームワークが探すのは**パーキングウィンドウ**だ。これはWin32 APIの妙な振る舞いの一部を隠す特殊なウィンドウだ。何が妙なのかを簡単に説明すると、ウィンドウに対する変更によって、Win32ウィンドウを破棄して作り直す必要が生じる場合がある（ある種のスタイルを変更したら、いったん元のウィンドウを破棄して作り直す必要がある）。親のウィンドウを破棄して作り直す必要があるとき、その子ウィンドウをパーキングウィンドウに入れておく。その間に、パーキングウィンドウでしかUIスレッドを見つけられない期間が生じるわけだ。

WPFではDispatcherクラスを使うことで、これらの挙動のいくつかが単純化されている。それぞれのスレッドが1個のディスパッチャを持つ。あなたがコントロールに対して最初にディスパッチャを求めるとき、ライブラリは、そのスレッドがすでにディスパッチャを持っているかを調べる。もしあれば、ライブリは、そのディスパッチャを返す。もしなければ、新しいDispatcherオブジェクトが作成され、コントロールとスレッドが、それに割り当てられる。

けれども、まだ抜け穴があり、失敗の原因となりそうなケースがある。もしかしたら、どのウィンドウも（パーキングウィンドウさえも）まだ作られていないかもしれないのだ。その場合、InvokeRequiredは常にfalseを返すので、他のスレッドへの呼び出しをマーシャリングする必要がないという意味になる。これは間違っているかもしれないから危険な断定だが、フレームワークが提供できる最良の結論だろう。ともかく、メソッドコールのうち、ウィンドウハンドルの存在を必要とするものは、どれも失敗するだろう。ウィンドウが存在しないのだから、使おうとしたら失敗するのは当然だ。そればかりか、マーシャリングは確実に失敗する。もしフレームワークがマーシャリングコントロールを1つも見つけられなければ、フレームワークが現在の呼び出しをUIスレッドに向けてマーシャリングできるわけがない。このシナリオで、フレームワークは即座に確実な失敗を出すよりも、後で失敗する可能性を選ぶのだ。幸いなことに、このような状況は現実には稀なことであり、WPFのDispatcherには、この状況に対して防衛するためのコードが追加されている。

これまでInvokeRequiredについて学んだことを、まとめておこう。コントロールが作成された後なら、InvokeRequiredは十分高速に、常に安全に実行される。けれど、ターゲットコントロールが、もしまだ作成されていなければ、InvokeRequiredの実行には、ずっと長い時間がかかる。そして、どのコントロールも作成されていなければ、InvokeRequiredは長い時間をかけて、おそらく正しいわけでもない答えを返すだろう。Control.InvokeRequiredは少々コストが高くなることがあるが、不要なControl.Invokeの呼び出しよりは、まだしも安いものだ。WPFでは、境界的なケースの一部が最適化されて、Windows Formsの実装よりも動作が優れている。

では次に、そのControl.Invokeが何をするのかを調べよう（ただしControl.Invokeは、かなり大量の仕事を行うので、ここでは話を大幅に単純化する）。まず最初に、コントロールと同じスレッドからInvokeを呼び出したらどうなるか、という特殊なケースを考えよう。この場合フレームワークは、ただ単純にデリゲートを呼び出すだけだ。InvokeRequired()がfalseを返しているのにControl.Invoke()を呼び出すのは、少し余計な仕事をするだけで、安全である。

もっと興味深いケースは、本当にInvokeを呼び出す必要があるときだ。Control.Invokeはスレッド間コールを実現するために、ターゲットコントロールのメッセージキューに向けてメッセージをポストする。まず、デリゲートの呼び出しに必要なすべてのものを含むprivate構造体を作る。これには、すべての引数、コールスタックへの参照、デリゲートのターゲットが入る。引数は、ターゲットのデリゲートが呼び出される前に値が変更されるのを防ぐためにコピーされる（マルチスレッド環境であることを、お忘れなく）。

この構造体を作成してキューに追加した後で、メッセージがターゲットコントロールにポストされる。その後、Control.Invokeはスピンウェイトとスリープの組み合わせを行いながら、UIスレッドがメッセージを処理してデリゲートを呼び出すのを待つ。この部分の処理に重要なタイミングの問題がある。ターゲットコントロールがInvokeメッセージを処理するときは、単に1個のデリゲートを処理するのではなく、キューに入っているすべてのInvokeデリゲートを処理するのだ。もし常にControl.Invokeの同期バージョンを使っているのなら、その効果が現れることはない。けれども、Control.InvokeとControl.BeginInvoke()を組み合わせると、それとは異なる挙動が現れる。この問題については、あとで触れることにしよう。ここで理解しておくべきことは、コントロールのWndProcがInvokeメッセージを処理するときは必ず、待ち行列にあるInvokeメッセージが、どれも処理されるということだ。WPFでは非同期処理の優先順位を決められるので、調整できる範囲が広い。具体的には、ディスパッチャに対してメッセージのキューイングを、(1) システムまたはアプリケーションの条件によって処理するか、(2) 通常の順序で処理化するか、(3) 優先順位の高いメッセージとして処理するかを指定できる。

もちろんデリゲートも例外を送出することがあり、その例外はスレッド境界を越えられない。そこでコントロールは、あなたのデリゲートに対する呼び出しをtry/catchブロックで囲み、すべての例外をキャッチする。発生した例外は構造体にコピーされ、UIスレッドが処理を終えた後で、ワーカースレッドが、その構造体を調べる。

Control.InvokeはUIスレッドが終了した後で、UIスレッド上のデリゲートから送出された例外がないかを調べる。もし例外を見つけたら、それをInvokeがバックグラウンドスレッド上で送出する。もし例外がなければ、通常の処理を続ける。このように、1個のメソッド呼び出しで、かなりの処理が行われるのだ。

Control.Invokeは、マーシャリングされた呼び出しを処理している間、そのバックグラウンドスレッドをブロックするので、複数のスレッドが関わっていても同期的な処理が行われているような印象を与える。

だが、そういう挙動がアプリケーションに必要な挙動とは異なるときもある。たとえば、もしワーカースレッドから進捗イベントが発行されるのなら、そのワーカースレッドはUIの同期的な更新を待つのではなく、その間も処理を続けたいだろう。こういったシナリオでは、BeginInvokeを使おう。このメソッドも、だいたいControl.Invokeと同じ処理をするのだが、ターゲットコントロールにメッセージをポストした後、BeginInvokeはターゲットデリゲートの終了を待たず、即座にリターンする。このBeginInvokeを使うことによって、後で処理されるようにメッセージをポストして、即座に呼び出し側スレッドのブロックを解除することができる。ControlExtensionsクラスに、これに対応するジェネリックな非同期メソッドを追加すれば、スレッド間のUI呼び出しを非同期に処理するのが簡単になる。これらのメソッドから得られるメリットは、前に示したメソッドと比べると少ないが、一貫性を保つために、それらもControlExtensionsクラスに入れておく。

```
public static void QueueInvoke(this Control ctl, Action doit)
{
    ctl.BeginInvoke(doit);
}
```

```
public static void QueueInvoke<T>(this Control ctl,
    Action<T> doit, T args)
{
    ctl.BeginInvoke(doit, args);
}
```

QueueInvokeメソッドが最初にInvokeRequiredをチェックしないのは、UIスレッドから、このメソッドを非同期に呼び出す場合への配慮であり、その処理は、BeginInvoke()が行う。Control.Invokeは、メッセージをコントロールにポストしてリターンする。ターゲットコントロール側で、次にメッセージキューをチェックするときに、そのメッセージが処理される。もしBeginInvokeをUIスレッドで呼び出したのなら、実際に非同期処理が行われるわけではなく、処理は同期的である。ただ現在の処理を行ってから少し後で、アクションを実行するだけだ。

これまで、BeginInvokeが返す結果を無視してきた。実際にUIの更新が戻り値を返すことは、ほとんどない。だからこそ、そういうメッセージを非同期に処理するのが、ずっと簡単になっている。単純にBeginInvokeをコールして、少しあとでデリゲートメソッドが呼び出されるのを期待するだけだ。例外が発生してもスレッド間のマーシャリングで飲み込まれてしまうから、デリゲートメソッドを防衛的にコーディングする必要がある。

この項目を終える前に、約束通りコントロールのWndProcの内部処理を説明しておこう。WndProcは、Invokeメッセージを受け取ると、QueueInvokeに入っている全部のデリゲートを処理する。イベント処理に特定の順序が期待されていて、しかもInvokeとBeginInvokeの両方を使っていたら、タイミングの問題が発生するかもしれない。Control.BeginInvoke（またはControl.Invoke）で呼び出された複数のデリゲートは、受信された順番に処理されることが保証されている。BeginInvokeは、1個のデリゲートをキューに追加する。そのあとでControl.Invokeを呼び出したら、キューにある全部のメッセージが処理されるが、それ以前にBeginInvoke()で追加されたメッセージがあれば、それも含めて処理される。デリゲートを「少しあとで」処理するというのは、その「少しあとで」が実際いつになるかを制御できないという意味だ。デリゲートを「いま」処理するというのは、そのアプリケーションで待たされていた非同期デリゲートをすべて処理してから処理するという意味だ。いまInvokeしたデリゲートが呼び出される前に、それまでのBeginInvokeで呼び出しを待っていたデリゲートの1つが、プログラムの状態を変えるかもしれない。だから、少し前にControl.Invokeが呼び出された時に渡されたプログラムの状態に依存するのではなく、必ずデリゲートのなかでプログラムの状態を再チェックする必要がある。それが防衛的なコーディングだ。

ごく単純な例でいえば、前に示したイベントハンドラを次のように書き換えても、追加のテキストが表示されることは、ほとんどないだろう。

```
private void OnTick(object sender, EventArgs e)
{
```

```
    this.InvokeAsync(() => toolStripStatusLabel1.Text =
        DateTime.Now.ToLongTimeString());
    toolStripStatusLabel1.Text += " 追加テキスト";
}
```

このコードは、メッセージのキューイングによって最初の変更処理を呼び出すが、その変更が実際に行われるのは、次にメッセージキューが処理されるときだ。その前にテキストの追加があっても、再チェックしなければ変更が反映されない。

InvokeとInvokeRequiredは、あなたに代わって、まったく多くの作業をしてくれる。それほど多くの処理が必要なのは、Windows Formsのコントロールが、シングルスレッドアパートメント（STA）モデルの上に構築されているからだ。レガシーの振る舞いが、新しいWPFライブラリの裏でも継続されている。新しい.NET Frameworkコードも、一皮剥けばWin32 APIとウィンドウメッセージが、まだ潜んでいる。そのメッセージ渡しとスレッドのマーシャリングによって、予期しない挙動が現れるかもしれない。これらのメソッドが実際に何をするのかを理解して、その振る舞いに対処する必要がある。

項目40　同期をとるにはlock()を最初の選択肢にしよう

スレッドは互いに通信しなければならない。あなたのアプリケーションでも、さまざまなスレッドがデータの送受信を安全に行える方法を提供する必要がある。ただしスレッド間でデータを共有すると、同期の問題でデータの完全性が損なわれる危険がある。そういうエラーによる潜在的な問題を避けるためには、共有されているデータ項目のすべてについて、現在の状態に矛盾が生じないようにしなければいけない。その安全性を確保するには、共有データへのアクセスを保護する**同期プリミティブ**を使う。同期プリミティブを使えば、現在のスレッドが、ある一連のクリティカルな演算の完了まで、割り込まれないようにすることができる。

.NETの基本クラスライブラリには、共有データへのアクセスを確実に同期させるのに使える、数多くのプリミティブがある。C#言語で特別扱いされているのは、そのうち2つだけだ。それはMonitor.Enter()とMonitor.Exit()で、このペアは**クリティカルセクション**ブロックを実装する。クリティカルセクションは、一般的な同期技術なので、C#の設計者たちは、それらのサポートをlock()文という形式で追加した。彼らの導きにしたがって、このlock()を、同期のための主要なツールとして使おう。

理由は単純なものだ。コンパイラは一貫したコードを生成するが、人間はときどきミスを犯す。C#言語はマルチスレッドプログラムで同期を制御するために、lockを導入してくれた。lock文は、Monitor.Enter()とMonitor.Exit()を正しく使うのと、まったく同じコードを生成する。それだけでなく、そのほうが簡単であり、必要となる例外安全なコードを、すべて自動的に生成してくれる。

けれども、lock()では得ることのできない必要な制御をMonitorから得るケースが2つある。第1に、lockには**レキシカルスコープ**がある。したがって、あるレキシカルスコープのなかでMonitorに入り、もう1つのスコープでMonitorから出るということが、lock文ではできない。あるメソッドの中でMonitorに入り、そのメソッドで定義されているラムダ式のなかでMonitorから出ることもできない（項目42）。第2に、Monitor.Enterはタイムアウトをサポートする（それについては、この項目で後ほど述べることにしよう）。

どのような参照型でも、lock文によってロックすることができる。

```
public int TotalValue
{
    get
    {
        lock (syncHandle) { return total; }
    }
}

public void IncrementTotal()
{
    lock (syncHandle) { total++; }
}
```

lock文は、あるオブジェクトについて排他的なモニタを取得し、そのロックが解除されるまで他のスレッドからオブジェクトをアクセスできないようにする。上にあげたサンプルコードは、lock()を使うことによって、Monitor.Enter()とMonitor.Exit()を使う次のバージョンと同じ振る舞いを持つコードを生成する。

```
public void IncrementTotal()
{
    object tmpObject = syncHandle;
    System.Threading.Monitor.Enter(tmpObject);
    try
    {
        total++;
    }
    finally
    {
        System.Threading.Monitor.Exit(tmpObject);
    }
}
```

lock文では、一般的なミスを防ぐことのできる多くのチェックが提供される。たとえば、ロックされる型が値型ではなく参照型であることをチェックしてくれるのだ。Monitor.Enterメソッドには、そのようなセーフガードが含まれていない。次に示すlock()を使うルーチンは、コンパイルを通らない。

```
public void IncrementTotal()
{
    lock (total) // コンパイラエラー：値型はロックできません
    {
        total++;
    }
}
```

ところが次のルーチンは通ってしまう。

```
public void IncrementTotal()
{
    // 実際にはtotalをロックするのではなくtotalを囲むボックスをロックする
    Monitor.Enter(total);
    try
    {
        total++;
    }
    finally
    {
        // 例外送出の可能性：totalを囲む別のボックスをアンロック!
        Monitor.Exit(total);
    }
}
```

Monitor.Enter()は、正式なシグネチャがSystem.Objectを受け取るので、これでもコンパイルを通過する。totalはボックス化によってオブジェクトに強制変換される。実際にMonitor.Enter()がロックするのは、totalを囲むボックスであり、まずはそれによってバグが入り込む。スレッド1がIncrementTotal()に入ってロックを獲得したとしよう。そうしてtotalをインクリメントしている間に、第2のスレッドがIncrementTotal()を呼び出す。今度はスレッド2がIncrementTotal()に入ってロックを獲得する。これは別のロックの獲得に成功するのだが、その理由はtotalが別のボックスに入るからだ。スレッド1はtotalの値を含むボックスをロックした。スレッド2はtotalの値を含む別のボックスをロックする。余分なコードが増えただけで、同期は得られていない。

さらに、もう1つのバグに嚙まれる。どちらかのスレッドが、totalのロックを解除しようとしたら、Monitor.Exit()メソッドはSynchronizationLockExceptionという例外を送出する。この例外が出る理由は、やはりSystem.Object型を期待するMonitor.Exitメソッドのシグネチャに合わせて、またtotalが、こんどは別のボックスに入るからだ。このボックスに対するロックの解除では、解放すべきリソースがロックに使われたリソースと異なるので、Monitor.Exit()は失敗し、例外を送出する。

ちょっと頭の働く人は、次のコードを試みるかもしれない。

```
public void IncrementTotal()
{
    // これでも、うまくいかない
    object lockHandle = total;
    Monitor.Enter(lockHandle);
    try
    {
        total++;
    }
    finally
    {
        Monitor.Exit(lockHandle);
    }
}
```


このバージョンなら例外は送出されないが、いずれにしても同期的な保護は得られない。IncrementTotal()に対する個々の呼び出しは、それぞれ新しいボックスを作り、そのオブジェクトに対するロックが取得される。どのスレッドも即座にロックを獲得できるが、それによって共有リソースがロックされるわけではない。どのスレッドも競争に勝つのだから、totalの一貫性が失われる。

lock文は、もっと微妙なエラーも防いでくれる。Enter()とExit()は2つの別々な呼び出しなので、それぞれ別のオブジェクトを取得／解放するというミスを犯すのは簡単なことだ。それによってSynchronizationLockException例外が送出されるかもしれない。複数の同期オブジェクトをロックする型があるとしたら、1本のスレッドのなかで2つの別々のロックを取得していて、クリティカルセクションの終わりに違うほうのロックを解除することもあり得る。

lock文ならば、例外処理時に安全なコードを自動的に生成してくれる（これを書き忘れる人が多いのだ）。それに、生成されるコードはMonitor.Enter()とMonitor.Exit()のペアよりも効率が良い。ターゲットオブジェクトの評価が1回で済むからだ。これらの理由があるのだから、あなたのC#プログラムで同期を取る必要があるときは、デフォルトとしてlock文を使うべきだ。

とはいえ、lockによって生成されるMSILはMonitor.Enter()と同じコードなので、そこに1つの制限がある。Monitor.Enter()は、ロックを取得するまで永遠に待ち続けるので、デッドロックする可能性があるのだ。大規模なエンタープライズシステムでクリティカルなリソースをアクセスする際には、もっと防御的な方法が必要かもしれない。Monitor.TryEnter()ならば、演算にタイムアウトを指定できるので、クリティカルなリソースをアクセスできないときの回避策を打てるだろう。

```
public void IncrementTotal()
{
    if (!Monitor.TryEnter(syncHandle, 1000)) // 1秒待つ
```

```
        throw new PreciousResourceException
            ("クリティカルセクションに入れません");
    try
    {
        total++;
    }
    finally
    {
        Monitor.Exit(syncHandle);
    }
}
```

このテクニックを、手頃で使いやすいジェネリッククラスでラップすることができる。

```
public sealed class LockHolder<T> : IDisposable
    where T : class
{
    private T handle;
    private bool holdsLock;

    public LockHolder(T handle, int milliSecondTimeout)
    {
        this.handle = handle;
        holdsLock = System.Threading.Monitor.TryEnter(
            handle, milliSecondTimeout);
    }

    public bool LockSuccessful
    {
        get { return holdsLock; }
    }

    public void Dispose()
    {
        if (holdsLock)
            System.Threading.Monitor.Exit(handle);
        // アンロックの再発を防ぐ
        holdsLock = false;
    }
}
```

このクラスは、次のように使えるだろう。

```
object lockHandle = new object();

using (LockHolder<object> lockObj = new LockHolder<object>
    (lockHandle, 1000))
{
    if (lockObj.LockSuccessful)
    {
        // 処理を省略
```

```
    }
}
// ここでDisposeを呼び出す
```

C#の開発チームがMonitor.Enter()とMonitor.Exit()のペアに対して、lock文の形式で暗黙的な言語のサポートを加えたのは、ごく一般的に使われる同期のテクニックだからだ。コンパイラが追加してくれるチェックによって、あなたのアプリケーションで同期コードを書くのが、さらに容易になっている。lock文は、副作用発生の順序が言語仕様によって保証されている唯一のプリミティブだ。したがって、あなたのC#アプリケーションのスレッド間で同期をとるには、ほとんどの場合に最適な選択となる。

ただしlockは同期を取るための唯一の手段ではない。事実、数値型に対するアクセスや参照を置き換える処理の同期を取るときは、オブジェクトに対する演算1つの同期をサポートするSystem.Threading.Interlockedクラスがある。このSystem.Threading.Interlockedには、共有データへのアクセスに使えるメソッドがいくつもあって、指定の演算を、その場所を他のスレッドがアクセス可能になる前に、必ず完了させることができる。また、共有データを扱う際に発生しがちな同期の問題にも適切な処置が取られている。

このメソッドについて考えてみよう。

```
public void IncrementTotal() => total++;
```

このように書くと、2つのアクセスが互い違いに行われた場合に、データの表現が一貫性を欠く可能性がある。C#のインクリメント演算は、マシン語の1命令ではない。totalの値をメインメモリからフェッチしてレジスタに格納し、その値をインクリメントした新しい値をレジスタからメインメモリの元の場所にストアする処理になる。最初のスレッドが値を読んだ後で新しい値をストアする前に、第2のスレッドがインクリメントを行ったら、データの一貫性が失われる。

スレッドAとスレッドBが、IncrementTotalの呼び出しを交互に行うとしよう。スレッドAがtotalから5の値を読んだとき、アクティブスレッドが切り替わって、スレッドBが、totalから5の値を読み、それをインクリメントして6という値をtotalにストアする。それからアクティブスレッドがAに戻される。スレッドAはレジスタの値を6にインクリメントして、その値をtotalにストアする。IncrementTotal()は2回呼び出された。1回はスレッドAによる呼び出し、もう1回はスレッドBによる呼び出しだ。けれどもタイミングが悪く交互にアクセスされたせいで、1回しか更新しないのと同じ結果になる。このようなエラーは、本当に微妙なタイミングでしか発生しないので、見つけるのが困難だ。

この演算の同期を取るのにもlock()を使えるが、もっと単純な方法がある。InterlockedクラスにはこのI問題を解決してくれるInterlockedIncrementという単純なメソッドがあるのだ。IncrementTotalを次のように書き換えれば、インクリメント演算に割り込みは発生せず、2本のスレッドによるインクリメントが、どちらも有効になる。

```
public void IncrementTotal() =>
    System.Threading.Interlocked.Increment(ref total);
```

Interlockedクラスには、組み込みデータ型を扱うためのメソッドが他にも含まれている。Interlocked.Decrement()は1個の値をデクリメントし、Interlocked.Exchange()は、1個の値を新しい値で置き換えて元の値を返す。このInterlocked.Exchange()は、新しい状態を設定して、その前の値を返してくれるのだ。たとえば、最後にリソースをアクセスしたユーザーのIDをストアしたいとしよう。Interlocked.Exchange()を使えば、現在のユーザーIDを記録するのと同時に、前のユーザーIDを取得できる。

最後にCompareExchange()というメソッドは、共有データから値を読み出して、もしそれが探している値に一致すれば更新するが、一致しなければ更新しない。どちらにしてもCompareExchangeは、その場所にストアされていた元の値を返す。CompareExchangeを使ってクラスの中にprivateなロックオブジェクトを作る方法を、項目41で示す。

利用できる同期プリミティブは、Interlockedクラスとlock()だけではない。Monitorクラスには、PulseとWaitというメソッドがあって、これは「消費者／生産者パターン」の実装に使える。多くのスレッドが同じ値をアクセスし、そのうちいくつかのスレッドが更新を行うような設計では、ReaderWriterLockSlimクラスも使える。このReaderWriterLockSlimには、以前のReaderWriterLockのバージョンよりも改善されたメソッドが入っているので、新規に開発する場合は、必ずReaderWriterLockSlimを使おう。

ほとんどの一般的な同期の問題では、必要な能力をInterlockedクラスが提供しているかどうかを調べてみる価値がある。これは多くの単一演算に使えるはずだ。そうでなければ、第一の候補はlock()文だ。それ以外の候補は、特別なロック機構が必要なときにだけ検討しよう。

項目41　スコープが最小限のロックハンドルを使おう

並行処理を行うコンカレントプログラムを書くときは、同期プリミティブをできるだけ局所化したい。アプリケーションのなかで、同期プリミティブを使う場所が多ければ多いほど、デッドロックやロックの欠落など並行プログラミングによくある問題を避けるのが難しくなる。これはスケールの問題だ。注意しなければならない場所が多いほど、問題の箇所を見つけるのが困難になる。

オブジェクト指向プログラミングでは、privateメンバー変数を使うことによって、状態の変化を監視する必要のある場所を（完全になくすことはできないにしても）最小にすることができる。並行プログラムでは、同期のために使うオブジェクトを局所化することによって、それと同じことを行いたい。

もっとも広く使われているロッキング技術のうち2つは、その点から見れば悪い選択肢としか言えない。lock(this)とlock(typeof(MyType))には、誰でもアクセスできる実体をベースとしてロックオブジェクトを作るという、たちの悪い効果がある。

たとえば、あなたが次のようなコードを書いたとしよう。

```
public class LockingExample
{
    public void MyMethod()
    {
        lock (this)
        {
            // 省略
        }
    }
    // 省略
}
```

そして、あなたのクライアントの1人が、何かをロックする必要があると思って、次のように書く。

```
LockingExample x = new LockingExample();
lock (x)
    x.MyMethod();
```

このような方法でロックを使うとデッドロックを起こしやすい。クライアントのコードはLockingExampleオブジェクトに対するロックを取得した。そしてMyMethodのなかで、あなたのコードが同じオブジェクトへのロックを取得する。そこまでは問題ないが、そのうちに、そのプログラムのどこかにある別のスレッドが、LockingExampleオブジェクトをロックする。デッドロックの問題が発生するが、どこでロックを取得したのかを、素早く見つけ出す方法がない。どこでも取得できるのだから。

この問題を避けるために、ロックの使い方を変える必要がある。それには、次の3つの手段がある。

第1に、もしメソッド全体を保護するのなら、MethodImpl属性を使ってメソッドの同期化を指定できる。

```
[MethodImpl(MethodImplOptions.Synchronized)]
public void IncrementTotal()
{
    total++;
}
```

もちろん、これがもっとも一般的な使い方だというのではない。

第2に、開発者が現在の型あるいは現在のオブジェクトに対してのみ、ロックを作成できるように義務付けるという方法がある。言い換えれば、誰でも必ずlock(this)またはlock(MyType)を使うように奨励するのだ。誰もがあなたの奨励に従うのなら、この方法でも、うまくいくだろう。これは世界中のクライアントすべてが「われわれは、現在のオブジェクトまたは現在の型以外のものは絶対にロックしないのだ」と認識しているときに限って通用する。そんなことを強制するのは不可能だから、これは失敗する。

第3に（これが最良の選択肢だが）あるオブジェクトの共有リソースに対するアクセスを保護するために**ハンドル**を作ることができる。そのハンドルはprivateメンバー変数なので、その型の外側からはアクセスできない。こうすれば、アクセスを同期させるオブジェクトがprivateになって、privateではないプロパティからアクセスできないことが確実になる。この方針ならば、所与のオブジェクトに対するロックプリミティブは、どれも所与の場所に限定され、局所化される。

具体的には、同期ハンドルとして使うSystem.Object型の変数を作る。そして、そのクラスのメンバーのどれかをアクセス保護する必要が生じたときに、そのハンドルをロックする。同期ハンドルを作るときに注意が必要なのは、複数のスレッドが交互に（しかも悪いタイミングで）そのメモリをアクセスしないように、同期ハンドルの余計なコピーが作られないようにすることだ。InterlockedクラスのCompareExchangeメソッドは、値をテストして、必要なときだけ更新する。このメソッドを使えば、あなたの型に必ず1個しか同期ハンドルが作られないようにすることができる。

この目標を達成するもっともシンプルなコードを、次に示す。

```
private object syncHandle = new object();

public void IncrementTotal()
{
    lock (syncHandle)
    {
        // コードを省略
    }
}
```

ロックが必要になることが滅多になければ、本当に必要なときにだけ同期オブジェクトを作るのが良いかもしれない。そういうときは同期ハンドルの作成に、次のようなメソッドを使える。

```
private object syncHandle;

private object GetSyncHandle()
{
    System.Threading.Interlocked.CompareExchange(
        ref syncHandle, new object(), null);
```

```
    return syncHandle;
}

public void AnotherMethod()
{
    lock (GetSyncHandle())
    {
        // 省略
    }
}
```

このsyncHandleオブジェクトは、あなたのクラスにある、どの共有リソースへのアクセスを制御するのにも使える。private GetSyncHandle()メソッドが返すのは、同期ターゲットとしての役割を果たす、ただ1つのオブジェクトだ。決して割り込まれないCompareExchangeの呼び出しによって、この同期ハンドルのコピーが必ず1個しか作れなくなる。これはsyncHandleの値をnullと比較し、もし等しければ新しいオブジェクトを作成してsyncHandleに代入する。

インスタンスメソッドに対するロックは、この方法で対処するとして、静的メソッドの場合は、どうなのだろうか。それにも同じテクニックを使えるが、クラスの全部のインスタンスが共有する同期ハンドルが1つになるように、静的な同期ハンドルを作ることになる。

もちろん、メソッド全体ではなく、その一部のコードセクションだけをロックすることもできる。メソッドの内側にあるコードセクションならば、それを囲む同期ブロックを作成できる。プロパティのアクセサでもインデクサでも、同期ブロックにすることができる。ただし、どんなスコープでも、ロックされるコードのスコープは最小限に抑える必要がある。

```
public void YetAnotherMethod()
{
    DoStuffThatIsNotSynchronized();
    int val = RetrieveValue();
    lock (GetSyncHandle())
    {
        // 同期が必要な処理：省略
    }
    DoSomeFinalStuff();
}
```

ラムダ式の内側でロックを作成または利用すると決めた場合は、特別な注意が必要だ。C#コンパイラは、ラムダ式を囲むクロージャを作成する。C# 3.0からサポートされている遅延実行モデルの構造と、クロージャを組み合わせると、いつロックの静的スコープが終わるのか、開発者が判定するのが難しくなる。そのため、このアプローチはデッドロックの問題を起こしやすい。自分のコードがロックされたブロックの内側にあるかどうかを、開発者が正しく見極められない場合があるのだ。

より効率よくロックを利用するための、その他のガイドラインを、もう少し紹介しよう。あなたのクラスにあるさまざまな値について、それぞれ別のロックハンドルを作る必要があるとしたら、それは現在のクラスを複数のクラスに分割すべきことを強く示している。簡単に言えば、そのクラスは、あまりにも多くのことを行おうとしているのだ。そのクラスの中で、いくつかの変数に対するアクセスを保護する必要があり、また別の変数群は別の種類のロックで保護する必要があるとしたら、そのクラスは、それぞれ別々の型を持ち、それぞれ別の役割を持つ複数のクラスに分割すべきなのだ。それぞれの型を1個の単位として扱えば、同期の制御は、ずっと簡単になるだろう。共有データ（別のスレッドからアクセスまたは更新する必要のあるデータ）を持つクラスが、それぞれ1個の同期ハンドルを使って、自分の共有リソースに対するアクセスを保護するようにしよう。

ロックの対象を選ぶときは、呼び出し側から見えない`private`フィールドを選ぼう。誰にも見えるオブジェクトをロックしてはいけない。公開オブジェクトをロックするのなら、すべての開発者が同じルールを常に（そして永遠に）守る必要があり、クライアントのコードによってデッドロックの問題が発生しやすくなる。

項目42　ロックしたセクションで未知のコードを呼び出さない

十分にロックしなければ同期の問題が発生する。そうかといってロックを作り始めると、一番起こしやすい問題はデッドロックを作ってしまうことだ。デッドロックが発生するのは、あるスレッドが第2のスレッドの完了を待ってブロックし、同時に第2のスレッドも第1のスレッドを待つときだ。.NET Frameworkでは、スレッド間コールが同期呼び出しのようにマーシャリングされるという特殊なケースもある（項目39）。そういうわけで、ただ1個のリソースがロックされただけでも、2本のスレッドがデッドロックに陥る可能性がある。

この問題を回避するもっともシンプルな方法は、すでに学んだ通り、外から見えない`private`データメンバーをロックのターゲットとすること、そしてあなたのアプリケーションでロックするコードを局所化することだ（項目41）。しかし他にもデッドロックの原因となる書き方がある。同期のために保護したコード領域の中から未知のコードを呼び出したら、別のスレッドによって、あなたのアプリケーションがデッドロックに陥る可能性がある。

たとえば、バックグラウンド処理を扱うために次のようなコードを書いたとしよう。

```
public class WorkerClass
{
    public event EventHandler<EventArgs> RaiseProgress;
    private object syncHandle = new object();

    public void DoWork()
    {
        for (int count = 0; count < 100; count++)
        {
```

```
                lock (syncHandle)
                {
                    System.Threading.Thread.Sleep(100);
                    progressCounter++;
                    RaiseProgress?.Invoke(this, EventArgs.Empty);
                }
            }
        }

        private int progressCounter = 0;
        public int Progress
        {
            get
            {
                lock (syncHandle)
                return progressCounter;
            }
        }
    }
```


raiseProgress()メソッドは、すべてのリスナに進捗の更新を通知する。どのようなリスナでも、このイベントに処理を登録できることに注意しよう。マルチスレッドのプログラムで、次のようなイベントハンドラは典型的なものだろう。

```
static void engine_RaiseProgress(object sender, EventArgs e)
{
    WorkerClass engine = sender as WorkerClass;
    if (engine != null)
        Console.WriteLine(engine.Progress);
}
```

これが正しく動作しても、それは単に運が良いからだ。うまくいく理由は、このイベントハンドラがバックグラウンドスレッドのコンテクストで実行されるからである。

けれども、このアプリケーションがWindows Forms用で、イベントハンドラからUIスレッドにマーシャリングする必要があるとしたら、どうだろうか（項目38）。Control.Invokeは、必要ならば呼び出しをUIスレッドに向けてマーシャリングする。さらに、Control.Invokeはターゲットのデリゲートが完了するまで元のスレッドをブロックする。それは問題ないだろう。別のスレッドに制御が移っただけで、とくに気になるようなことはない。

だが、第2の重要なアクションによって、プロセス全体がデッドロックに陥る。このイベントハンドラは状態の詳細を得るために、上記のengineオブジェクトへのコールバックを始動する。そのProgressアクセサは、そのとき別スレッドで実行されるので、同じロックを取得することができない。

Progressアクセサは、同期ハンドルをロックする。その動作は、このオブジェクトの局所的な文脈からは正しいように見えるが、そうではない。UIスレッドは、バックグラウンドスレッドによってロックされたのと同じハンドルでロックを試みる。バックグラウンドスレッドはイベントハンドラからのリターンを待ってサスペンドしているが、その前に同期ハンドルをロックしている。それでデッドロックになる。

表4-1に示すコールスタックを見ると、こういった問題のデバッグが難しい理由がわかるだろう。このシナリオでは、最初のロックから、次のロックを試みるまでの間に、これだけのメソッドがコールスタックに積まれる。さらに悪いことに、スレッドの交替がフレームワークコードの中で発生したら、それを見ることさえできないかもしれない。

表4-1：このコールスタックは、ウィンドウ表示を更新するフォアグラウンドとバックグラウンドスレッドの間で実行をマーシャリングするコードを示している

メソッド	スレッド
DoWork	バックグラウンドスレッド
raiseProgress	バックグラウンドスレッド
OnUpdateProgress	バックグラウンドスレッド
engine_OnUpdateProgress	バックグラウンドスレッド
Control.Invoke	バックグラウンドスレッド
UpdateUI	UIスレッド
Progress（プロパティをアクセス）	UIスレッド（デッドロック）

問題の根本は、ロックを再び取得しようとしたことにある。あなたの制御がおよばないコードが、どのようなアクションをするかは、知りようがない。だから、ロックされた領域の中からコールバックを呼び出さないように工夫すべきだ。この例でいえば、進捗報告のイベントはロックされたセクションの外側で発行しなければいけない。

```
public void DoWork()
{
    for (int count = 0; count < 100; count++)
    {
        lock (syncHandle)
        {
            System.Threading.Thread.Sleep(100);
            progressCounter++;
        }
        RaiseProgress?.Invoke(this, EventArgs.Empty);
    }
}
```

これで何が問題かは、わかった。次には、あなたのアプリケーションに未知のコードへの呼び出しが紛れ込むさまざまなパターンを把握することが重要だ。当然ながら、誰でもアクセスできるイベントの発行は、コールバックとみなされる。引数として渡されるかpublic APIを通じて設定されたデリゲートを呼び出すのも、コールバックである。引数として渡されたラムダ式を呼び出すときも、未知のコードが呼び出される可能性がある（『Effective C# 6.0/7.0』の

項目7を参照）。

これらの原因は、比較的見つけやすいものだ。けれども、未知のコードが紛れ込む原因が、もう1つ、大部分のクラスにある。それは仮想メソッドだ。あなたが呼び出す仮想メソッドは、どれも派生クラスによってオーバーライドされる可能性がある。その派生クラスは、あなたのクラスの、どのメソッドでも（publicでもprotectedでも）呼び出すことができる。それらの呼び出しのどれが共有リソースをロックしようとするか、わかったものではない。問題が発生する経路は違っていても、すべて同じようなパターンだ。あなたのクラスがロックを取得する。それから、あなたの制御がおよばないコードを呼び出すメソッドを、その同期セクションの中から呼び出す。そのクライアントコードを構成するのは、ありとあらゆる種類のコードだ。そのうち、あなたのクラスに、しかも別スレッドとして、舞い戻ってくるかもしれない。そういう無制限のコードが、何か悪さをしようとしても、それを予防する手立てはない。だから、その代わりに、そういう状況が決して発生しないようにしよう。あなたのコードでロックしたセクションの内側から、未知のコードを呼び出してはいけない。

第5章　動的プログラミング

静的な型付けにも、動的な型付けにも、それぞれの長所がある。動的型付けは開発時間の短縮に貢献し、異種システムとの相互運用を容易にする。静的型付けではコンパイラが各種のエラーを検出できる。コンパイル時にチェックを行えば、実行時にはチェックを簡素化できるから性能が良くなる。C#は静的に型付けされた言語であり、今後もそうだろう。ただし動的型付けのほうが効率の良いソリューションを得られる場合もあるので、そのためにC#は動的な機能を提供している。そのおかげで、われわれは必要に応じて静的型付けと動的型付けを切り変えることができる。とはいえ、静的型付けで利用できる機能の膨大さを考えれば、あなたが書くC#コードの大部分は静的型付けになるだろう。この章では動的プログラミング特有の問題点を指摘し、それらをもっとも効率よく解決するテクニックを紹介する。

項目43　動的型付けの長所と短所を理解しよう

C#が動的型付けをサポートするのは、他の現場との間に橋を架けるためだ。動的なプログラミングを一般に奨励するのではなく、強い静的な型付けを持つC#と、動的型付けのモデルを使う他の開発現場との間で、よりスムーズな移行を可能にすることが目的である。

だからといって動的型付けの用途を、他の環境との相互運用性に限定する必要はない。C#の型は、動的なオブジェクトに強制変換すれば、動的オブジェクトとして扱うことができる。ただし当然ながら、C#オブジェクトを動的オブジェクトとして扱うことにも、長所と短所の両方がある。まずは、その例を1つ見て、実際に何が起きるのかを調べよう。

C#のジェネリックには、`System.Object`で定義されていないメソッドをアクセスするのに「ジェネリック型制約」を指定する必要がある。その制約として指定できるのは、基底クラス、インターフェイス、参照型、値型であること、そしてパラメータのない`public`なコンストラクタであることだ。「ある特定のメソッドを利用できる」という制約は指定はできない。これは、ある種の演算子（たとえば`+`）に依存する汎用メソッドを作りたいとき、とくにきつい制限になるのだが、動的な呼び出しを使えば、その問題を解決できる。つまり実行時にメンバーを利用できるのなら、そのオブジェクトを利用できるのだ。次のメソッドは、実行時に利用できる+演算子があれば、2つの動的オブジェクトを加算する。

```
public static dynamic Add(dynamic left,
    dynamic right)
{
    return left + right;
}
```

これが動的型付けの最初の例だから、ここで何が起きているのかを見よう。「動的な型」は、System.Objectの一種で、ランタイムバインディングがある（型が実行時に解決される）もの、と考えることができる。コンパイル時には、動的な変数はSystem.Objectで定義されたメソッドしか持っていない。そこでコンパイラは、どのメンバーのアクセスも動的CallSiteとして実装されるようにコードを追加する。実行時には、そのコードを実行してオブジェクトを調べ、要求されたメソッドを利用できるかどうかを判定する（動的オブジェクトの実装方法は、項目45を参照）。この方法は、しばしば「ダックタイピング」と呼ばれる。アヒルのように歩き、アヒルのように鳴くやつは、アヒルに違いない、という考えだ。これなら特定のインターフェイスを宣言する必要はなく、コンパイル時の型演算を提供する必要もない。必要なメンバーを実行時に利用できる限り、このアプローチは成功する。

この例のメソッドで動的コールサイトは、2つのオブジェクトの実行時の型にアクセス可能な+演算子が存在するかどうかを判定する。次の呼び出しは、どれも正しい答えを返す。

```
dynamic answer = Add(5, 5);
answer = Add(5.5, 7.3);
answer = Add(5, 12.3);
```

ただし、answerを動的オブジェクトとして宣言する必要がある。呼び出しが動的なので、コンパイラは戻り値の型を知ることができない。だから型を実行時に解決しなければならない。そして戻り値の型を実行時に解決する唯一の方法は、それを動的オブジェクトにすることだ。戻り値の静的な型は単なるdynamicであり、実行時の型は実行時に解決される。

もちろん、この動的Addメソッドは、数値型の加算だけに使えるわけではない。文字列も加算できる（その理由はstringに+演算子が定義されているからだ）。

```
dynamic label = Add("Here is ", "a label");
```

また、日付時刻に一定の時間を加算することもできる。

```
dynamic tomorrow = Add(DateTime.Now, TimeSpan.FromDays(1));
```

アクセス可能な+演算子がある限り、Addの動的バージョンを利用できるわけだ。

動的型付けの解説を初めて読む人は、動的プログラミングの長所ばかり見て使いすぎるかもしれないが、短所もあるのだ。型システムの安全性が失われ、コンパイラによる援助も制限される。つまり型の解釈を間違っていても、それがわかるのは実行時になってしまう。

どんな演算も、(this参照も含む) オペランドの1つが動的なら、演算の結果も動的になる。これらの動的なオブジェクトは、あなたがほとんどのC#コードで使っている静的な型システムに、いつか戻したくなるだろう。それにはキャストまたは変換の演算が必要だ。

```
dynamic answer = Add(5, 12.3);
int value = (int)answer;
string stringLabel = System.Convert.ToString(answer);
```

キャスト演算を使えるのは、動的オブジェクトの実際の型がターゲット型か、あるいはターゲット型にキャストできる場合だ。どんな動的演算の結果でも、強い型に変換するには、その型が何かを正確に知っている必要がある。そうでなければ、変換は実行時に失敗して例外を送出する。

メソッドを、それに関わる型の知識なしに実行時に解決する必要があるのなら、動的型付けを使うのが正解だ。コンパイル時に知識があるときは、ラムダ式と関数プログラミングの構造によって必要なソリューションを作成できる。さきほどのAddメソッドは、ラムダ式を使って次のように書き直すことが可能だ。

```
public static TResult Add<T1, T2, TResult>(T1 left, T2 right,
    Func<T1, T2, TResult> AddMethod)
{
    return AddMethod(left, right);
}
```

この場合は呼び出し側で、特定のメソッドを指定する必要がある。これまでに示した例は、どれも、この方式を使って実装できる。

```
var lambdaAnswer = Add(5, 5, (a, b) => a + b);
var lambdaAnswer2 = Add(5.5, 7.3, (a, b) => a + b);
var lambdaAnswer3 = Add(5, 12.3, (a, b) => a + b);
var lambdaLabel = Add("ラベル", "だよ",    (a, b) => a + b);
dynamic tomorrow = Add(DateTime.Now, TimeSpan.FromDays(1));
var finalLabel = Add("ご苦労", 3, (a, b) => a + b.ToString());
```

最後のメソッドではintからstringへの変換を指定する必要がある。いかがだろうか。「ずらずらとラムダ式が並ぶのは冗長な感じだ。共通メソッドにできないのか」と思われるだろう。残念ながら、このように書くのが、このソリューションなのだ。型を推論できる場所にラムダ式を提供しなければならない。人間の眼には同じように見えるたくさんのコードを繰り返さなければならないが、コンパイラから見れば同じではない。もちろん、Addを実装するためにAddメソッドを定義するのは、ばかげたことだ。実際には、ラムダ式を使うが呼び出すだけではないメソッドに、このテクニックを使うことになるだろう。たとえば.NETライブラリのEnumerable.Aggregate()でも、このテクニックは使われている。Aggregate()はシーケンス全体を列挙して、それらを加算した（あるいは別の演算を実行した）結果を1つ生成する。

```
var accumulatedTotal = Enumerable.Aggregate(sequence, (a, b) => a + b);
```

それでも、同じコードを繰り返しているような感じは残る。コードの繰り返しを防ぐ方法の1つは、**式ツリー**を使う方法だ（これも実行時にコードを構築する）。式ツリーは、System.Linq.Expressionクラスと、その派生クラス群が提供するAPIを使って構築できる。その式ツリーを1個のラムダ式に変換し、そのラムダ式をコンパイルして1個のデリゲートにするのだ。たとえば次のコードは、同じ型の3つの値を加算するAddを構築して実行する。

```
// 未熟な実装。後により良いバージョンを示す
public static T AddExpression<T>(T left, T right)
{
    ParameterExpression leftOperand = Expression.Parameter(
        typeof(T), "left");
    ParameterExpression rightOperand = Expression.Parameter(
        typeof(T), "right");
    BinaryExpression body = Expression.Add(leftOperand, rightOperand);
    Expression<Func<T, T, T>> adder =
        Expression.Lambda<Func<T, T, T>>(body, leftOperand, rightOperand);
    Func<T, T, T> theDelegate = adder.Compile();
    return theDelegate(left, right);
}
```

製品コードでは読みやすくするためにvarを使うだろうが、いまは型変換に関心があるのだから、ParameterExpression、BinaryExpressionなど、すべての型名を明示している。

最初の2行は、leftとrightという名前の、どちらもT型の変数を表す**パラメータ式**を作っている。次の行は、それら2つのパラメータを使って、1個のAdd式を作る。このAdd式は、BinaryExpressionから派生している。他の2項演算のためにも、同様な式を作成できる。

このコードは次に、式の本体（body）と2つのパラメータから1個のラムダ式を構築する。そして最後に、式をコンパイルしてデリゲートのFunc<T,T,T>を作る。いったんコンパイルしたら、このデリゲートを実行して、その結果を返すことができる。もちろん、他のジェネリックメソッドを呼び出すのと同様に、これを呼び出すこともできる。

```
int sum = AddExpression(5, 7);
```

コメントに書いたように、これは未熟な実装だ。このコードを、あなたのアプリケーション

にコピーしては**いけない**。この実装には2つの問題がある。

まず、Add()ならうまくいくはずなのに、このコードではうまくいかない状況が、いくつもある。有効なAdd()メソッドには、intとdouble、DateTimeとTimeSpanなど、型の違うパラメータを受け取るものがある。そのようにパラメータの型が違っていたら、このメソッドは使えないのだ。この問題を解決するには、さらに2つのジェネリックパラメータを、このメソッドに追加する必要がある。そうすれば演算の左辺と右辺に別のオペランドを指定できる。ついでにローカル変数名の一部をvar宣言で置き換えよう。こうすると型情報が隠されるが、メソッドのロジックが少しはわかりやすくなる。

```
// ちょっと改善
public static TResult AddExpression<T1, T2, TResult>
    (T1 left, T2 right)
{
    var leftOperand = Expression.Parameter(typeof(T1), "left");
    var rightOperand = Expression.Parameter(typeof(T2), "right");
    var body = Expression.Add(leftOperand, rightOperand);
    var adder = Expression.Lambda<Func<T1, T2, TResult>>(
        body, leftOperand, rightOperand);
    return adder.Compile()(left, right);
}
```

このメソッドは、さきほどのバージョンと、ほとんど同じで、左右のオペランドに別の型を使って呼び出せるようにしただけだ。けれども、このバージョンを呼び出すときは、必ず3つの引数型を指定しなければならない。

```
int sum2 = AddExpression<int, int, int>(5, 7);
```

3つの引数型を指定するのだから、型の異なる式を使える。

```
DateTime nextWeek = AddExpression<DateTime, TimeSpan,
    DateTime>(DateTime.Now, TimeSpan.FromDays(7));
```

まだ解決されていない第2の問題がある。いままでに示したコードでは、このAddExpression()メソッドが呼び出されるたびに、式をデリゲートにコンパイルすることになる。式を何度も繰り返して使うのなら、とくに効率が悪い。式をコンパイルするのは高価な演算だから、将来の呼び出しのために、コンパイルしたデリゲートをキャッシュすべきだ。そこで、クラスにまとめる最初の試みを次に示す。

```
// 使えるが多くの制限がある
public static class BinaryOperator<T1, T2, TResult>
{
    static Func<T1, T2, TResult> compiledExpression;
```

```
    public static TResult Add(T1 left, T2 right)
    {
        if (compiledExpression == null)
            createFunc();
        return compiledExpression(left, right);
    }

    private static void createFunc()
    {
        var leftOperand = Expression.Parameter(typeof(T1), "left");
        var rightOperand = Expression.Parameter(typeof(T2), "right");
        var body = Expression.Add(leftOperand, rightOperand);
        var adder = Expression.Lambda<Func<T1, T2, TResult>>(
            body, leftOperand, rightOperand);
        compiledExpression = adder.Compile();
    }
}
```

さて、このようにExpressionを使う方式と、動的型付けを使う方式の、どちらを選べば良いだろうか。その判断は状況に依存する。Expressionを使うバージョンのほうが、実行時に行う計算が少しだけ単純なので、より高速となる状況が多いかもしれない。けれども動的呼び出しと比べて、Expressionは実行時の柔軟性が少し劣る。さきほど見たように、動的呼び出しでは、intとdoubleの加算、shortとfloatの加算など、さまざまな型の異なる演算を行うことができる。C#で許されるコードならば、コンパイルされたバージョンでも許される。文字列に数を加えることまで可能だ。それと同様なシナリオをExpressionバージョンで実装しようとしたら、動的型付けならば正しく行われる演算が、どれもInvalidOperationExceptionになる。正しく動作する変換演算があるにもかかわらず、構築されたExpressionでは、それらの変換がラムダ式に組み込まれないのだ。動的な呼び出しのほうが柔軟で、もっと多様な演算をサポートする。

たとえばAddExpressionを、異なる型の加算でも正しい変換を実行するように書き換えるとしたら、Expressionを構築するコードを更新して、パラメータの型から結果の型へと変換を行うようにできるはずだ。その結果は、次のようになるだろう。

```
// ある問題を解決したら別の問題が生じた
public static TResult AddExpressionWithConversion
    <T1, T2, TResult>(T1 left, T2 right)
{
    var leftOperand = Expression.Parameter(typeof(T1), "left");
    Expression convertedLeft = leftOperand;
    if (typeof(T1) != typeof(TResult))
    {
        convertedLeft = Expression.Convert(leftOperand, typeof(TResult));
    }
    var rightOperand = Expression.Parameter(typeof(T2), "right");
```

```
    Expression convertedRight = rightOperand;
    if (typeof(T2) != typeof(TResult))
    {
        convertedRight = Expression.Convert(rightOperand, typeof(TResult));
    }
    var body = Expression.Add(convertedLeft, convertedRight);
    var adder = Expression.Lambda<Func<T1, T2, TResult>>(
        body, leftOperand, rightOperand);
    return adder.Compile()(left, right);
}
```

このソリューションによって、たとえばdoubleとintの加算や、doubleをstringに加えて結果をstringにする演算など、変換を必要とする加算の問題が解決される。けれども、引数と結果の型が異なる場合に、いままで有効だった使い方が無効になっている。具体的には、TimeSpanをDateTimeに加算することができない。より多くのコードを書けば、この問題も解決できるだろう。しかしそれでは、C#で動的なディスパッチを処理するコード（項目45）を再実装することになってしまう。そんな仕事をするよりは、動的型付けを使おう。

Expressionを使うバージョンは、オペランドと結果の型が一致する状況で使うのが良い。そのアプローチなら、ジェネリックな型パラメータによる推論が行われ、コードが実行時に失敗を起こすような順列組み合わせが少なくなる。Expressionを使って実行時のディスパッチを実装するとしたら、次に示すバージョンを推奨する。

```
public static class BinaryOperators<T>
{
    static Func<T, T, T> compiledExpression;

    public static T Add(T left, T right)
    {
        if (compiledExpression == null)
            createFunc();
        return compiledExpression(left, right);
    }

    private static void createFunc()
    {
        var leftOperand = Expression.Parameter(typeof(T), "left");
        var rightOperand = Expression.Parameter(typeof(T), "right");
        var body = Expression.Add(leftOperand, rightOperand);
        var adder = Expression.Lambda<Func<T, T, T>>(
            body, leftOperand, rightOperand);
        compiledExpression = adder.Compile();
    }
}
```

これでもAddを呼び出すときに1個の型パラメータを指定する必要はあるが、それでコンパイラが、CallSiteに必要な変換を作ってくれる。そうすればコンパイラは、intからdouble

への昇格などを行うことができる。

動的な型付けを使うにしても、実行時に式を構築するにしても、性能上のコストがかかる。あらゆる動的な型システムと同じく、あなたのプログラムも、実行時に行うべき仕事が増える。それはコンパイラが、それまでに通常ならば行っているはずの型チェックを、どれも行っていないからだ。代わりにコンパイラは、それらのチェックを実行時に行うための命令を生成しなければならない。ただし、コストを過大に評価すべきではない。C#コンパイラは、実行時に効率よくチェックを行うコードを生成してくれる。たいがいの場合、**リフレクション**（実行時に型情報を取得する機能）を使うコードを書いて遅延束縛の独自バージョンを作るよりも、動的型付けを使う方が高速だ。けれども、実行時の処理がゼロになるわけではないし、その処理をコンパイラのコードが実行する時間もゼロにはならない。静的型付けを使って解決できる問題ならば、そのほうが動的型付けを使うソリューションよりも間違いなく効率的だろう。

関係する型のすべてを、あなた自身が制御するとき、動的なプログラミングを使う代わりにインターフェイスを作成できるなら、そのほうが優れたソリューションだ。あなた自身が、そのインターフェイスを定義し、そのインターフェイスに対するプログラミングを行い、そのインターフェイスで定義した振る舞いを示す型のすべてで、そのインターフェイスを実装する。このシナリオならば、C#の型システムが威力を発揮して、コードにエラーが入ることが少なくなる。そしてコンパイラは、ある種のエラーが生じないことを想定できるので、より効率の良いコードを生成できる。

多くの場合は、ラムダ式を使ってジェネリックAPIを作成できるだろう。そうすれば、動的なアルゴリズムによって実行するようなコードを、必ず呼び出し側で定義させることができる。

第2の選択肢として、`Expression`を使う方法がある。これが適切な選択となるのは、さまざまな型の順列組み合わせの数が比較的少なく、可能性のある変換の種類も少ない場合だ。どういう式が作成されるかは式ツリーで制御できる。実行時にどれほどの仕事が生じるかも、あなたが制御できる。

動的型付けを使うと、根底にある動的なインフラストラクチャが働いて、どのような構造でも正しければ動作するようにしてくれる（ただし実行時に行われる処理が、どれほど高価であっても、ということになる）。

この項目の最初に示した`Add()`メソッドをジェネリックにできるだろうか。それは不可能だ。`Add()`に使えるのは、.NETのクラスライブラリで定義済みの型に限られる。いまになって、それらの型に`IAdd`インターフェイスを追加することはできない。また、すべてのサードパーティ製ライブラリについて、あなたの新しいインターフェイスに対する準拠を保証することもできない。ある特定のメンバーが存在することを前提としてメソッドを構築するには、その選択を実行時まで遅らせる動的なメソッドを書くのが最長の方法だ。そうすれば動的な実装が、適切な実装をみつけ、それを使い、さらにキャッシュして性能を向上させることが可能になる。このアプローチは、純粋に静的な型付けによるソリューションよりもコストは高いが、式ツリーを解析するよりは、ずっとシンプルだ。

項目44　動的型付けで、ジェネリックな型パラメータの実行時の型を活用する

System.Linq.Enumerable.Cast<T>メソッドは、あるシーケンスの全部のオブジェクトを、ターゲット型のTにキャストする。この振る舞いがフレームワークの一部になっているので、LINQのクエリを、（IEnumerable<T>ではない）IEnumerableのシーケンスに使うことができるのだ。Cast<T>はジェネリックなメソッドだが、Tに対する制約がない。このため、正しく利用できる変換の種類が限られる。この制限を理解せずにCast<T>を使うと、「うまくいかない」と悩むことになる。実際には、本来行うべきことを正しく行っているのだが、あなたの期待に沿っていないのだ。まずは、内部の仕組みと制限を調べよう。そうすれば、期待どおりに動作する別のバージョンを作るのも簡単になるはずだ。

この問題の根本には、MSILにコンパイルされたCast<T>が、そのTについて、System.Objectから派生したマネージドタイプに違いないということを除けば、何の知識も持たないという事実がある。したがって、このメソッドはSystem.Objectで定義されている機能だけを使って仕事を行う。次のクラスを見ていただきたい。

```
public class MyType
{
    public String StringMember { get; set; }

    public static implicit operator String(MyType aString)
        => aString.StringMember;

    public static implicit operator MyType(String aString)
        => new MyType { StringMember = aString };
}
```

変換演算子の問題点は項目11で説明した通りだが、この問題については、ユーザー定義の変換演算子が理解のカギとなる。次のコードを検討しよう（ここではGetSomeStrings()が文字列のシーケンスを返すことにする）。

```
var answer1 = GetSomeStrings().Cast<MyType>();
try
{
    foreach (var v in answer1)
        WriteLine(v);
}
catch (InvalidCastException)
{
    WriteLine("キャストは失敗");
}
```

この項目を読み始める前なら、GetSomeStrings().Cast<MyType>()が、MyTypeで定義されている暗黙の変換演算子を使って、それぞれの文字列を正しくMyTypeに変換してくれることを期待できたかもしれない。だが、そうはいかないことを、あなたはもう知っている。これはInvalidCastExceptionを送出する。

上にあげたコードは、クエリ式を使って次のように書くこともできる。

```
var answer2 = from MyType v in GetSomeStrings()
                select v;
try
{
    foreach (var v in answer2)
        WriteLine(v);
}
catch (InvalidCastException)
{
    WriteLine("これもキャスト失敗");
}
```

範囲変数の型宣言は、コンパイラによって、Cast<MyType>の呼び出しに変換される。そして、これもまたInvalidCastExceptionを送出する。

たとえば次のようにコードの構造を変えれば、うまくいく。

```
var answer3 = from v in GetSomeStrings()
                select (MyType)v;
foreach (var v in answer3)
    WriteLine(v);
```

どこが違うのだろうか。うまくいかなかった2つのバージョンはCast<T>()を使っていたが、うまくいったバージョンでは、Select()の引数として使われるラムダ式の中にキャストが含まれている。Cast<T>は、その引数の実行時の型へのユーザー定義の変換をアクセスできない。利用できる変換は、参照変換とボックス化変換だけだ。**参照変換**は、is演算子が成功するときなら成功する（『Effective C# 6.0/7.0』の項目3を参照)。「ボックス化変換」（boxing conversion）は、値型を参照型に、参照型を値型に変換するものだ（同書の項目9を参照)。Cast<T>がユーザー定義の変換をアクセスできないのは、TにSystem.Object定義のメンバーが含まれていることしか想定できないからである。System.Objectにはユーザー定義の変換が含まれていないから、候補になるわけがない。逆に、Select<T>を使うバージョンが成功するのは、Select()で使っているラムダ式がstring型の入力パラメータを受け取るからだ。この場合の変換処理はMyTypeが基準となる。

私は通常、コードに変換演算子があると「疑惑の臭い」を感じる。ときには便利だが、しばしば、その価値よりも大きな問題を起こすのだ。「そもそも変換演算子を利用できなければ、こういう使いものにならないコードを開発者が書くことも、なかったはずなのに」と、ぼやきたくなる。

もちろん私は、変換演算子を使わないことを推奨する以上、それに代わる策を提示しなければいけない。MyTypeには、すでにstring型をストアするためのリード/ライトプロパティが含まれているのだから、変換演算子を削除して、次のどちらかの形式で書くことができる。

```
var answer4 = GetSomeStrings().
    Select(n => new MyType { StringMember = n });

var answer5 = from v in GetSomeStrings()
    select new MyType { StringMember = v };
```

また、もし必要ならばMyTypeのために別のコンストラクタを作ることもできる。もちろんそれらは、Cast<T>()の制限を回避する策にすぎない。いまでは制限が存在する理由を理解できたのだから、それらの制限を回避する別のメソッドを書きたいだろう。そこで必要なトリックは、必要ならば実行時の型情報を利用して変換を行う、ジェネリックなメソッドを書くことだ。

どの変換を利用できるのか調べるために何ページにもおよぶリフレクションのコードを書いて、見つかった変換を実行し、適切な型を返すことも可能だが、無用な努力というものだ。そういう大仕事は、C# 4.0で導入された動的型付けに任せよう。そうすれば、期待どおりに働いてくれるシンプルなConvert<T>メソッドを書くことができる。

```
public static IEnumerable<TResult> Convert<TResult>(
    this System.Collections.IEnumerable sequence)
{
    foreach (object item in sequence)
    {
        dynamic coercion = (dynamic)item;
        yield return (TResult)coercion;
    }
}
```

このメソッドは、ソース型からターゲット型への変換が（暗黙的でも明示的でも）存在するかぎり、正しく動作する。ただしキャストはあるので、実行時に失敗する可能性が残っている。型システムを強制するときには、どうしても免れないことだ。Convert<T>はCast<T>()よりも適用範囲が広いが、実行される処理の量も多い。ただし開発者は、自分が書くコードの問題よりも、ユーザーにとって、どんなコードを書く必要が生じるのかを、よく考えなければならない。Convert<T>なら、次のように書くことができる。

```
var convertedSequence = GetSomeStrings().Convert<MyType>();
```

ジェネリックメソッドが、すべてそうであるように、Cast<T>も、型パラメータに関する限られた情報だけでコンパイルされる。そのせいで、ジェネリックメソッドからは期待どおりの働きが得られないときがある。その根本の原因は、ほとんど常に、型パラメータの実際の型に特有な機能をジェネリックメソッドに意識させることができないからである。その場合は動的な型を少し使えば、実行時のリフレクションによって事態を改善できるだろう。

項目45　データ駆動の動的な型は、DynamicObjectかIDynamicMetaObjectProviderで作ろう

動的プログラミングの大きな利点は、「publicインターフェイスが実行時に（使い方で）変化する型」を作成できるという能力だ。C#は、その能力をdynamic型と、基底クラスのSystem.Dynamic.DynamicObjectと、インターフェイスのSystem.Dynamic.IDynamicMetaObjectProviderを通じて提供する。これらのツールを使えば、動的な能力を持つ型を自作できるのだ。

動的な能力を持つ型を作るには、System.Dynamic.DynamicObjectから派生するのがもっとも単純な方法だ。その型にネストしたprivateクラスを使ってIDynamicMetaObjectProviderインターフェイスを実装する。このネストしたprivateクラスが、式を解析し、その結果をDynamicObjectクラスが持つ仮想メソッドの1つに送ってくれる。このため動的なクラスの作成は、DynamicObjectから派生できるのなら、比較的単純な作業となる。

たとえば動的なプロパティバッグを実装するクラスを考えてみよう。ここで示す例は、Razorテンプレートエンジンのプロパティバッグや、ExpandoObjectクラスなどに似ている[†1]。製品として鍛えられた実装は、それらのサンプルで見ていただきたい。DynamicPropertyBagは、最初に作成したときには要素が1つも入っていないから、プロパティを持っていない。もし何かプロパティを取り出そうとしたら例外を送出する。このバッグにプロパティを追加するには、そのプロパティのセッターを呼び出す。プロパティを追加した後なら、ゲッターの呼び出しでプロパティをアクセスできる。

```
dynamic dynamicProperties = new DynamicPropertyBag();

try
{
    Console.WriteLine(dynamicProperties.Marker);
}
catch (Microsoft.CSharp.RuntimeBinder.RuntimeBinderException)
{
    Console.WriteLine("プロパティがありません");
}
```

---

†1：訳注：原著で併記されているClayプロジェクト（https://github.com/jhorv/Clay）は、ExpandoObjectを強化したようなもの（http://www.programering.com/a/MTOykDMwATk.html）。もう1つ言及されているGemini（http://documentup.com/tgjones/gemini）は、Visual Studio Shellに似たIDEフレームワーク。

```
dynamicProperties.Date = DateTime.Now;
dynamicProperties.Name = "Bill Wagner";
dynamicProperties.Title = "Effective C#";
dynamicProperties.Content = "Building a dynamic dictionary";
```

この動的プロパティバッグを実装するには、基底クラスDynamicObjectのTrySetMemberメソッドとTryGetMemberメソッドをオーバーライドする必要がある。

```
class DynamicPropertyBag : DynamicObject
{
    private Dictionary<string, object> storage =
        new Dictionary<string, object>();

    public override bool TryGetMember(GetMemberBinder binder,
        out object result)
    {
        if (storage.ContainsKey(binder.Name))
        {
            result = storage[binder.Name];
            return true;
        }
        result = null;
        return false;
    }

    public override bool TrySetMember(SetMemberBinder binder, object value)
    {
        string key = binder.Name;
        if (storage.ContainsKey(key))
            storage[key] = value;
        else
            storage.Add(key, value);
        return true;
    }

    public override string ToString()
    {
        StringWriter message = new StringWriter();
        foreach (var item in storage)
            message.WriteLine($"{item.Key}:¥t{item.Value}");
        return message.ToString();
    }
}
```

動的プロパティバッグには、プロパティの名前と値のペアを格納するディクショナリが含まれる。それをアクセスするのが、TryGetMemberとTrySetMemberだ。

TryGetMemberは、要求された名前(binder.Name)をチェックする。そのプロパティがディクショナリに格納されていたら、TryGetMemberは、その値を返す。もし値が格納されて

chapter 5

いなければ、動的呼び出しは失敗する。TrySetMemberも、同様な方法で目標を達成する。つまり要求された名前(binder.Name)をチェックしてから、内部ディクショナリに、その項目のエントリを作成するか、あるいは既存のエントリを更新する。どのようなプロパティでも作成できるので、TrySetMemberメソッドは常にtrueを返して、動的呼び出しが成功したことを示す。

DynamicObjectには、インデックスや、メソッド、コンストラクタ、単項および二項の演算子の、動的な呼び出しを処理する同様なメソッドも含まれている。これらのメンバーの、どれでもオーバーライドすることによって、そのメンバーを自作できる。どの場合もバインダーオブジェクトを調べて、どのメンバーが要求されたかをチェックしてから、それぞれに必要な処理を実行する。戻り値がある場合は、その値をoutパラメータに設定し、あなたの多重定義がメンバーを処理したかどうかを、戻り値で返す。

動的な振る舞いを持つ型を作りたいときは、基底クラスとしてDynamicObjectを使うのがもっとも簡単だ。もちろん動的プロパティバッグも使えるのだが、それよりもっと有効に動的な型を使う、もう1つの例を見よう。

LINQ to XMLは、XMLを扱う処理を、ずいぶん改善してくれているが、まだ満たされていない要望が残っている。次に示すXMLの断片を見ていただきたい。これは太陽系についての情報を含むものだ。

```
<Planets>
  <Planet>
    <Name>Mercury</Name>
  </Planet>
  <Planet>
    <Name>Venus</Name>
  </Planet>
  <Planet>
    <Name>Earth</Name>
    <Moons>
      <Moon>Moon</Moon>
    </Moons>
  </Planet>
  <Planet>
    <Name>Mars</Name>
    <Moons>
      <Moon>Phobos</Moon>
      <Moon>Deimos</Moon>
    </Moons>
  </Planet>
  <!-- その他のデータを省略 -->
</Planets>
```

第一惑星を取得するには、次のようなコードを書くことになるだろう。

```
// 太陽系のデータを含むXElementで文書を作成
var xml = createXML();

var firstPlanet = xml.Element("Planet");
```

これも悪くはないが、ファイルの深くまで潜ると、コードが複雑になってくる。第三惑星を取得するコードは、次のようなものになる。

```
var earth = xml.Elements("Planet").Skip(2).First();
```

第三惑星の名前（Earth）を取得するには、さらに多くのコードが必要だ。

```
var earthName = xml.Elements("Planet").Skip(2). First().Element("Name");
```

その惑星の衛星の名前を取り出そうとしたら、ずいぶん長いコードになってしまう。

```
var moon = xml.Elements("Planet").Skip(2).First().
       Elements("Moons").First().Element("Moon");
```

それだけでなく、このコードを使えるのは、XMLに探しているノードが含まれている場合に限られる。もしXMLファイルに問題があってノードの一部が欠けていたら、そのコードは例外を送出するだろう。ノードの消失に、どう対処するかを指定するには、かなり多くのコードが必要になるが、起きるかもしれないエラーを処理することだけが目的のコードだから、もともとの意図を察するのが難しくなる。

XML要素の名前を使ってドット記法を返すデータ駆動型があれば、どうだろうか。それなら、第一惑星を探すのが、次のように単純になる。

```
// 太陽系のデータを含むXElementで文書を作成
var xml = createXML();

Console.WriteLine(xml);
dynamic dynamicXML = new DynamicXElement(xml);

// 古い方法:
var firstPlanet = xml.Element("Planet");
Console.WriteLine(firstPlanet);

// 新しい方法:
dynamic test2 = dynamicXML.Planet; // 第一惑星を返す
Console.WriteLine(test2);
```

第三惑星を取得するには、インデクサを使うだけでよい。

```
// 第三惑星(地球)を取得する
dynamic test3 = dynamicXML["Planet", 2];
```

月にたどり着くには、インデクサを2つ繋げればよい。

```
dynamic earthMoon = dynamicXML["Planet", 2]["Moons", 0].Moon;
```

コードが動的なので、ノードが欠けていたら空の要素を返すように定義できる。たとえば次にあげるコードは、どれも空のDynamicXElementノードを返すだろう。

```
dynamic test6 = dynamicXML["Planet", 2]
    ["Moons", 3].Moon; // 地球に4個の衛星はない
dynamic fail = dynamicXML.NotAppearingInThisFile;
dynamic fail2 = dynamicXML.Not.Appearing.In.This.File;
```

要素が欠けていても、その「欠けている動的要素」が返されるのだから、それをデリファレンスできる。XMLナビゲーションのなかで、どれかの要素が欠けていたら、最終結果は「欠けている要素」になるのだ。この振る舞いを作るために、DynamicObjectから、もう1つクラスを派生する。適切なノードを持つ動的要素を返すために、TryGetMemberとTryGetIndexの両方をオーバーライドする必要がある。

```
public class DynamicXElement : DynamicObject
{
    private readonly XElement xmlSource;

    public DynamicXElement(XElement source)
    {
        xmlSource = source;
    }

    public override bool TryGetMember(GetMemberBinder binder,
        out object result)
    {
        result = new DynamicXElement(null);
        if (binder.Name == "Value")
        {
            result = (xmlSource != null) ? xmlSource.Value : "";
            return true;
        }
        if (xmlSource != null)
            result = new DynamicXElement(xmlSource
            .Element(XName.Get(binder.Name)));
        return true;
    }

    public override bool TryGetIndex(GetIndexBinder binder,
        object[] indexes, out object result)
```

```
    {
        result = null;
        // サポートするインデクサは[string, int]だけ
        if (indexes.Length != 2)
            return false;
        if (!(indexes[0] is string))
            return false;
        if (!(indexes[1] is int))
            return false;

        var allNodes = xmlSource.Elements(indexes[0]
            .ToString());
        int index = (int)indexes[1];

        if (index < allNodes.Count())
            result = new DynamicXElement(allNodes
                .ElementAt(index));
        else
            result = new DynamicXElement(null);
        return true;
    }
    public override string ToString() =>
    xmlSource?.ToString() ?? string.Empty;
}
```

このコードの大部分は、この項目の最初に示したコードと同じコンセプトを使っている。ただし、TryGetIndexは、新規のメソッドだ。クライアントコードが1個のXElementを取り出すためにインデクサを呼び出したときの動的な振る舞いを、これによって実装する必要がある。

DynamicObjectを使うことによって、動的な振る舞いを持つ型の実装は、ずっと簡単になる。動的な型を作ることの複雑さは、DynamicObjectによって、ほとんど隠される。動的なディスパッチを処理する大量の実装が提供されるのだ。

けれども、ときには「動的な型を作りたいけれど、必要な基底クラスが違うのでDynamicObjectを使うことができない」という場合もあるだろう。そのときは、大仕事を請け負ってくれるDynamicObjectに頼ることができないが、代わりにIDynamicMetaObjectProviderを実装することによって、動的ディクショナリを作成できる。

IDynamicMetaObjectProviderを実装するのは、GetMetaObjectという1個のメソッドを実装することに他ならない。次に示すDynamicDictionaryの第2バージョンは、DynamicObjectから派生する代わりに、IDynamicMetaObjectProviderを実装している。

```
class DynamicDictionary2 : IDynamicMetaObjectProvider
{
    DynamicMetaObject IDynamicMetaObjectProvider.
        GetMetaObject(System.Linq.Expressions.Expression parameter)
    {
```

```
        return new DynamicDictionaryMetaObject(parameter, this);
    }

    private Dictionary<string, object> storage =
        new Dictionary<string, object>();

    public object SetDictionaryEntry(string key, object value)
    {
        if (storage.ContainsKey(key))
            storage[key] = value;
        else
            storage.Add(key, value);
        return value;
    }

    public object GetDictionaryEntry(string key)
    {
        object result = null;
        if (storage.ContainsKey(key))
        {
            result = storage[key];
        }
        return result;
    }

    public override string ToString()
    {
        StringWriter message = new StringWriter();
        foreach (var item in storage)
            message.WriteLine($"{item.Key}:¥t{item.Value}");
        return message.ToString();
    }
}
```

GetMetaObject()は、呼び出されると必ず、新しいDynamicDictionaryMetaObjectを返す。ここが複雑になる第1のポイントだ。GetMetaObject()は、DynamicDictionaryの、どのメンバーが呼び出されるときにも毎回呼び出される。したがって、同じメンバーを10回呼び出せば、GetMetaObject()も10回呼び出される。DynamicDictionary2の中で静的に定義されているメソッドの呼び出しにもGetMetaObject()が呼び出されるから、動的な振る舞いがあれば、それを呼び出すようにメソッドコールを横取りできる。動的オブジェクトは、dynamic型として静的に型付けされているのだから、コンパイル時の振る舞いは定義されていない。どのメンバーへのアクセスも動的にディスパッチされる。

DynamicMetaObjectの役割は、動的呼び出しに必要なコードを実行するために、式ツリーを構築することだ。そのコンストラクタは、式と動的オブジェクトをパラメータとして受け取る。構築を終えた後で、Bindメソッドの1つが呼び出されることになる。Bindの役割は、その動的呼び出しで実行すべき式を含むDynamicMetaObjectを構築することだ。DynamicDictionaryの実装には、BindSetMemberとBindGetMemberという2つのBindメソッドが必要なので、それらを見ていこう。

BindSetMemberが構築する式ツリーは、DynamicDictionary2.SetDictionaryEntry()を呼び出してディクショナリに1個の値をセットする。次に、その実装を示す。

```
public override DynamicMetaObject BindSetMember(
    SetMemberBinder binder, DynamicMetaObject value)
{
    // このクラスで呼び出すべきメソッド
    string methodName = "SetDictionaryEntry";

    // バインディング用に制約の集合を設定
    BindingRestrictions restrictions =
        BindingRestrictions.GetTypeRestriction(Expression, LimitType);

    // パラメータの設定
    Expression[] args = new Expression[2];
    // 第1パラメータはセットするプロパティの名前
    args[0] = Expression.Constant(binder.Name);
    // 第2パラメータは、その値
    args[1] = Expression.Convert(value.Expression, typeof(object));

    // this参照を設定
    Expression self = Expression.Convert(Expression, LimitType);

    // メソッドコールの式を設定
    Expression methodCall = Expression.Call(self,
        typeof(DynamicDictionary2).GetMethod(methodName), args);

    // あとでSetを呼び出すためにメタオブジェクトを作成
    DynamicMetaObject setDictionaryEntry =
        new DynamicMetaObject(methodCall, restrictions);
    //作成した動的オブジェクトを返す
    return setDictionaryEntry;
}
```

メタプログラミングは頭の体操だ。すぐにややこしくなるから、このサンプルを、ゆっくり辿っていこう。最初の行は、このDynamicDictionaryクラスで呼び出されるメソッドの名前、"SetDictionaryEntry"を設定する。このSetDictionaryEntryが返す値は、プロパティ代入の右辺として使われる。これは次の書き方を正しく動作させるために重要な設定だ。

```
DateTime current = propertyBag2.Date = DateTime.Now;
```

もし戻り値が正しく設定されていないと、こう書くことができない。

次に、このメソッドはBindingRestrictionsの集合を初期化する。ほとんどの場合、あなたは、この例で示すような制約を使うことになるだろう。それは、1つ以上の制約を指定するソース側の式と、動的な呼び出しのターゲットとして使われる型とのバインディングだ。

その後、このメソッドは、使われたプロパティ名と値でSetDictionaryEntry()を呼び出すメソッドコールの式を構築する。プロパティ名は定数式だが、プロパティの値には、遅延評価されるConvertを使う。セッターの右辺は、メソッドコールになるかもしれず、副作用を持つ式になるかもしれない。そのどちらも、適切なタイミングで評価しなければいけない。そうしなければ、次のようにメソッドの戻り値を使ってプロパティを設定することができなくなる。

```
propertyBag2.MagicNumber = GetMagicNumber();
```

もちろんディクショナリを実装するのだから、BindGetMemberも実装する必要がある。BindGetMemberの仕組みも、ほとんど同じだ。これはディクショナリからプロパティの値を取り出す式を構築する。

```
public override DynamicMetaObject BindGetMember(GetMemberBinder binder)
{
    // このクラスで呼び出すべきメソッド
    string methodName = "GetDictionaryEntry";

    // パラメータは1個
    Expression[] parameters = new Expression[]
    {
        Expression.Constant(binder.Name)
    };

    DynamicMetaObject getDictionaryEntry = new DynamicMetaObject(
        Expression.Call(
            Expression.Convert(Expression, LimitType),
            typeof(DynamicDictionary2).GetMethod(methodName), parameters),
        BindingRestrictions.GetTypeRestriction(Expression, LimitType));
    return getDictionaryEntry;
}
```

「なんだ、メタプログラミングといっても、たいして難しくないじゃないか」という印象を持たれたかもしれないが、このコードを書いた経験から、ひとこと釘を刺しておく。ここで示した例は、動的オブジェクトを可能な限り簡単にしたものだ。APIは、たったの2つ、プロパティのgetとsetだけだ。そのセマンティクスは、非常に実装しやすい。これほど単純な振る舞いでも、正しくコーディングするのは、けっこう難しいことだった。式ツリーのデバッグも難関だ。もっと複雑な動的な型には、ずっと多くのコードが必要になるから、式を正しく書くのが、はるかに困難になるはずである。

それに、このセクションで述べたポイントの1つを忘れないようにしよう。あなたの動的オブジェクトが呼び出されるたびに、新しいDynamicMetaObjectが作成され、Bindメンバーの1つが呼び出される。これらのメソッドは、効率と性能を重視して書く必要があるだろう。頻繁に呼び出されるし、行う仕事の量も多いのだから。

動的な振る舞いを実装するのは、あなたがプログラマとして、ある種の技量を発揮する素晴らしい機会になるかもしれない。動的な型を作るために考慮すべき最初の選択肢は、System.Dynamic.DynamicObjectからの派生だ。他の基底クラスを使う必要があるときは、IDynamicMetaObjectProviderを実装する。ただし、複雑な問題に挑戦することになるだろう。動的な型は、どれも性能に負担がかかる。自分で実装すると、それらのコストが大きくなるかもしれない。

項目46　Expression APIの使い方を理解しよう

.NET Frameworkには、実行時に型のリフレクションやコードの作成を行うためのAPIが含まれている。実行時にメタデータを見てコードを作成できる能力は非常に強力だ。実行時にコードを調査して動的にコードを生成することが最適な解決策となる問題は、数多く存在する。ただし、これらは非常に低いレベルのAPIで、使うのがきわめて難しい。われわれ開発者には、問題を動的に解決するための、より容易な方法が必要だ。

C#にLINQとdynamicのサポートが加わったので、現在のわれわれには、従来のリフレクションAPIよりも優れた選択肢がある。それがExpression APIと式ツリーだ。Expressionはコードのように書くこともでき、それは多くの場合、コンパイルされるとデリゲートになる。けれどもExpressionは式の形式でも書くことができる。その場合、あなたが実行したいコードを1個のオブジェクトが表現する。そして、リフレクションAPIを使ってクラスを調査できるのと同様に、そのオブジェクトを調べることができる。

さらに、コードを作る式を実行時に構築できる。作成した式ツリーはコンパイルして実行できる。なにしろ実行時にコードを作成するのだから、無限の可能性がある。

Expressionによって非常に楽になる2つの一般的な仕事を紹介しよう。その1つは、通信フレームワークにおける一般的な問題の解決策だ。WCFやリモートあるいはWebサービスを使う典型的なワークフローでは、特定のサービス用にクライアント側プロキシを生成するために、何らかのコード生成ツールを使う。このアプローチは実用的だが、何百行ものコードを使うことになるので、かなり重量級のソリューションだ。サーバーに新しいメソッドを追加したり、パラメータリストを変更したりするために、プロキシを更新する必要もあるだろう。その代わりに、次のようなコードを書けるとしたら、どうだろうか。

```
var client = new ClientProxy<IService>();
var result = client.CallInterface<string>(
    srver => srver.DoWork(172));
```

ここでClientProxy<T>は、個々の引数をメソッドコールに結び付ける方法を知っているが、実際にアクセスされるサービスについては何も知らない。外部のコードジェネレータに依存する代わりに、このコードは式ツリーとジェネリックスを使って、どのメソッドを呼び出し、どの引数を使うのかを、知ることができる。

CallInterface()メソッドは、ただ1つのパラメータを受け取る。これは、Expression<Func<T, TResult>>だ。T型の入力パラメータは、IServiceを実装するオブジェクトを表現している。出力のTResultは、そのメソッドが返す結果だ。このパラメータは1個の式であり、このコードを書くためには、IServiceを実装するオブジェクトのインスタンスさえ必要ではない。コアのアルゴリズムは、CallInterface()メソッドのなかにある。

```
public TResult CallInterface<TResult>(Expression<
    Func<T, TResult>> op)
{
    var exp = op.Body as MethodCallExpression;
    var methodName = exp.Method.Name;
    var methodInfo = exp.Method;
    var allParameters = from element in exp.Arguments
                        select processArgument(element);
    Console.WriteLine($"呼び出しているのは {methodName}");

    foreach (var parm in allParameters)
        Console.WriteLine(@$"¥パラメータの型 =
            {parm.ParmType},
            値 = {parm.ParmValue}");
    return default(TResult);
}

private (Type ParmType, object ParmValue) processArgument(
    Expression element)
{
    object argument = default(object);
    LambdaExpression expression = Expression.Lambda(
        Expression.Convert(element, element.Type));
    Type parmType = expression.ReturnType;
    argument = expression.Compile().DynamicInvoke();
    return (parmType, argument);
}
```

CallInterfaceを最初から見ていこう。このコードは最初に、式ツリーの本体を取り出す。それはラムダ演算子の右辺にあたる部分だ。CallInterface()の用例では、srver.DoWork(172)を本体として、このメソッドを呼び出していた。MethodCallExpressionには、関係するすべてのパラメータとメソッド名を理解するのに必要な、すべての情報が含まれている。メソッド名を取り出すのは簡単で、それはMethodプロパティのNameプロパティに入っている。さきほどの例では、「DoWork」という名前だった。このLINQクエリは、このメソッドにパラメータがあれば、そのすべてを処理する。

その処理を行うprocessArgumentは、もっと複雑で、このメソッドが各パラメータの式を評価する。さきほどの例では引数が1個で、172という値の定数だったが、これでは堅牢なアプローチとは言えない。新たにコードを書くときは、別の方式を使うだろう。どの引数にも、メソッド呼び出しが、あるいはプロパティやインデクサのアクセサが、あるいはフィールドのアクセサが、使われる可能性がある。そして、どのメソッド呼び出しにも、これらの型の引数が含まれる可能性がある。なにもかも解析しようとする代わりに、このメソッドはLambdaExpression型を活用して、個々のパラメータ式を評価している。あらゆるパラメータ式は（ConstantExpressionも含めて）、ラムダ式からの戻り値として表現できる。そこでProcessArgument()は、引数をLambdaExpressionに変換する。さきほどの定数式は、これによって() => 172というラムダ式に変換されるだろう。前に述べたように、ラムダ式はコンパイルされるとデリゲートになり、そのデリゲートを呼び出すことが可能になる。このパラメータ式の場合は、定数172を返すデリゲートが作られる。もっと複雑な式ならば、もっと入り組んだラムダ式を作ることになる。

いったんラムダ式を作ったら、ラムダからパラメータの型を取り出すことができる。サンプルのメソッドは、パラメータに対する処理を何も実行しない。ラムダ式のパラメータ群を評価するコードが実行されるのは、そのラムダ式が呼び出されたときに限られる。このアプローチならば、メソッドのなかに、また別のCallInterface()の呼び出しを入れることさえ可能である。次のような構造が可能になるわけだ。

```
client.CallInterface(srver => srver.DoWork(
    client.CallInterface(srv => srv.GetANumber())));
```

このテクニックを応用すれば、ユーザーが実行したいコードがどれなのかを、式ツリーを使って実行時に判定することができる。その方法を本のなかで説明するのは難しいが、ClientProxy<T>はサービスインターフェイスを型パラメータとして使うジェネリッククラスなので、CallInterfaceメソッドは強く型付けされる。ラムダ式のなかで呼び出されるメソッドは、サーバー上で定義されたメンバーでなければならない。

第1の例では、式を解析することによって、コードを（あるいは、少なくともコードを定義する式を）データ要素に変換し、その要素を使って実行時にアルゴリズムを実装できることを示した。第2の例で扱うのは、それとは逆に、実行時にコードを生成したい場合のシナリオだ。

大規模なシステムで、しばしば解決しなければならない問題の1つは、ある特定のディスティネーション型オブジェクトを、それと関連のあるソース型オブジェクトから作成することだ。ある大企業に、さまざまなベンダ向きのシステムがあり、たとえば「連絡先」を表現する型が、それぞれ別々に定義されている。もちろん、変換メソッドを手書きすることは可能だが、やっかいだ。推論によって明らかな実装を生成できる型を作ることができれば、そのほうがずっと良いだろう。次のように書くだけで良いのだ。

```
var converter = new Converter<SourceContact,
    DestinationContact>();
DestinationContact dest2 = converter.ConvertFrom(source);
```

このソリューションの一部となる変換メソッド（コンバータ）は、ソース側からディスティネーション側へと、すべてのプロパティをコピーすることになるだろう。両者に同じ名前のプロパティを持たせ、ソース側オブジェクトにはpublicなgetアクセサを、ディスティネーション側にはpublicなsetアクセサを持たせることになる。このようなコードの生成を実行時に行うには、Expressionを作り、それをコンパイルし、実行するのが良い。生成したいのは、次のような処理を行うコードである。

```
// 正規のC#ではない、説明のための擬似コード
TDest ConvertFromImaginary(TSource source)
{
    TDest destination = new TDest();
    foreach (var prop in sharedProperties)
        destination.prop = source.prop;
    return destination;
}
```

上記の擬似コードのように実行されるコードを生成する式を作る必要がある。次に全体を示すメソッドが、その式を作り、コンパイルして1個の関数にする。リストを示したあとで、このメソッドの全部のパーツを詳しく見ていく。最初はちょっと厄介に見えるが、手に負えない部分は1つもない。

```
private void createConverterIfNeeded()
{
    if (converter == null)
    {
        var source = Expression.Parameter(typeof(TSource),
            "source");
        var dest = Expression.Variable(typeof(TDest), "dest");

        var assignments = from srcProp in
            typeof(TSource).GetProperties(
            BindingFlags.Public |BindingFlags.Instance)
                where srcProp.CanRead
                let destProp = typeof(TDest).GetProperty(
                    srcProp.Name,
                    BindingFlags.Public |
                    BindingFlags.Instance)
                where (destProp != null) && (destProp.CanWrite)
                select Expression.Assign(
                    Expression.Property(dest, destProp),
                    Expression.Property(source, srcProp));

        // 本体を組み立てる：
        var body = new List<Expression>();
        body.Add(Expression.Assign(dest,
            Expression.New(typeof(TDest))));
        body.AddRange(assignments);
```

```
        body.Add(dest);

        var expr =
            Expression.Lambda<Func<TSource, TDest>>(
                Expression.Block(
                new[] { dest }, // 式の引数
                body.ToArray() // 本体
                ),
                source // ラムダ式
            );

        var func = expr.Compile();
        converter = func;
    }
}
```

このメソッドが、さきほど見た擬似コードのようなコードを作成する。最初にパラメータを宣言する。

```
var source = Expression.Parameter(typeof(TSource), "source");
```

次に、デスティネーションを格納するローカル変数を宣言する。

```
var dest = Expression.Variable(typeof(TDest), "dest");
```

このメソッドの大部分は、ソースオブジェクトからディスティネーションにプロパティを代入するコードであり、ここではそれをLINQクエリとして書いている。

LINQクエリのソース側シーケンスは、ソースオブジェクトにある、すべての`public`なインスタンスプロパティのうち、`get`アクセサを持つものの集合である。

```
from srcProp in typeof(TSource).GetProperties(
                BindingFlags.Public |BindingFlags.Instance)
                where srcProp.CanRead
```

`let`文が宣言するローカル変数には、デスティネーションの型で同じ名前を持つプロパティが入る。もしディスティネーション型が適切な型のプロパティを持たなければ、この変数は`null`になる。

```
let destProp = typeof(TDest).GetProperty(
               srcProp.Name,
               BindingFlags.Public |BindingFlags.Instance)
        where (destProp != null) && (destProp.CanWrite)
```

クエリの投影は代入のシーケンスであり、これによってディスティネーションオブジェクト

のプロパティに、ソースオブジェクトで同じ名前を持つプロパティの値が代入される。

```
select Expression.Assign(
        Expression.Property(dest, destProp),
        Expression.Property(source, srcProp));
```

メソッドの残りの部分で、ラムダ式の本体を組み立てる。ExpressionクラスのBlock()メソッドを使うためには、すべての文を式の配列に入れる必要がある。次のステップで作るList<Expression>に、すべての文を追加する。このリストから配列に変換するのは簡単だ。

```
var body = new List<Expression>();
body.Add(Expression.Assign(dest,
    Expression.New(typeof(TDest))));
body.AddRange(assignments);
body.Add(dest);
```

最後にラムダ式を構築する。これはディスティネーションオブジェクトを返す式で、そのなかに、これまでに作ったすべての文が入る。

```
var expr =
    Expression.Lambda<Func<TSource, TDest>>(
        Expression.Block(
        new[] { dest }, // 式の引数
        body.ToArray() // 本体
        ),
        source // ラムダ式
    );
```

必要なコードが全部揃ったから、コンパイルして、呼び出し可能なデリゲートにする。

```
var func = expr.Compile();
converter = func;
```

この例は複雑だ。書くのが簡単なコードとは言えない。式を正しく構築できるまで、実行時にコンパイラ風のエラーが出てくるのを、たぶん何度も繰り返して見ることになるだろう。このソリューションが、単純な問題に対する最適なアプローチではないことも明らかだ。それでも、中間言語を生成する昔のリフレクションAPIと比べれば、このExpression APIは、ずっとシンプルになっている。その事実から、いつExpression APIを使えば良いかのガイドラインが導き出されるだろう。リフレクションを使いたいと思ったら、代わりにExpression APIを使って問題を解けるか、やってみるべきだ。

Expression APIは、2つの非常に異なる方法で使うことができる。第1に、式をパラメータとして受け取るメソッドを作成できる。これによって、式を解析し、呼び出された式の背後に

あるコンセプトに基づいたコードを作成できる。第2に、コードを実行時に作成できる。つまり、コードを書くクラス群を作って、それらが書いたコードを実行するのだ。この方式は、もっとも難しい汎用的な問題の1つを解決できる、非常に強力な手段となる。

項目47　パブリックAPIでは、動的オブジェクトを最小限にしよう

動的オブジェクトは、静的に型付けされたシステムには馴染まない。この型システムは、動的オブジェクトをSystem.Objectのインスタンスとして扱うが、実際には特殊なインスタンスだ。動的オブジェクトには、System.Objectで定義されているより、はるかに多くの仕事を行わせることができる。コンパイラが生成するコードが、あなたがアクセスしようとするメンバーが何であろうと、それを見つけて実行しようと試みる。

それに動的オブジェクトには、触れたものを何でも動的にする押しつけがましさがある。パラメータの1つが動的なメソッドを実行すると、その結果は動的になる。メソッドが動的オブジェクトを返すと、そのオブジェクトを使った場所がどこであれ動的オブジェクトになる。シャーレに入れたパンに黴が生えてくるのを見るようなものだ。あっという間に、すべてが動的になってしまい、どこにも型安全性が残っていないという結果になる。

生物学者が培養にシャーレを使うのは、微生物の繁殖を制御するためだ。同じことを、動的型付けにも行う必要がある。動的オブジェクトを扱う仕事は隔離された環境で行い、返すオブジェクトは静的に型付けされた、dynamic以外の型にしよう。そうしなければ動的な型付けが感染力を発揮して、あなたのアプリケーションで、それに関わるすべてのものを、だんだんと動的にしてしまう。

もちろん、動的プログラミングが無条件に悪いというのではない。この章の他の項目では、動的プログラミングが理想的な解決策となるテクニックを取り上げている。けれども動的プログラミングと静的プログラミングの違いは大きい。慣例も、イディオムも、戦略も異なる。十分な配慮なしに2つを混ぜ合わせたら、数多くのエラーと非効率性が生じる。C#は静的に型付けされた言語なのだから、動的型付けがサポートされる領域は限られる。だから、あなたがC#を使うときは、ほとんどの時間を静的型付けに費やすべきであり、動的な機能はスコープを最小限にすることだ。端から端まで動的なプログラムを書きたければ、静的ではなく動的に型付けされた言語を選ぼう。

もしあなたのプログラムの中で動的な機能を使う予定があるのなら、あなたの型のpublicインターフェイスには、できるだけ入れないようにしよう。もし可能なら、動的型付けを1個のオブジェクト（あるいは型）というシャーレの中で使おう。あなたのプログラムの残りの部分も、あなたのオブジェクトを使う開発者によって開発されるすべてのコードも、それで動的型付けによる汚染から免れる。

動的型付けを使うシナリオの1つは、たとえばIronPythonのような動的環境で作られたオ

ブジェクトとの相互作用だ。あなたのデザインで、動的な言語を使って作られた動的オブジェクトを利用するのなら、それらをC#オブジェクトでラップしよう。そうすればC#の残りの世界は、そこで動的型付けが行われているという事実を知らずに済ますことができる。

ダックタイピングのために動的型付けを使いたい場合は、別のソリューションを選びたいかもしれない。ダックタイピングの用例を項目43で示したが、どれも計算の結果（answer）がdynamic型になった。それでも構わないと思われるかもしれないが、このようなケースでコンパイラが、ずいぶん多くの仕事をすることに気をつけるべきだ。たとえば次のコードだ。

```
dynamic answer = Add(5, 5);
Console.WriteLine(answer);
```

この2行のコードが、動的オブジェクトを扱うために、下記のコードに変わる。

```
// コンパイラが生成するもの。C#のユーザーコードとしては不正
object answer = Add(5, 5);

if (<Main>o__SiteContainer0.<>p__Site1 == null)
{
    <Main>o__SiteContainer0.<>p__Site1 =
        CallSite<Action<CallSite, Type, object>>.Create(
        new CSharpInvokeMemberBinder(
        CSharpCallFlags.None, "WriteLine",
        typeof(Program), null, new CSharpArgumentInfo[]
        {
            new CSharpArgumentInfo(
            CSharpArgumentInfoFlags.IsStaticType |
            CSharpArgumentInfoFlags.UseCompileTimeType,
            null),
            new CSharpArgumentInfo(
                CSharpArgumentInfoFlags.None,
            null)
        }));
}
<Main>o__SiteContainer0.<>p__Site1.Target.Invoke(
    <Main>o__SiteContainer0.<>p__Site1,
    typeof(Console), answer);
```

動的型付けは、ただでは手に入らない。C#で動的な呼び出しを実現するために、コンパイラは大量のコードを生成しなければならない。もっと悪いことに、このコードは、あなたが動的なAdd()メソッドを呼び出す全部の場所で繰り返される。その繰り返しは、あなたのアプリケーションのサイズと性能に影響をおよぼすだろう。

項目43に示したAdd()を、ジェネリックな構文でラップすると、動的な型の拡散を抑えるようなバージョンを作れる。このアプローチなら、生成されるコードは同じでも、生成される場所が少なくなる。

```
    private static dynamic DynamicAdd(dynamic left,
        dynamic right) =>
        left + right;

// ラップする：
public static T1 Add<T1, T2>(T1 left, T2 right)
{
    dynamic result = DynamicAdd(left, right);
    return (T1)result;
}
```

コンパイラは、動的な呼び出しを行うコードを、すべてジェネリックなAdd()メソッドの中に生成するので、CallSiteが1箇所に隔離される。さらに、呼び出し側も、かなり単純化される。以前は、どの結果も動的だったが、このバージョンでは、結果が第1引数の型と一致した静的な型になる。もちろん、結果の型を指定できる多重定義を作ることも可能だ。

```
public static TResult Add<T1, T2, TResult>
    (T1 left, T2 right)
{
    dynamic result = DynamicAdd(left, right);
    return (TResult)result;
}
```

どちらにしても呼び出し側は、強く型付けされた世界にとどまる。

```
int answer = Add(5, 5);
Console.WriteLine(answer);

double answer2 = Add(5.5, 7.3);
Console.WriteLine(answer2);

// 2つの引数が同じ型ではないので戻り値の型を指定する引数が必要
answer2 = Add<int, double, double>(5, 12.3);
Console.WriteLine(answer);

string stringLabel = System.Convert.ToString(answer);

string label = Add("ラベル", "だよ");
Console.WriteLine(label);

DateTime tomorrow = Add(DateTime.Now, TimeSpan.FromDays(1));
Console.WriteLine(tomorrow);

label = "ご苦労" + 3;
Console.WriteLine(label);

label = Add("お疲れ", 3);
Console.WriteLine(label);
```

上記のコードは項目43の例と同じだが、戻り値の型は動的ではなく静的な型になっている。したがって、呼び出し側は動的な型のオブジェクトに対応する必要がない。動的な呼び出しを実現するのに必要な「からくり」を無視して、安全に静的な型を扱うことができ、アルゴリズムが型システムの保護から外れる危険を意識する必要もない。

動的な型は、できるだけ小さなスコープに隔離するのが良い。そのことを示す例は、この章を通じて見てきた。コードで動的な機能を使う必要があるときは、動的なローカル変数を使った。それらのメソッドは、動的オブジェクトを強く型付けされたオブジェクトに変換して、動的オブジェクトがメソッドのスコープから出ないようにした。アルゴリズムの実装に動的オブジェクトを使うときは、その動的オブジェクトがインターフェイスの一部になるのを防ぐことが可能だ。

ときには問題の性質そのものによって、動的オブジェクトをインターフェイスの一部にすることが要求されるだろう。だが、そうだとしても、すべてを動的にする言い訳にはならない。動的オブジェクトを使うのは、動的な振る舞いに依存するメンバーだけにすべきだ。動的型付けと静的型付けを同じAPIの中で混在させることは可能だが、可能な限り静的に型付けされたコードを作るのが理想なのだ。動的型付けは、どうしても必要なときにだけ使おう。

プログラマなら、いつかはさまざまな形式のCSVデータを扱う仕事に遭遇するだろう。製品で鍛えられたライブラリも存在するが（`https://github.com/JoshClose/CsvHelper`）、もっと単純な実装を見よう。次に示すコード断片は、ヘッダが異なる2種類のCSVファイルを読み、各行の項目を表示するものだ。

```
var data = new CSVDataContainer(
    new System.IO.StringReader(myCSV));
    foreach (var item in data.Rows)
        Console.WriteLine(@$"{item.Name}, {item.PhoneNumber}, {item.Label}");

data = new CSVDataContainer(
    new System.IO.StringReader(myCSV2));
    foreach (var item in data.Rows)
        Console.WriteLine(@$"{item.Date}, {item.high}, {item.low}");
```

汎用的なCSVリーダのクラスには、このようなスタイルで使えるAPIが望ましい。データを列挙した後に返される行オブジェクトには、ヘッダ行から得られる項目名のプロパティが含まれる。項目名はコンパイル時には予測できない情報なので、そのプロパティは動的にする必要がある。だが、`CSVDataContainer`で動的にする必要のあるものは、他には1つもない。`CSVDataContainer`は、動的型付けをサポートするのではないが、行を表現する動的なオブジェクトを返すAPIを含んでいる。

```
public class CSVDataContainer
{
    private class CSVRow : DynamicObject
```

```
    {
        private List<(string, string)> values =
            new List<(string, string)>();
        public CSVRow(IEnumerable<string> headers,
            IEnumerable<string> items)
        {
            values.AddRange(headers.Zip(items,
                (header, value) => (header, value)));
        }

        public override bool TryGetMember(
            GetMemberBinder binder,
            out object result)
        {
            var answer = values.FirstOrDefault(n => n.Item1 == binder.Name);
            result = answer.Item2;
            return result != null;
        }
    }
    private List<string> columnNames = new List<string>();
    private List<CSVRow> data = new List<CSVRow>();

    public CSVDataContainer(System.IO.TextReader stream)
    {
        // ヘッダを読む:
        var headers = stream.ReadLine();
        columnNames = (from header in headers.Split(',')
                       select header.Trim()).ToList();
        var line = stream.ReadLine();
        while (line != null)
        {
            var items = line.Split(',');
            data.Add(new CSVRow(columnNames, items));
            line = stream.ReadLine();
        }
    }
    public dynamic this[int index] => data[index];

    public IEnumerable<dynamic> Rows => data;
}
```

動的な型をAPIの一部として公開する必要があるにしても、絶対に必要な箇所だけに限定すべきだ。このAPIが動的なのは、本当に必要だからだ。コラム名を動的にサポートしなければ、どんなCSVフォーマットもサポートできないだろう。もちろん何もかも動的型付けを使って公開することもできただろうが、ここでは動的型付けが必要なインターフェイスだけに、その機能を持たせている。

スペースに制約があるので、上にあげたサンプルでは`CSVDataContainer`の他の機能は省略した。あなたなら、`RowCount`（行数）、`ColumnCount`（列数）、`GetAt(row, column)`（セルの取得）その他のAPIを、どう実装するだろうか。それらのAPIでは動的オブジェクトを使わないだろうし、それどころか実装にも使わないだろう。これらの要件は、静的型付けによって満たすことができる。ならば、そうすべきだ。公開するインターフェイスで動的付けを使うのは、本当に必要なときだけだ。

動的な型は、C# のように静的に型付けされる言語でも便利な機能である。けれどもC# が、いまも静的に型付けされた言語であること、大多数のC# プログラムは、この言語が提供する静的な型システムを最大限に活用すべきだということを、認識しよう。動的プログラミングは便利だけれど、C# で便利に使うには使う場所を限定する必要がある。どうしても必要な場所だけ使用し、そこで動的オブジェクトを作ったら、即座に別の静的な型に変換しよう。あなたのコードが、他の環境で作られた動的な型に依存するときは、そういった動的なオブジェクトはラップして、それぞれの静的な型を使う`public`インターフェイスを提供しよう。

第6章　グローバルなC#コミュニティに参加しよう

C# 言語は何百万人もの開発者たちによって世界中で使われている。そのコミュニティが、この言語についての知識と智恵を蓄積してきた。Stack Overflowのカテゴリで、C#の質問と回答はトップ10の座から動かない[†1]。C#言語のチームも、このコミュニティに貢献し、言語の設計をGitHubで論じている。オープンソースのコンパイラも、GitHubで手に入る。あなたも参加すべきだ。コミュニティの一員になろう。

項目48　人気のある答えではなく、最良の答えを探そう

C#のように人気のあるプログラミング言語のコミュニティで、1つ難しい点は、新機能が言語に追加されると一般的な書き方（プラクティス）も進化するということだ。C#のチームは、それまで正しく書くのが難しかったイディオムに対処するような新機能を、この言語に追加し続けてきている。C#コミュニティは、こうした新しい書き方を、より多くの人々が採用することを望んでいる。けれども、従来のパターンを推奨した記事が、いまも大量に存在する。製品になっているコードも、この言語の以前のバージョンで書かれたものが多い。そういうコードが示しているのは、それらが書かれたときのベストプラクティスなのだ。そのうえ、サーチエンジンでも、その他のサイトでも、より新しく、より良いテクニックが、もっとも人気の高い選択肢となるまでには時間がかかる。いまでも人気のある「おすすめ」が、(もっと新しくてより良い選択肢があるのに）古いテクニックに頼っていることが多いのは、そのせいなのだ。

C#コミュニティには、まったく多くのさまざまな開発者たちがいる。この大規模で多彩なコミュニティの良いところは、あなたがC#を学びプログラミング技術を向上させるのに役立つ貴重な情報が、山のようにあるということだ。質問をサーチエンジンで検索すれば、即座に何百、何千という回答が得られる。けれども素晴らしい答えが十分な支持を得てランキングの

---

†1：[訳注] `https://stackoverflow.com/questions` で「Related Tags」を見ると、翻訳時点で1位がJavaScript、2位がJava、3位がC#だった（2018年1月25日）。

トップに上がるまでには時間がかかる。そして、いったんサーチ結果の1ページ目に到達した、過去の「もっとも人気のある回答」のおかげで、より新しくより良い回答が上位に表示されないことが多い。

C#コミュニティは大規模なので、オンラインで得られる結果も、氷河のようにゆっくりとしたペースで変化する。ソリューションを検索する新規開発者が「良い回答」として見るものは、言語の2つか3つ前のバージョンにおける最良のアイデアだったりすることが多い。人気のある回答は、しばしば新機能が追加されるきっかけになったものだ。言語のチームは、追加すべき新機能を評価して、日常的な開発作業にもっとも良い影響を与えるものを選ぶ。それまで必要だった次善の策や追加コードは、その新機能が追加された理由であることが多い。次善の策に人気があるのは、新機能の重要性を示す。最良の機能を一般に広める手助けを、われわれプロの開発者がすべきだろう。

この件に関係のあるサンプルが、たとえば『Effective C# 6.0/7.0』の項目8にある。デリゲートの呼び出しやイベントの発行で`null`チェックを行い、結果が`null`ではないときにメソッドを呼び出す場合、スレッド安全な方法として、`?.`演算子を使うことを推奨している。従来はローカル変数を設定し、イベントを生成する前に、それをチェックするのが長く一般的だった。その方法は、もう古いものだが、多くのサイトでいまだにもっとも人気のあるアプローチとされている。

また、テキスト出力を行うサンプルコードや製品コードの大半が、文字列を整形し一部を置換するのに、古典的な位置指定の構文を使っている。『Effective C# 6.0/7.0』の項目4と5では、新しい「補完文字列」の構文を紹介している。

プロの開発者は、現在最良のテクニックを促進するために、自分ができることをすべきだ。まず最初の心得として、回答をサーチするときは、もっとも人気のある回答だけでなく、その先を調べて、現在のC#開発で最良の回答を探そう。あなたの環境にとって、また、あなたがサポートしなければならないプラットフォームとバージョンに関して、どの回答がベストなのかを十分にリサーチして決めよう。

第2に、いったん最良の回答を見つけたら、それをサポートしよう。そうすることで、新しい回答が、徐々にページの上位にあがり、もっとも人気のある回答になる。

第3に、もし可能ならば「もっとも人気のある回答」を掲載しているページを更新して、より新しい、より良い回答が参照されるようにしよう。

最後に、あなた自身のコードベースについても、更新するたびにコードを改善しよう。自分が更新しているコードをよく見て、より良いテクニックを使ったリファクタリングが可能かどうかを判断してから、一部の修正を実行しよう（コードベース全体を一気に更新するのではなく、注意深く小さな修正を積み重ねていくべきだ）。

これらの推奨事項に従う「良き市民」は、現在の質問に最良かつ適切な回答を探し出せるよう、C#コミュニティの他のメンバーを援助することになる。

大規模なコミュニティでは、より新しくより良いプラクティスが採用されるまでに時間がかかる。たちまち有名になる技法もあるが、何年か後にそうなるものもある。あなた自身とあなたのチームが、それを採用しているのなら、まさに現在の開発にとって最良の回答を奨励することが、他の人々への援助になる。

項目49　言語の仕様と実装に参加しよう

C#がオープンソースになったのは、コンパイラのコードにとどまらない。言語の設計プロセスも、オープンプロセスである。C#の学習を続け、知識を増やすための豊富なリソースを、これで入手できる。これらのリソースをアクセスすることが、あなたがC#を学ぶ最善な方法の1つになるのだ。最新の情報をつかまえ、いまも続いているC#の進化に参加しよう。コンパイラの実装に関するRoslyn（`https://github.com/dotnet/roslyn`）と、言語の仕様に関するC# Language Design（`https://github.com/dotnet/csharplang`）は、定期的に訪問すべきだ[†2]。

このような種類の共同作業は、C#コミュニティの大きな改革を示すものだが、あなたが他の開発者たちと対話して学ぶことのできる新しい機会にもなる。コミュニティに参加して成長する方法は、数多く存在する。C#言語はオープンソースだから、自分でコンパイラを構築し、自作のC#コンパイラを実行することも可能だ。言語開発者に変更を提示することも、自分で開発した機能や拡張を提案することもできる。素晴らしいアイデアを思いついたら、あなたのフォークでプロトタイプを作り、新機能のプルリクエストを出すことができる。

「そこまで深くコミュニティに参加するのは、負担が大きすぎて」と思われるかもしれないが、あなたが参加できる方法は他にも数多く存在する。何か問題を見つけたら、GitHubでRoslynのリポジトリに報告しよう。ここで「Open」となっている「Issues」は、C#チームが現在実施しているか、計画に入れている仕事を意味する。これには、バグの疑い、仕様の問題、新機能の要求、言語に対する今後の更新が含まれる。

言語の仕様については、新しい機能をCSharpLangリポジトリで見ることができる。これから導入される機能について学べるだけでなく、この言語の設計と進化に参加することもできる。すべての仕様は、コメントと討論のために開かれている。コミュニティの他のメンバーの意見を読み、討論に参加して、あなたが好きな言語の進化に関心を示そう。新しい仕様は、レビューを受ける準備ができたらポストされる。どのくらい出てくるかはリリースのサイクルによって異なる。新規リリースの計画段階では、より多くの仕様が早めに公開され、リリースの最終段階に近づけば少なくなる。初期の段階からでも、仕様の案を毎週1つか2つ読むだけで追いつくことができる。仕様への提案は、CSharpLangリポジトリの「Proposals」にある。それぞれの提案には、状態を追跡している「champion」項目がある。アクティブな提案にコメントを寄せるのにも、これらの項目を使おう。

---

†2：**［訳注］** 岩永氏の「++C++; // 未確認飛行 C ブログ」（`https://ufcpp.wordpress.com/category/c/`）も参照。

これらの仕様のほか、言語デザインミーティングからの報告もCSharpLangリポジトリにポストされる。そのドキュメントを読むと、言語の新しい機能の裏に、どのような配慮があるのか、より深く知ることができるだろう。成熟した言語に新機能を追加するときの制約事項を学ぶこともできる。言語の設計チームは、あらゆる新機能について、良い影響と悪い影響を論議し、利益を評価し、スケジュールの概略を決め、その影響を示す。新機能に予想されるシナリオについても学ぶことができる。これらのメモ（note）も、コメントと議論のために開かれている。あなたの声を寄せて、言語の進化に関わろう。言語のデザインチームは、だいたい月に一度はミーティングを行い、その報告は、ミーティングが終わったらすぐに発表されることが多い。報告を読むのに、たいして時間はかからず、その価値があるはずだ。これらはCSharpLangリポジトリの「meetings」に公開される。

C#言語の仕様書はマークダウンに変換されて、これもCSharpLangリポジトリに置かれている（「spec」）。もし間違いを見つけたら、コメントを寄せ、問題を指摘し、できればプルリクエストを発行しよう。

もっと積極的な気持ちになったら、Roslynリポジトリのクローンを作って、コンパイラの単体テストを調べよう。そうすれば、この言語の機能を管理しているルールを、より深く探究することができる。

C#コミュニティは大きな変革を遂げた。コミュニティのわずかなメンバーだけが早くからアクセスして議論に参加できたクローズドソースの実装から、C#コミュニティ全体が見ることのできるオープンソースの実装へと変わった。あなたも参加すべきだ。次のリリースで到来する機能について、もっと勉強しよう。大いに関心のある部分には、積極的に関わろう。

項目50　アナライザによる実践の自動化を考慮しよう

『Effective C# 6.0/7/0』と本書には、より良いコードを書くための推奨事項が入っている。これら推奨事項の多くは、Roslyn APIを使ってビルドされるアナライザおよびコードフィックスのアプリケーションが、実装をサポートしている。これらのAPIを使うアドインは、コードを構文レベルで分析し、より良い実践（プラクティス）を導入するように、そのコードを修正できるのだ。

そういうアナライザを、あなた自身が書く必要があるわけではない。いくつかのオープンソースプロジェクトが、さまざまな実践について、アナライザとコードフィックスを提供している。

その1つで、非常に人気のあるプロジェクトが、Roslynコンパイラチームによって構築されている。Roslyn Analyzersプロジェクト（`https://github.com/dotnet/roslyn-analyzers`）は、もともと、このチームが静的解析APIを評価することを目的として始まった。その後の進化によって、Roslynチームで使われている多くの一般的なガイドラインについて、自動的に評価する能力が含まれている。

もう1つの人気のあるライブラリは、Code Crackerプロジェクトだ（https://github.com/code-cracker/code-cracker）。このプロジェクトは、.NETコミュニティのメンバーが作ったもので、コードの正しい書き方について彼らが考えるベストプラクティスが反映されている。C#とVB.NETの両方に、アナライザが提供されている。また、コミュニティメンバーの別のグループがGitHubの組織を作って、それとは別の推奨事項を実装するためのアナライザを書いている。詳細は、.NET Analyzersのページ（https://github.com/DotNetAnalyzers）を見ていただきたい。これらの開発者たちが、さまざまな種類のアプリケーションやライブラリのために、いろいろとアナライザを作っている。

どれかのアナライザをインストールする前に、それによって強制されるルールを調べ、どのくらい厳密に強制されるのかを知っておこう。アナライザはルール違反を情報としても、警告としても、あるいはエラーとしても報告できる。さらにアナライザは、さまざまなルールに対して独自の見解を持つ。他のアナライザの見解と両立しないルールもあるだろう。ある違反を修正した結果が、他のアナライザによって違反とみなされることもある（たとえば一部のアナライザには、暗黙的に型付けされるvar宣言の変数が好ましいが、他のアナライザには、個々の変数の型を明示するのが好ましい）。多くのアナライザには、どのルールを強制し、どのルールを無視するかを設定で決められるオプションを提供する。これらのオプションを使って、あなたの使い方に合った設定を作ろう。それぞれのアナライザが持つルールと実践について、より多く学ぶことにもなる。

実践したいルールがあるのに、それを提供するアナライザが見つからないときは、自作を考えよう。Roslyn Analyzersのリポジトリにあるアナライザはオープンソースであり、アナライザ作成用の優れたテンプレートを提供している。アナライザの構築は高度なトピックであり、C#の構文と機能の分析について深い理解が要求される。けれども、シンプルなアナライザを手掛けることで、C#言語へのより深い洞察が得られるだろう。手始めに、私がそのテクニックを説明するのに使ったリポジトリを見ては、いかがだろうか。そのGitHubリポジトリ（https://github.com/BillWagner/NonVirtualEventAnalyzer）で作り方を説明しているアナライザは、仮想イベント（項目21）を見つけて置き換えるものだ。番号付きのブランチが、コードを解析して修正する、それぞれのステップを示している。

アナライザとコード修正のためのRoslyn APIは、あなたが強制したいコーディングのプラクティスが何であれ、自動的な評価をサポートする。そのチームとコミュニティによって、すでに各種のアナライザが作られていて、あなたも使うことができる。どのアナライザも、あなたのニーズに合わなければ、自分で作ることができる。高度なテクニックが必要だが、C#言語のルールについて、よりいっそう深い知識を得られるだろう。

索 引

DTP　シンクス
装丁　山口了児（ZUNIGA）
撮影　上重泰秀

More Effective C# 6.0/7.0

2018年02月20日　初版第1刷発行

著　者	Bill Wagner（ビル・ワグナー）
監　訳	吉川邦夫（よしかわ・くにお）
発行人	佐々木幹夫
発行所	株式会社翔泳社（http://www.shoeisha.co.jp/）
印刷・製本	株式会社加藤文明社印刷所

本書へのお問い合わせについては、ii ページに記載の内容をお読みください。
落丁・乱丁はお取り替え致します。03-5362-3705 までご連絡ください。
ISBN978-4-7981-5398-8　Printed in Japan